¿Cómo surge el yo consciente?

Por Manuel Fontoira Lombos, Doctor en Medicina, Especialista en Neurofisiología Clínica, Vocal de la Sociedad Gallega de Neurofisiología Clínica, Jefe de la Sección de Neurofisiología Clínica del Complejo Hospitalario de Pontevedra.

Enésima edición, julio de 2014.

"Es relativamente fácil inventar teorías consistentes con lo que se conoce... pero la marca de una teoría correcta es realizar predicciones sobre cuestiones desconocidas cuando la teoría se formula, y que éstas sean validadas por el experimento" (F. J. Ynduráin, en *Electrones, neutrinos y quarks*).

Índice

Prólogo

¿Qué es este libro?

La pregunta fundamental de este ensayo heurístico es: ¿hay correlación entre la experiencia mental consciente subjetiva y algún tipo de actividad neural peculiar? Quizá la respuesta haya estado ahí todo el rato, esperando a ser descubierta.

Este libro es un divertimento intelectual. También es la exégesis de una hipótesis sobre el sistema nervioso que ha sido publicada en la *Revista de Neurología*.

La cita bibliográfica de dicha publicación es la siguiente: *Fontoira M. Mente y Biofísica II. Revista de Neurología 2.010; 51: 190-191.*

La hipótesis que se propone predice que en el cerebro, en la corteza de asociación en particular, debería haber, en correlación con el fenómeno de la percepción consciente subjetiva o yo consciente, un tipo de actividad neural peculiar, consistente en la sincronización de fase transitoria entre señales neuronales simples de redes distintas compatibles en corteza de asociación.

Esta hipótesis podría comprobarse como aceptable si se observase dicha correlación, y como falsable en caso contrario (refutable mediante un contraejemplo, según la idea de Karl Popper, es decir, en ausencia de un yo consciente no debería observarse dicha sincronización de fase). Todavía no ha sido comprobada en ningún sentido, por éso es una hipótesis, no una teoría, y por éso parece interesante hacer pública la idea.

El sistema nervioso

¿Se debe decir cerebro o encéfalo?

Es costumbre hacer mención al término cerebro con fines diversos: infarto cerebral, década del cerebro, lavado de cerebro, cerebro electrónico, etc. Sin embargo el órgano nervioso que está dentro de la cabeza se llama encéfalo, no cerebro. El cerebro es una parte del encéfalo, y el encéfalo una parte del sistema nervioso. Encéfalo quiere decir "dentro de la cabeza". A pesar de todo, por esa costumbre mencionada, a lo largo de este ensayo se tenderá a usar la palabra cerebro más que la palabra encéfalo.

¿Cuánta energía consume el cerebro?

La principal fuente de energía del cerebro es la glucosa. El cerebro supone más o menos un 2% del peso del cuerpo. El peso del cerebro es entonces aproximadamente la cuarentava parte del peso del cuerpo y consume aproximadamente un 25% de la energía que el organismo utiliza en cada momento, que es la cuarta parte de la energía disponible. Nótese la desproporción entre el 25% de la energía que consume el 2% del cuerpo, el cerebro, y el 75% de la energía que consume el 98% del cuerpo, el resto del cuerpo que no es el cerebro: el cerebro es un órgano "caro", su actividad metabólica es más intensa que la del resto de los órganos del cuerpo.

¿Cuántas neuronas hay en el cerebro?

Se dice que el cerebro está formado por unos 100.000.000.000 (cien mil millones) de neuronas, que son las células fundamentales del sistema nervioso. Este número es una estimación, ya que nadie las ha contado todas. Por cada neurona hay unas diez células gliales, o células de la glía, que son células del cerebro que no son neuronas y que están especializadas en "atender las necesidades" de las neuronas, de formar a su alrededor un medio iónico adecuado, e incluso de actuar como andamiaje (literalmente), se ocupan de la inmunidad (o defensa, por ejemplo, frente a infecciones), etc. Se está investigando desde hace años el posible papel de la glía en la actividad sináptica también.

¿Hay muchos tipos de neuronas en el cerebro?

Se han descrito diversos tipos de neuronas, según criterios morfológicos y funcionales, pero, en general, y ya desde la época de Meynert, hacia 1.867, los investigadores se empezaron a dar cuenta de que las neuronas, pequeñas diferencias aparte, son todas más o menos iguales, la misma pieza fundamental básica del cerebro por todas sus partes. El cerebro, y en particular la corteza (la sustancia gris externa, la que forma la superficie del cerebro, sus circunvoluciones) consiste en un número relativamente pequeño de tipos celulares repetido del mismo modo sobre toda la superficie un número de veces relativamente grande.

¿Cuántas neuronas hay en la corteza cerebral?

En la corteza tal vez haya entre 10.000.000.000 y 30.000.000.000 de neuronas, unos 14.000.000.000 según estiman Bloom y Fawcett (dato publicado en su *Tratado de Histología*). Es más, según los especialistas en ésto, la corteza de los mamíferos es similar de unos a otros vista al microscopio, siendo la diferencia más notable entre el hombre y otros mamíferos la cantidad de superficie de la corteza, no otra cosa: el ser humano tiene el cerebro relativamente más grande a expensas de una mayor superficie de corteza, a expensas de más circunvoluciones cerebrales (y a expensas de un mayor volumen cerebral también, claro).

Por tanto el cerebro humano es relativamente más complejo, no mejor ni superior, sino más complejo, que es otra cosa.

¿Qué es el sistema nervioso?

El cuerpo está formado por células. En el organismo se distinguen grupos celulares especializados. Las células especializadas iguales entre sí por regla general forman tejidos (incluso a la sangre se la considera un tejido celular, sólo que líquido) y se agrupan de manera organizada en un mismo lugar del cuerpo, y se les denomina órganos, como el hígado, o el músculo, o el cerebro, que son órganos. A su vez, varios órganos con funciones comunes constituyen un sistema orgánico, como es el caso del sistema nervioso, o el sistema excretor (los riñones).

El sistema nervioso se divide, para usos prácticos, por ejemplo, clínicos, en central y periférico. El sistema nervioso central se sitúa en el centro del cuerpo, por éso se le llama central, y el periférico en la periferia, por éso se le llama periférico. El sistema nervioso central y el periférico se distinguen por diversas características distintas; una llamativa es que las células de sostén de las neuronas en el sistema nervioso periférico no son las células de la glía, sino otro tipo de células, las células de Schwann.

¿Qué es el sistema nervioso central?

El sistema nervioso central es el tejido nervioso que está dentro de la cabeza (cabeza=cráneo+cara), tejido que se denomina encéfalo.

El sistema nervioso central también es el tejido nervioso llamado médula espinal, que está dentro del canal medular que forman entre sí las vértebras de la columna vertebral (no hay que confundir a la médula espinal con la médula ósea, o tuétano de los huesos, que no es tejido nervioso, sino tejido hematopoyético, o fabricante de sangre).

El encéfalo está formado por cerebro, cerebelo y tronco encefálico.

El cerebro, a su vez, está formado por los hemisferios cerebrales y el diencéfalo.

Los hemisferios son dos, derecho e izquierdo, dado que el ser humano es un animal con simetría bilateral, de tal manera que la parte derecha es algo así como una imagen especular de la parte izquierda, y viceversa. Hay animales con otro tipo de simetría, como las estrellas de mar, que tienen simetría radial.

Los hemisferios están formados por la corteza y los ganglios basales o de la base, que son lo que falla, por ejemplo, en la enfermedad de Parkinson.

El diencéfalo está formado por tálamo, hipotálamo, epitálamo, subtálamo e hipófisis.

El tronco encefálico está formado por mesencéfalo, protuberancia y bulbo raquídeo.

¿Qué es el sistema nervioso periférico?

El sistema nervioso periférico está constituido por las estructuras externas a la piaracnoides, que es una cubierta que rodea al sistema nervioso central. Está formado por los nervios y los ganglios nerviosos (los ganglios nerviosos son "apelotonamientos" organizados de neuronas; el cerebro en el fondo no es más que algo así como un ganglio nervioso más evolucionado y de mayor tamaño).

Los nervios son básicamente de dos tipos: somáticos, como los que van a los músculos, y vegetativos, como los que van a las vísceras.

Los nervios vegetativos tienen una estructura más primitiva, pero no por ello han sido eliminados todavía por selección natural, a lo largo de la evolución de la especie humana (o de las demás especies con nervios).

Los nervios ópticos y olfatorios no pertenecen al sistema nervioso periférico (son la excepción) sino al central, de modo que no están rodeados por células de Schwann, así que estrictamente no son nervios, sino lo que se denomina haces nerviosos, como los otros haces que van de un lado a otro dentro del cerebro.

Los nervios también tienen cubiertas, el epineuro y el endoneuro, que faltan en los puntos en los que los nervios entran en el sistema nervioso central, puntos que reciben el nombre de raíces nerviosas, motivo por el que en los estiramientos traumáticos de los nervios éstos suelen romperse por las raíces; ésto implica que las raíces nerviosas ya están bañadas por el líquido cefalorraquídeo, que es un líquido que baña al sistema nervioso central.

¿Qué es la neurona?

Las neuronas son células del sistema nervioso. Están formadas por un cuerpo, o soma, y por las neuritas, unas prolongaciones largas y finas, que son de dos tipos: axones y dendritas. Las neuronas conducen a lo largo de cada una de ellas, y transmiten de unas a otras, impulsos bioeléctricos que ellas mismas producen con sus descargas. En general, los impulsos bioeléctricos son transmitidos a las neuronas, desde otras neuronas, por las dendritas, y son transmitidos desde las neuronas, hacia otras neuronas, a través de los axones (es decir, la transmisión sigue este sentido establecido en las sinapsis, aunque haya matices y excepciones).

En el caso de algunas de las neuronas medulares (de la médula espinal) las neuritas se proyectan hacia la periferia, así que el cuerpo neuronal de estas neuronas pertenece al sistema nervioso central, y las proyecciones, axones o dendritas, al sistema nervioso periférico, por lo que, como se ve, dicha clasificación del sistema nervioso en central y periférico es en parte artificiosa.

¿Qué es un nervio?

Los nervios son cordones macroscópicos (que sean macroscópicos quiere decir que son perceptibles a simple vista, por su tamaño compatible con la vista, al estar su tamaño ajustado a la capacidad del sistema visual).

Los nervios están formados por miles de neuritas microscópicas. Que sean microscópicas quiere decir que no son perceptibles a simple vista, por su pequeñez; se requieren microscopios para percibirlas; los objetos de gran tamaño, como las galaxias lejanas separadas por grandes distancias, tampoco son perceptibles a simple vista (harían falta ojos de tamaño galáctico para percibirlas como galaxias a simple vista), las galaxias también caen fuera de la capacidad visual, pero por el otro lado de la escala, y se requieren telescopios para detectarlas, por lo que serían, por decirlo de algún modo, "objetos super-macroscópicos" (¿cómo podría tener sentido para un yo consciente efectivo a escala macroscópica, o cómo podría producirse "ante él" en una secuencia de hechos congruente a escala macroscópica, algo organizado en su mente a escala microscópica a base de interacciones entre neuronas microscópicas?).

En los nervios motores los axones conducen los impulsos bioeléctricos en sentido centrífugo (desde el centro hacia la periferia), desde la médula hacia los órganos efectores, los músculos, por ejemplo. En los nervios sensitivos, dendritas modificadas con aspecto de axones conducen en sentido centrípeto (desde la periferia hacia el centro) las sensaciones hacia la médula espinal.

Las neuronas de la médula espinal se conectan a lo largo de la médula a través de sus neuritas con el resto de las neuronas del sistema nervioso central, llegando mediante diversos relevos sinápticos (la conexión entre neuronas se llama sinapsis) hasta la corteza cerebral en sentido ascendente y descendente, y formando bucles retroactivos complejos, como el sistema talamocortical, el sistema corticobulbar, etc.

¿Quién descubrió la neurona?

Dutrochet hizo, en 1.824, la primera mención conocida a la célula nerviosa, a la que más adelante se llamaría neurona. Las llamó "corpúsculos globulares", y las identificó como el origen de la "energía nerviosa" que las fibras nerviosas, que ya se conocían de antes, habrían de conducir. Más tarde se sabría que esa energía nerviosa consistía en energía bioeléctrica. Deiters, hacia 1.825, terminó de caracterizar las partes de la neurona: el soma y sus prolongaciones, las neuritas: axones y dendritas. Las dendritas están ramificadas de manera característica (habían sido descritas por Valentín, a mediados del siglo 19). El axón, prolongación única, había sido descrito por Fontana, en 1.781. El nombre se lo puso a la neurona Waldeyer, en 1.890. Baillarger, por añadir también este dato, describió la estratificación de la corteza cerebral en 1.840.

¿Qué es la teoría neuronal?

Según la teoría neuronal, el cerebro está formado por células, por neuronas, individuales, pero conectadas entre sí. Se suele situar su descubrimiento hacia 1.888, aunque se fue gestando poco a poco. El que más hizo por la teoría neuronal fue Ramón y Cajal, que utilizó los conocimientos acumulados por diversos investigadores antes que él, y después aportó innovaciones técnicas y resultados de observaciones propias e interpretaciones propias, caracterizadas, en general, por estar adelantadas a su tiempo, hasta llegar por este camino a ser capaz de demostrar dicha teoría neuronal, que siguió siendo confirmada durante los años siguientes con nuevas observaciones, sobre todo desde el descubrimiento del microscopio electrónico, que permitió terminar de demostrar que las neuronas son células.

De acuerdo con la teoría neuronal el cerebro no consiste en una red continua de fibras, como algunos pensaban antes del trabajo de Ramón y Cajal, como una red telefónica alámbrica, sino que consiste en una red intrincada de neuronas (y otros tipos celulares) que no se tocan en los puntos en que unas neuronas se conectan con otras (dichos puntos son las sinapsis), de modo que el cerebro se parecería más bien a una red de antenas, en parte inalámbrica.

¿Tuvo mérito el trabajo de Ramón y Cajal con el sistema nervioso?

Tan abundantes e interesantes fueron las aportaciones de Ramón y Cajal sobre la neurona, tanto en cuanto a observaciones como en cuanto a innovaciones y razonamientos, que se le considera el padre de la teoría neuronal. Sin embargo, sería interesante recordar a Ramón y Cajal por otros de sus logros también, sobre todo por algo incluso más importante que la teoría neuronal, como pueda ser el hecho de ser también el "padre" o uno de los "padres" de la histopatología, que consiste en utilizar el microscopio para el diagnóstico clínico, ya que esta novedad, este gesto de simplicidad aparente, ha servido para prolongar millones de vidas a lo largo de las décadas siguientes, por ejemplo, mediante algo tan simple como el diagnóstico precoz del carcinoma de cuello uterino, empleando un simple frotis vaginal.

Resolver problemas difíciles con gestos sencillos y aparentemente simples; dar respuestas fáciles a preguntas difíciles: he ahí una manera de encauzar la vida.

¿Qué función desempeña el tejido nervioso?

El tejido nervioso procesa información, como cualquier otro sistema de computación: entra información en el sistema, la información se procesa, y sale una respuesta.

La entrada de información en el sistema se produce mediante una transducción en los órganos sensoriales. Una transducción es la transformación de un tipo de energía en otro. En el caso del sistema nervioso, por ejemplo, en la retina del ojo, la energía lumínica es transducida en forma de energía bioeléctrica.

El sistema nervioso da respuestas en forma de integración de comportamientos (las respuestas motoras complejas integradas en el sistema nervioso se van a denominar aquí comportamientos, en vez de conductas, siguiendo el consejo que recibí personalmente de mi amigo A. J. Osuna Mascaró, autor del libro *El error del pavo inglés*, ya que el término conducta retrotrae al conductismo, que es otra cosa).

Los comportamientos así integrados están caracterizados por su rapidez relativa, gracias a la rápida secreción neuronal a corta distancia en las sinapsis y a la rápida conducción de impulsos bioeléctricos a larga distancia a lo largo de las neuritas. La rápida transmisión de una neurona a otra en los puntos de contacto entre ellas (sinapsis) se produce mediante la citada secreción neurohormonal (neurotransmisores), de efecto rápido al ser de acción local en la sinapsis, no a distancia vía sanguínea, como ocurre con el sistema hormonal.

¿Qué es la computación?

Un símbolo es una forma organizada con la que se establece un código. El tratamiento de símbolos es la computación, y computar es pensar. La computación tiene como aplicación la solución de problemas, y para éso sirve el cerebro, para resolver problemas, gracias a su capacidad de previsión (de computar supuestos) y de ejecución (de escoger, antes o después, un supuesto para cada caso práctico).

¿Qué es la mielina?

La mielina es una molécula lipídica (los lípidos son las grasas y los aceites, moléculas que se caracterizan por ser insolubles en agua o hidrofóbicas, y por formar sustancias untuosas que tienden a estar en estado líquido a temperatura ambiente en el caso de los aceites y en estado sólido en el caso de las grasas).

La mielina actúa como dieléctrico (aislante eléctrico), y es producida por las células de Schwann que rodean a los axones formando en el caso del sistema nervioso periférico, y por la glía en el caso del sistema nervioso central. La presencia de la mielina en el sistema nervioso tiene como consecuencia un aumento de la velocidad de conducción nerviosa (y por tanto la posibilidad de una mayor velocidad de reacción motora por parte de un ser vivo equipado con estas "armas").

¿Es el sistema nervioso un sistema de computación rápido?

El sistema nervioso es relativamente rápido. De hecho, la rapidez del sistema nervioso podría explicar su éxito en el proceso de selección natural como forma de integrar respuestas motoras rápidas como adaptación al entorno (por ejemplo, para escapar a tiempo de un depredador), pues las sucesivas adaptaciones que presenta el sistema nervioso en los animales, a lo largo de la evolución (conforme van quedando seleccionadas las sucesivas preadaptaciones), como pueda ser el relativamente moderno recubrimiento parcial de los axones de algunos nervios periféricos con mielina en forma de "capas de cebolla", han servido precisamente para acelerar la velocidad de conducción del impulso nervioso a lo largo de los axones (ya que la presencia de este aislante, la mielina, hace que el impulso se conduzca a saltos a lo largo del axón por los nodos –nodos de Ranvier- sin recubrir de mielina que van quedando a lo largo del axón, y por tanto la conducción del impulso bioeléctrico se produce a mayor velocidad), y quizá por este motivo, y otros por el estilo, haya tenido el sistema nervioso éxito evolutivo a lo largo del proceso de selección natural.

¿Qué es la sinapsis?

Las neuronas no conducen los impulsos bioeléctricos entre ellas, sino que los transmiten de unas a otras a través de las sinapsis, esos puntos de unión entre neuronas.

Las neuronas se conectan a través de axones y dendritas por las sinapsis. El término sinapsis lo acuñó Sherrington en 1.897. Las sinapsis son un tipo de unión intercelular especializada, estructuras moleculares que hacen de "puente" entre células y de las que hay varios tipos aparte de las sinapsis. Sherrington profundizó en la noción de sinapsis hacia 1.897. Sinapsis significa unión.

¿Qué dijo Ramón y Cajal sobre la sinapsis?

Ramón y Cajal demostró que las neuronas se relacionan de una en una sin tocarse, siendo su conexión morfofuncional "en contigüidad, no en continuidad".

¿Qué aporía surge a partir de la teoría neuronal de Ramón y Cajal?

La sinapsis es una estructura morfofuncional contraintuitiva, es decir, contraria a la intuición acostumbrada (por ejemplo, a partir de nuestra intuición acostumbrada podemos creer que el sol gira alrededor de la tierra, al ser lo que aparentemente ocurre ante nuestros ojos un día y otro, pero estaremos equivocados; que sea la tierra la que gira alrededor del sol es contraintuitivo). Téngase en cuenta que el proceso de percepción consciente de la realidad en forma de yo consciente se experimenta como un fenómeno, en primer lugar, continuo, lo cual no parece tener que ver, a priori, con unas conexiones neuronales discontinuas en el espacio y en el tiempo.

Y también es contraintuitiva, la sinapsis, al ser contraria a la natural tendencia a concebir la propia mente, el yo consciente, como algo propio de una sola mente consciente, única e individual, un solo sujeto consciente por cerebro, un solo yo consciente individual por persona, una subjetividad caracterizada por dos cosas, por ser única e individual (individual significa indivisible), un ente, el yo, a simple vista concreto e irreducible, frente a lo que revela la evidencia: el cerebro, el "dónde y el cuándo del yo", es una multiplicidad de millones de neuronas conectadas sin tocarse: el yo ni es uno, ni es individual, ni es continuo a todos los efectos (y por tanto no lo es en el fondo).

¿Tuvo precursores la teoría neuronal?

Freud había intuido y predicho, según parece, la existencia de la sinapsis, y quizá fuera el primero en hacerlo, aunque no lo investigó en el laboratorio, y por tanto no presentó pruebas de su acertada predicción.

His había dado un primer fundamento a dicha teoría neuronal al observar el crecimiento de neuroblastos (células precursoras de neuronas o neuronas inmaduras), en 1.887.

La teoría neuronal se oponía a la teoría reticular de Gerlach, de 1.858, la cual defendía la continuidad morfofuncional (como una red telefónica alámbrica) del sistema nervioso.

¿Cómo se descubrió la naturaleza eléctrica del funcionamiento neuronal?

Galvani se dio cuenta del carácter eléctrico de lo que las neuronas hacen hacia 1.780.

Galeno ya había intuido previamente que fuera lo que fuera lo que hicieran los nervios debería ser en doble sentido: sensitivo y motor.

Du Bois Reymond desarrolló la biofísica como rama científica de la biología dedicada a investigar estos descubrimientos sobre el carácter eléctrico de lo que las neuronas hacen. El objetivo de la biofísica es medir.

Du Bois Reymond descubrió, midiendo la actividad neuronal, la corriente eléctrica que las neuronas conducen a lo largo de sus prolongaciones, y encontró que lo hacen mediante potenciales eléctricos, es decir, "cambios eléctricos transitorios" (en palabras de Cardinali, recogidas en el *Tratado de Fisiología humana* de Tresguerres), a los que llamó potenciales de acción, hacia 1.848.

¿A qué se dedican las neuronas?

Cada neurona genera y conduce un impulso eléctrico transmisible cada vez, y a ésto es a lo que se dedica una neurona, básicamente. Dicho impulso transmisible se transmite en un solo sentido a través de un hiato sin retorno: la sinapsis, que actúa como si fuera una válvula en un solo sentido (gracias a que los neurotransmisores sólo se sueltan desde uno de los dos polos de cada sinapsis), lo cual obliga, a escala microscópica, a escala celular, a que se establezca un orden en el funcionamiento del sistema, en oposición al caos que tiende a dominarlo todo, al menos, transitoriamente, y a ciertos efectos en determinada escala con un error despreciable en la práctica.

¿Qué interés podría tener la descarga bioeléctrica de una neurona?

Una descarga es como una unidad de procesamiento por unidad de tiempo, y, por tanto, una medida del cambio en el sistema de procesamiento. Y como se trata un proceso, dicha medida del cambio es un proceso de medición.

Y como dichas descargas internas o señales internas son moduladas desde la periferia, desde los órganos de los sentidos, esas descargas podrían llegar a ser una medida de lo que los sentidos detectan, y, por tanto, una medida de la propia realidad que se detecta, es decir, información sobre la realidad que rodea al individuo consciente.

De manera que el fenómeno de la percepción consciente de la realidad, explicado por la actividad neuronal correlativa, podría no ser otra cosa que un proceso de medición peculiar, una medición de la realidad.

¿Es la conducción del impulso bioeléctrico lo mismo que su transmisión?

Si dicho impulso bioeléctrico generado por la descarga de la neurona, el potencial de acción, ha llegado a suponer, por presión del proceso de selección natural a lo largo de la evolución, algo así como un dato informático, algo así como el pitido de una especie de "código Morse interno", utilizado por el encéfalo en su intrincada red neural, en consecuencia una pregunta lógica sería ésta: ¿cómo se transmite dicho impulso de neurona a neurona, si con el microscopio se ve que están separadas justo por donde se han de transmitir una a otra dicha unidad informática?

No hay que confundir, por tanto, conducción con transmisión, la conducción ocurre a lo largo de la membrana de la neurona por movimiento de iones a un lado y otro de la membrana, la transmisión ocurre de una neurona a otra a través de la sinapsis.

¿Cómo se salva el espacio de la hendidura sináptica?

Desde la época de Du Bois Reymond se le daba vueltas a la hipótesis según la cual el impulso nervioso sería transmitido de una neurona a otra en la sinapsis mediante un mediador químico, es decir, que el impulso, al llegar a la sinapsis, desencadenaría la secreción de una sustancia química, de alguna molécula orgánica que viajaría a través de la hendidura sináptica hacia la siguiente neurona, desencadenando en la siguiente la generación de otro potencial de acción al alterar el flujo iónico transmembrana en esa otra neurona, potencial que sería conducido a su vez hacia la siguiente sinapsis con una tercera neurona, y así sucesivamente.

Las primeras explicaciones convincentes sobre estas ideas las dio Vulpain, hacia 1.866, continuando una serie de investigaciones comenzadas por Claude Bernard hacia 1.857.

A las sustancias químicas que saltan en las sinapsis se las llamó neurotransmisores, y hoy en día ya se han identificado docenas.

Fue Elliot, en 1.904, entre otros, quien empezó a dejar claro que los neurotransmisores eran los encargados de la transmisión de las señales a través de las sinapsis.

¿Cuántas sinapsis hay en el cerebro?

Cada neurona puede establecer unas 10.000 sinapsis aproximadamente con las que la rodean, lo cual quiere decir que en el cerebro puede haber, a lo mejor, 300.000.000.000.000 (trescientos billones, o sea, trescientos millones de millones) de sinapsis, trescientos billones de puntos en los que la transmisión sináptica es posible en un instante dado, quedando establecido dicho instante en el que se produce cada transmisión en la escala de las milésimas de segundo (una escala que es microscópica y que es la escala en la que se ajustan los aparatos de medida con los que se miden dichos potenciales bioeléctricos en función del tiempo). En una sinapsis se pueden producir cada segundo unas 50 descargas (50 hertzios, o Hz, o ciclos/segundo), lo cual quiere decir que entra dentro de lo posible que se produzcan 15.000.000.000.000.000 (quince mil billones) de transmisiones de potenciales de acción por segundo en las sinapsis del cerebro.

Ésto no es así de simple en la práctica, pero esta simplificación sirve para hacerse una idea de las magnitudes que alcanza el cerebro en lo que a información se refiere, pues de lo que se está hablando, al hacer referencia a la sinapsis, es del lugar donde supuestamente se codifica esa información mental, pues este procesamiento, este cambio en la estructura morfofuncional del cerebro, este cambio en la forma de la materia del cerebro, esta información, parece ser que es lo que constituye el proceso del pensamiento, que es el tipo de proceso que tiene lugar en este sistema, el cerebro, en particular.

¿Cuál es la velocidad del pensamiento?

Helmholtz midió de forma fehaciente la velocidad de conducción de los potenciales de acción a lo largo de los nervios (un nervio es un cordón formado por axones o dendritas, es decir, el axón es una estructura microscópica, y el nervio una estructura macroscópica).

La velocidad de conducción nerviosa, y por ende la posible velocidad del pensamiento, se mide en la escala de los metros por segundo, según observó Helmholtz. Ésto es contraintuitivo, pues el pensamiento parece que surge de manera instantánea a simple vista, y así, por su instantaneidad, no nos parece un fenómeno físico, o al menos no un fenómeno físico clásico, y mucho menos basado en neuronas.

Por otro lado, que las neuronas sean efectivas como fenómeno medible en el rango de las milésimas de segundo a escala microscópica también podría parecer a priori incompatible con un pensamiento encuadrado en las décimas de segundo a escala macroscópica, que es el límite aproximado para la capacidad de discriminación del tiempo a simple vista (uno puede contar hasta diez en un segundo como mucho, pero no en una centésima de segundo, y menos aun en una milésima, o hasta mil en un segundo, por la falta de resolución o definición o nitidez a escala macroscópica, desde donde no se puede percibir el tiempo en milésimas de segundo).

¿Qué es la transducción física?

Los ojos, por ejemplo, hacen algo así como transducir energía lumínica, fotones que llegan a la retina, en energía bioeléctrica, potenciales de acción descargados a lo largo del nervio óptico en respuesta al estímulo que suponen esos fotones.

Transducir es transformar un tipo de energía en otro. Por ejemplo, un teléfono por cable transduce energía mecánica, el sonido, en energía eléctrica, la que va por el cable hacia otro teléfono.

¿Cómo consigue un mismo cerebro detectar mentalmente en el entorno formas de energía distintas?

El cerebro aprovecha, por ejemplo, tanto la luz como el sonido, formas de energía distintas, en su beneficio, para la transducción de ambos tipos de energía en un mismo tipo de energía, la bioeléctrica.

La electricidad, generada, conducida y transmitida por las neuronas, es bioelectricidad, y se mide en la escala de los microvoltios, que son millonésimas de voltio.

La transducción de dos formas de energía distintas en un mismo tipo de energía, la bioeléctrica, compatibiliza tipos de energía distintos en lo que al procesamiento de dicha información mental se refiere. De modo que la transducción es una parte importante del conjunto de circunstancias que hacen posible la abstracción de información sobre parte de la realidad, su computación, y que la mente sea posible, en definitiva.

¿Qué es la transducción psíquica?

La palabra transducción tiene otra acepción aparte de la de trasducción física, y es la de transducción psíquica. Una orden motora que va del cerebro a los músculos consiste en trenes de impulsos bioeléctricos conducidos a lo largo de nervios motores o eferentes, es decir, centrífugos, conduciendo en el sentido que va desde el cerebro hacia la periferia del cuerpo, hacia los órganos efectores, por ejemplo, los músculos. Dichos potenciales de acción provenían, antes de llegar al cerebro, de nervios sensitivos o aferentes, cuyos impulsos centrípetos fueron asociados e integrados por el camino y siguieron su curso por nervios motores, de modo que los impulsos pasaron de aferentes a eferentes, de entrantes en el sistema a salientes del sistema. Ese paso de la información en sentido aferente-eferente se conoce como transducción psíquica, y, más específicamente, como transducción psicosomática.

¿Qué determina la diferencia entre aferente y eferente?

La diferencia entre aferente y eferente, entre sensitivo y motor, depende de la dirección y sentido de los impulsos, no de su contenido, que sigue siendo información, o dicho de otro modo, una medida de la inversa del aumento de la entropía o desorden en el sistema, tanto en sentido aferente como en el eferente, que es un mismo sentido en ambos casos, sentido ortodrómico.

Ortodrómico quiere decir, anterógrado, conducción de dendritas hacia axón en dirección a la sinapsis en la práctica, no al revés. Lo contrario de ortodrómico es antidrómico. El sentido ortodrómico de la conducción nerviosa a lo largo de los circuitos de neuronas queda establecido gracias a que la transimisión sináptica se produce en un solo sentido y empieza en cada neurona en un polo de ésta, porque la conducción por la superficie de cada neurona se produce en todos los sentidos desde el punto de descarga. Es por tanto la transmisión en la sinapsis la que establece un orden (un sentido) en la conducción a lo largo de los circuitos.

¿Qué es la causalidad emergente?

El planteamiento de la transducción psíquica como algo que ocurre en sentido ascendente o descendente, de la neurona a la idea, o de la idea a la neurona, no deja de ser una interpretación de la mente basada en la idea de causalidad.

Por un lado se tiene la causalidad emergente, en sentido ascendente, propugnada, por ejemplo, por Mario Bunge.

Por otro lado se tiene la causalidad descendente, que conlleva la idea paradójica de acuerdo con la cual el yo, que podría parecer un mero epifenómeno, sin embargo es capaz, siendo un fenómeno sólo macroscópico (macroscópico y confinado en esa escala macroscópica), de influir retroactivamente en el propio sistema microscópico del que depende fundamentalmente su efectividad. Por ejemplo, se pueden alterar las moléculas del cerebro fabricando fármacos, utilizando el pensamiento subjetivo para ello. Lo que ésto indicaría es que un objeto emergente a escala macroscópica, como el yo, por ejemplo, lo que se pergeña subjetivamente a escala macroscópica, no pertenece a otra realidad, precisamente, sino que es la misma realidad desde otro punto de vista, es decir, desde otra escala.

El yo consciente posiblemente tenga que ver con la transducción psíquica, de tal manera que cuando tiene lugar la percepción subjetiva, ésta ocurre a escala macroscópica confinada, lo cual debería tener que ver con la concurrencia temporal de la actividad neuronal correlativa, activándose a la vez para integrarse como un todo a ciertos efectos. Mediante dicha efectividad a escala macroscópica las partes microscópicas, por falta de resolución del sistema de medición, son imperceptibles en la escala macroscópica, y sólo forma parte de la percepción el todo como tal, tal como sea patente a escala macroscópica, un todo integrado (e integral) que por la falta de resolución emergerá no con el aspecto de una multiplicidad de partes (neuronas, sensaciones, u otras partes, según el nivel), sino en forma de un todo que es una forma "borrosa" o "mal enfocada" de esas partes, por ejemplo, la rojez, o el yo.

¿Qué es la medicina psicosomática?

La transducción psíquica es el fundamento de la medicina psicosomática, la que tiene en cuenta la influencia de la mente en el cuerpo. Todo acto médico es por tanto un acto de medicina psicosomática también. Por ejemplo, si se entra en un estado mental de gran ansiedad se pueden provocar alteraciones en los órganos. La razón es que los órganos están inervados desde el cerebro, desde donde les llegan axones que se conectan con ellos, de modo que un estado de nerviosismo extremo puede provocar arritmias cardíacas, o una úlcera intestinal, a través de la activación de la inervación vegetativa (axones) que va del cerebro al corazón, o al intestino, por poner dos ejemplos.

Por tanto, denominar psíquica a una transducción no es más que una forma peculiar de hacer referencia a un fenómeno que es físico.

¿Cuántos tipos de neuronas hay?

Hay varias clasificaciones de las neuronas, atendiendo a sus formas, o a sus especificidades moleculares, o en función de otras consideraciones. Por este motivo, se conocen diversos tipos de neuronas, según las distintas clasificaciones. Pero las diferencias entre los tipos de neuronas en los que se han clasificado no son tantas como para obviar que todas hacen más o menos lo mismo: generar, conducir y transmitir potenciales de acción, y en general de manera modulada por otras neuronas (aunque no todo es modulación, por ejemplo: parece ser que la serotonina es un neurotransmisor tanto fásico como neuromodulador, y puede actuar a ambos lados de la sinapsis, y algunas neuronas serotoninérgicas podrían estar respondiendo al estímulo de otros neurotransmisores, además de la serotonina, y ésto referido sólo para el caso de la serotonina; así que, aunque aquí se está planteando el asunto del cerebro de un modo simplificado, no hay que perder de vista su complejidad).

¿Explican las diferencias entre los diversos tipos de neuronas su versatilidad funcional?

No son tantas las diferencias entre los distintos tipos de neuronas como para explicar la versatilidad informática del cerebro. Ramón y Cajal escribió al respecto ya en 1.899: "El tamaño y disposición de las células nerviosas, así como el de sus expansiones, no parece referirse de un modo evidente a determinada modalidad funcional...". Dicho de otro modo y con un ejemplo: las neuronas conectadas con el oído no oyen sonidos porque estén especializadas en la audición, sino por estar conectadas con el oído, y es debido a que el oído es sensible de modo específico a los sonidos, no a otro tipo de modalidad sensorial.

Los sonidos se perciben como sonidos de modo distinto, y la luz como luz, en primer lugar, por las diferentes condiciones iniciales para este proceso, pues los receptores sensoriales para la luz y el sonido son distintos, poseen cada uno una sensibilidad y una especificidad distintas para ese tipo de estímulos (dicho de otro modo: los oídos no responden al estímulo de la luz y los ojos no responden al sonido, no son capaces, pero sí al revés, por éso las neuronas conectadas con el oído sirven para oír y las conectadas con los ojos para ver).

¿Se codifican de modo distinto las modalidades sensoriales distintas?

Es lógico suponer que ha de influir todavía más en esta distinción entre las sensaciones luminosa y sonora, aparte de que los receptores sensoriales sean distintos, que además sean distintos los códigos espaciotemporales neuronales correspondientes a luz y sonido que se formen en el circuito de entrada al cerebro con la transducción en los receptores. Dicho de otro modo: los trenes de potenciales de acción que viajan por cada nervio, óptico y auditivo, deberían ser distintos también, y no sólo distintos espacialmente, por el hecho de ir cada uno por una vía espacialmente distinta y con conexiones a sitios distintos, sino también distintos temporalmente, pues debería consistir cada descarga en un patrón de descarga distinto. El patrón de descarga de los conos de la retina debería ser distinto al de las células sensoriales del oído, dado que son células distintas. Y ésto también influiría en que la sensación de luz y sonido no sean iguales, y se puedan percibir como distintas por ello también.

¿Cómo habrían llegado a ser distintos los códigos para cada modalidad sensorial?

Esta supuesta distinción entre los patrones espaciotemporales de descarga neuronal originados, por ejemplo, en la retina (células sensoriales del ojo), camino del nervio óptico, o en la cóclea (células sensoriales del oído), camino del nervio auditivo, habría sido posible, tal vez, por evolución filogenética y ontogenética en este sentido.

La filogenia consiste en los cambios entre padres e hijos, y la ontogenia consiste en los cambios en un mismo ser vivo a lo largo de su desarrollo.

Estos cambios se deben posiblemente, a su vez, a la aparición de preadaptaciones, cambios orgánicos en la descendencia que empiezan a ser sometidos en los descendientes a la presión selectiva de la lucha por la adaptación y la supervivencia, para, tal vez, lograr convertirse en adaptaciones al cabo de las generaciones.

De modo que si una preadaptación se acompaña de la supervivencia de su poseedor y éste se reproduce y transmite a su descendencia dicha preadaptación, la preadaptación puede terminar convirtiéndose en una adaptación, como pueda ser, por ejemplo, la aparición de los dientes en la boca, que habrán terminado en su momento por servir para masticar, o las plumas en los dinosaurios, que finalmente habrán servido como forma de adaptación al vuelo de las aves, etc.

El hecho es que las células de la retina son distintas a las células de la cóclea.

¿Podrían los códigos ser preadaptaciones?

El patrón de descarga a lo largo de una vía nerviosa también se podría considerar una adaptación, pues es algo distinto a lo demás en un organismo sometido a presión selectiva.

Una preadaptación podría haber sido que dichos códigos, por ejemplo, el patrón de descarga de trenes de potenciales de acción por el circuito procedente del ojo y el patrón de descarga a partir del oído, fuesen distintos.

Quizá dichas preadaptaciones se hayan visto favorecidas por selección natural por su conveniencia evolutiva, y no es perogrullada, ya que de lo contrario, si la sucesión de hechos no hubiera seguido su curso peculiar a lo largo de millones de años, tal vez no habría surgido la subjetividad al cabo del tiempo.

¿Por qué se producirían preadaptaciones en el sistema nervioso?

El que aparezcan estos cambios con el carácter de preadaptaciones no tendría mucho de particular, ya que a lo que tienden de modo natural los sistemas a lo largo de su evolución, evolución filogenética incluida, es hacia el aumento de la complejidad de los sistemas físicos, sistema nervioso incluido, y el que el patrón de descarga en la vía visual y la auditiva fuesen distintos únicamente sería un reflejo de este aumento de complejidad en un sistema nervioso cada vez más complejo a lo largo de su evolución filogenética, como se observa en general comparando los sistemas nerviosos de animales más antiguos con los de animales más modernos.

Además, como la modulación desde los órganos de los sentidos, retina, cóclea, etc., que están formados por neuronas modificadas, posiblemente influirá en el patrón de dichos trenes de descarga por la vía sensorial correspondiente, y como dichos órganos de los sentidos ya son distintos de hecho, pues más a favor de que los patrones de descarga por la vía visual sean distintos a los patrones de descarga por la vía auditiva, por ejemplo, y que por todo ello haya heterogeneidad sensitiva (heterogeneidad que se antoja imprescindible para tener conciencia de algo, ya que la realidad que nos rodea, de la que ser conscientes, es heterogénea).

¿Por qué sería importante la heterogeneidad de las sensaciones?

Esta supuesta heterogeneidad entre los patrones de descarga de los diversos circuitos de entrada en el cerebro parece importante, ya que la percepción de la realidad debería basarse precisamente en la percepción heterogénea de una realidad que es heterogénea, por lo que si el sistema de codificación de la realidad es lo suficientemente complejo como para ser lo suficientemente heterogéneo, más posibilidades tendrá de lograr algo fundamental para la computación consciente de la realidad, aparte de la heterogeneidad en sí: que la mente sea una representación o un reflejo de la realidad a escala, es decir, el isomorfismo con esa realidad (digresión al margen: ésta podría ser también la explicación de por qué las matemáticas reflejan la realidad: porque hay suficiente complejidad como para que ocurra el hecho).

Si la heterogeneidad del cerebro fuese tanta como para lograr ese isomorfismo, y el cerebro es precisamente un sistema conocido por su complejidad, y a la vez con capacidad para la organización (el orden), dicho isomorfismo podría ser algo a su alcance, y más posibilidades habría de interpretar de la forma más congruente posible, y a escala, la heterogénea realidad (es decir, de percibir que algo cae si cae, por ejemplo).

¿Es importante la codificación?

Sin codificación no parece imaginable de qué modo un estímulo podría abstraerse para formar parte de la percepción con carácter abstracto (representativo), pues alguna forma (algún código) se supone que ha de tener dicho estímulo en el cerebro para que a partir de dicha abstracción tenga lugar la percepción del estímulo (su interpretación), es decir, para que tenga lugar, por ejemplo, un proceso de integración de una respuesta motora (un comportamiento) que sea coherente (en el sentido de congruente, o no contradictorio) con el significado de dicho estímulo en el contexto en el que el significado de dicho estímulo sea importante (por ejemplo, el contexto del proceso de selección natural, un contexto cuyo significado tiene sentido a simple vista, a escala macroscópica confinada, una escala en la que tienen sentido cosas como percibir que algo cae si cae; es decir, las neuronas son microscópicas, pero, el significado de lo que ocurre, no; un significado puede ser, por ejemplo: un ciervo huye de un lobo).

La señal transducida que entra en la vía sensorial parece obvio que debe ir codificada (al tener en cuenta cómo funciona el sistema nervioso), con lo cual la transmisión de esta información deberá ser suficientemente sensible, específica, estable e isomórfica como para que se consiga esa congruencia a escala.

La interpretación adecuada y congruente (congruente en determinada escala) de dicha abstracción sobre el objeto del que procede el estímulo parece necesaria, por conveniencia evolutiva (es de suponer que habrá surgido como preadaptación, por ejemplo, que haya una sensación de rojo que por conveniencia evolutiva haya terminado correspondiendo a lo que sea de color rojo y también a la rojez, y no digamos interpretaciones más útiles para la supervivencia, como distinguir lo que es comida de lo que no es comida, etc.).

¿Es el estímulo lo mismo que el objeto externo percibido?

El estímulo no es el objeto externo que se tiene que percibir, por ejemplo, un fotón que llega a la retina no es la manzana de la que procede, sino energía aprovechable como información sobre esa manzana.

¿Cuántos estímulos se procesan cada instante?

El cerebro procesa (asocia e integra) en cada instante información procedente de millones de estímulos diferentes, por ejemplo, millones de fotones, aunque a simple vista parezcan menos al quedar "empaquetados" (sumados, integrados) en una sola imagen única integrada. Ya sólo cada nervio óptico contiene un millón de axones.

¿Cómo consigue ser eficaz el sistema nervioso a partir de tantos estímulos?

La manera de lograr eficacia motora en un sistema tan complejo, con tanta multiplicidad de partes, consiste entre otras cosas en integrar (unir, sumar) toda esa información en paquetes de información, integrándolos en conjuntos que sean efectivos como un todo a ciertos efectos. Ésto supone una pérdida de resolución del sistema, se pierde la capacidad para distinguir las partes microscópicas en detalle, pero a cambio de una necesaria eficacia motora que siga siendo congruente a escala macroscópica. Por conveniencia evolutiva, la pérdida de resolución tiene que compensarse con la eficacia motora, si el sistema es suficientemente complejo como para soportar una evolución en este sentido, y en la práctica así está ocurriendo, porque lo que conviene es huir del tigre, no contar fotones.

¿Qué tendrían que ver la codificación y la selección natural?

La detección del fotón por la retina, y su (presumible) categorización en forma de código específico desde el punto de vista espaciotemporal, hace posible que la información procesada por el cerebro concierna al estímulo, y que por tanto el comportamiento consecuente integrado pueda ser compatible con la realidad a escala, y que también la interpretación subjetiva de la misma pueda ser compatible con la realidad. Por ejemplo, si un objeto cae, no sólo tenderá a verse que cae, también tenderá a percibirse que cae, lo cual poseerá conveniencia evolutiva y posiblemente estará sometido al proceso de selección natural por ello.

¿Qué es un código espacial?

La codificación espacial debe de consistir básicamente en algo así como: dónde está el código y con qué forma espacial, de dónde está viniendo y a dónde está yendo, algo que tiene que ver con lo que se conoce como cartografía cerebral.

¿Qué es un código temporal?

La codificación temporal debe de consistir básicamente en algo así como: cuándo y con qué forma o patrón temporal se distribuyen los potenciales de acción, es decir, con qué distribución de los potenciales de acción y con qué espacios entre ellos a lo largo de la dimensión del tiempo. En el cerebro la codificación probablemente sea espaciotemporal de manera indisoluble.

¿Es necesaria la descodificación para la percepción?

La percepción no debería implicar necesariamente la descodificación de la información mental, pues, mientras la percepción es subjetiva, en el cerebro sigue habiendo lo mismo que antes: neuronas transmitiendo información codificada abstracta, transmitiendo potenciales de acción en forma de códigos representativos e isomórficos. Por tanto, probablemente no haya descodificación de la información en el cerebro durante el proceso del pensamiento subjetivo, a diferencia de lo que ocurre con los ordenadores, que precisan de la descodificación para funcionar.

¿Cómo se organiza la información sensorial en la corteza cerebral?

Diversos investigadores han descubierto que existe una organización columnar de las neuronas en la corteza cerebral, dispuestas en columnas verticales, perpendiculares a la superficie de la corteza sensorial, la visual, por ejemplo. La corteza visual está en la parte posterior del cerebro, o corteza occipital. Se conocen diversos y complejos detalles acerca de la peculiar manera de organizarse las neuronas en este aspecto en particular.

Uno de los investigadores de esta organización modular de la corteza ha sido Lorente de No. Una de las conclusiones más interesantes es que la organización de la distribución de la información sensorial en la corteza, la procedente de los órganos de los sentidos, para su procesamiento, en parte es innata y en parte adquirida. Ésto no choca con la intuición previa de cualquiera al respecto, por ejemplo: para cualquier pediatra es obvio que un bebé recién nacido nace sabiendo parpadear para proteger el ojo cuando se le acerca algo a la cara.

¿Cuál es el papel del tálamo en el proceso sensorial?

En lo tocante a la adquisición de una organización espaciotemporal del procesamiento de la información sensorial, ha sido importante descubrir el papel crucial del tálamo como responsable de distribuir dicha información. La información hace relevo en el tálamo antes de dirigirse al lugar de la corteza adecuado y en el momento adecuado, mediante los axones que salen del tálamo hacia diversos lugares de la corteza, estableciendo un patrón regular en la corteza.

De hecho, la corteza da la impresión de ser una expansión del tálamo, como si éste fuese una pequeña corteza dentro de la relativamente grande corteza humana. En animales con un cerebro menos evolucionado que el del hombre, y menos complejo, sin corteza (o apenas), y sólo con tálamo en el polo telencefálico, el tálamo es, por decirlo de algún modo, el órgano encargado de ejercer de corteza cerebral.

¿Cuándo se forma la corteza cerebral?

La corteza empieza a formarse en el ser humano a partir de la octava semana de vida embrionaria, por la llegada de oleadas sucesivas de neuroblastos (células precursoras de neuronas), generados por el neuroepitelio embrionario, que emigran hacia los hemisferios para ir formando la corteza ya desde esa temprana etapa de la vida del ser humano.

¿Qué es la telencefalización?

En animales que desde el punto de vista filogenético ya desarrollan corteza cerebral por encima del tálamo, es la corteza cerebral la que va asumiendo progresivamente algunas funciones del tálamo, y las neuronas que quedan "tapadas" por debajo de la corteza cerebral van asumiendo, conforme se les superponen otras estructuras más evolucionadas, funciones que corresponderían a las que estaban a su vez por debajo de ellas. La corteza toma el control enviando impulsos hacia el tálamo y las demás estructuras con las que se conecta mediante los correspondientes axones. Todo este proceso se conoce como telencefalización.

En el ser humano, como tiene corteza, la corteza ejerce funciones que en animales sin corteza ejercen estructuras subcorticales (por ejemplo, en animales sin neocórtex asume esas funciones el *nidopallium,* como explica Antonio J. Osuna Mascaró en su libro *El error del pavo inglés,* p. 211-12, al referirse al comportamiento de cierta especie de cuervos).

La corteza cerebral es como una expansión del tálamo, por

lo que sigue conectada al tálamo de modo preciso en sentido ascendente, lo cual ha hecho posible que el tálamo actúe también a modo de organizador de la corteza, al haber impulsos que van, necesariamente, del tálamo a la corteza. Por tanto, en el sistema nervioso hay diversos circuitos retroactivos, de ida y vuelta, en "bucle".

¿Es la distribución somatotópica de la corteza un ejemplo de telencefalización?

La distribución somatotópica de la información sensorial por la corteza no está establecida así porque el tálamo lo haya decidido, sino porque, aunque se le ha colocado encima la corteza, el tálamo no ha desaparecido, ni ha dejado de funcionar, ni se ha desconectado de la corteza, sino que se han añadido conexiones nuevas sin que desapareciesen las viejas, y surgen funciones modernas (como pueda ser el pensar racionalmente) sin que desaparezcan las primitivas (como pueda ser el pensar irracionalmente) que a su vez pasan a ser modernas también al no desaparecer.

La distribución somatotópica consiste en que la información sensorial de cada parte del cuerpo se dirige a una parte de la corteza en particular, como si dicha distribución dibujase un homúnculo (hombrecillo) en la corteza, que se conoce como homúnculo de Penfield.

¿Hay distribución somatotópica en el tálamo también?

El tálamo está a medio camino entre la mayoría de los órganos de los sentidos y la corteza, e insertado somatotópicamente en este entramado de vías neurales, de ahí que se pueda organizar de ese modo la distribución de información sensorial por la corteza también.

En el tálamo también se dibuja un homúnculo. A cada zona del tálamo le corresponde una zona precisa del cuerpo, de modo que sobre el tálamo el cuerpo está representado como en un mapa geográfico, o topográfico, no de cualquier manera. La razón para que ésto sea así es fácil de intuir: si un axón va desde un punto de la piel hacia el tálamo, y se conecta tras los relevos pertinentes con una zona precisa del tálamo, pues se conectará precisamente con esa zona, no con otra, de ahí que esa zona adquiera carácter somatotópico.

Hay distribución somatotópica también en otras partes del encéfalo, por ejemplo, en la corteza motora, en el cerebelo, en la retina (bueno, como me ha pedido que aclare mi amigo Manuel Fernández Bocos, autor del libro *El misterio de la creación,* en la retina no se dibuja un homúnculo, pero hay ya una distribución retinotópica de la información), etc.

¿En qué consiste el procesamiento de la información mental en el cerebro?

En la corteza la información sensorial es procesada hasta llegarse a la interpretación (percepción) de la misma (por ejemplo, información sensorial sobre el color de algo, su forma, su brillo, su movimiento, etc., que está siendo procesada en el cerebro por diversas vías, termina dando lugar, al integrarse dicha información en un todo, en una sola red neural, a la percepción de algo en concreto, como pueda ser una bola de billar roja).

El procesamiento de la información en el sistema nervioso, el proceso mental, consiste posiblemente en la asociación y la integración de dicha información mental, consiste en la asociación e integración, en definitiva, de objetos mentales, por ejemplo: la asociación de la información sobre brillo, forma, etc. de un objeto, y su integración para que tenga lugar la percepción específica de la imagen de una manzana, o, por ejemplo: la asociación específica de las letras S, O y L, y su integración, para dar lugar a la palabra SOL (obsérvese la notación empleada y la nueva mención a la propiedad de la especificidad).

La información sensorial será asociada e integrada, por tanto, para dar forma, por ejemplo, a un objeto abstracto, un objeto mental, que represente, en una escala congruente, lo que el individuo esté viendo con sus ojos en ese momento, tal y cómo necesite percibirlo por conveniencia evolutiva en ese momento.

¿Para qué estaría sirviendo el procesamiento de información mental, desde el punto de vista de la evolución de las especies?

La integración de un objeto mental macroscópico, que representa de manera congruente algo macroscópico de la realidad del entorno, servirá en algún momento del proceso mental como interpretación de la realidad, lo cual quiere decir que dicho objeto abstracto representativo podrá ser utilizado para integrar un comportamiento (con tendencia a ser) convenientemente congruente con dicho objeto macroscópico externo (por ejemplo, si uno ve un tigre, tenderá a interpretar, es decir, a percibir, que es un tigre, y pondrá "pies en polvorosa"). Ésta es una de las razones por las que se considera que el objeto abstracto será una interpretación de la realidad a escala. De este modo, al percibir una manzana se podrá proceder a comérsela, por ejemplo.

¿Cómo se puede saber que la percepción está teniendo lugar?

Un comportamiento congruente será, precisamente, una manera de confirmar objetivamente, con un error más o menos despreciable, si está teniendo lugar una interpretación de (parte de) la realidad, es decir, a través de un comportamiento motor congruente se pone de manifiesto que la percepción está teniendo lugar.

Y si dicho cerebro es capaz también de la subjetividad, entonces, la interpretación y consecuente percepción de la realidad se manifestará no sólo como un comportamiento consciente congruente a escala, sino también como una percepción subjetiva de la realidad, o sea, ya no sólo en forma del comportamiento consciente de un individuo, sino también de manera efectiva en la práctica en la forma de un yo consciente de la realidad objetiva que resulta patente como el ilusorio ente que aparentemente pergeña tal o cual comportamiento.

Estas dos maneras de manifestarse la percepción pueden ir juntas o por separado.

¿Qué diferencia hay entre una interpretación de la realidad manifestada mediante percepción subjetiva y una interpretación manifestada mediante un comportamiento consciente?

De esa manera de manifestarse la efectividad de la percepción, la subjetividad, parece que sólo puede haber una detección objetiva de la misma: la de cada individuo, o dicho de otro modo, un individuo no puede percibir el proceso de percepción subjetiva de otro.

En cambio, dos individuos distintos sí que pueden percibir un comportamiento motor consciente, propositivo y congruente, de un tercer individuo que revela el que ese tercer individuo está llevando a cabo una percepción consciente de la realidad.

¿Es percepción y sensación lo mismo?

La percepción de la realidad en la práctica equivale a la interpretación de la información sensorial. La información sensorial al principio no es percepción, sino sensación, de hecho no se manifiesta como comportamiento visible ni como percepción subjetiva mientras no haya una interpretación de la misma a lo largo del proceso, que en el caso del cerebro requiere una asociación e integración de suficiente complejidad como para que sea posible la interpretación de lo que se ve, oye, etc., en algún momento del proceso.

¿Qué tiene de particular la percepción subjetiva, el yo o sujeto consciente?

La percepción subjetiva implica o conlleva obligatoriamente que la información sensorial objeto de la percepción constituya un todo, de algún modo, y a ciertos efectos (ya que el yo es patente como algo único e individual); en su caso, al efecto de la efectividad de la subjetividad, lógicamente.

De modo que en el caso de la subjetividad, el procesamiento implica que el objeto mental integrado debe ser efectivo en determinada escala, la escala macroscópica confinada, como un objeto integrado que posea de manera característica entidad única e indivisible (individual) a ciertos efectos en la práctica y con un error despreciable.

¿Cómo ve el ojo?

La retina es una capa de células del ojo, en su polo posterior, que son neuronas del cerebro que se han instalado en el ojo a lo largo de la evolución sin perder la conexión con el cerebro, y que han evolucionado modificándose hasta transformarse en células fotosensibles o sensibles a la luz. Los fotones de luz que entran en el ojo excitan a la retina. Los fotones son transducidos por las células de la retina, que son neuronas modificadas, en impulsos bioeléctricos.

En cierto modo se puede decir que el ojo es una parte del cerebro, dado que la retina está formada por neuronas. Cuando se contempla el fondo del ojo en una consulta médica se está mirando directamente a parte del cerebro. El fondo del ojo se explora con el oftalmoscopio, artilugio inventado por Helmholtz.

Los fotones desaparecen al ser absorbidos por la retina, así que lo que se procesa en la vía visual acerca de esos fotones han de ser códigos que recreen una representación que abstraiga a esos fotones, y de manera distintiva.

¿Cómo distingue el cerebro la luz de otras señales, como el sonido, si todo se transduce en señales bioeléctricas?

Las señales externas probablemente se representarán de manera distinta en los circuitos neurales, en primer lugar, al ser transducidas en receptores distintos, pues el ojo es distinto al oído, por ejemplo.

La distribución somatotópica (el código espacial), por ejemplo, la retinotópica, también ayudará, probablemente, a que dicha distinción de cada señal se conserve.

En tercer lugar, los potenciales de acción procedentes de la retina que representen a los fotones (el código temporal) probablemente sean también distintos al resto de los trenes que circulan por el cerebro, de ahí que pueda en la práctica haber una representación específica de esos fotones, algo que será crucial para que a la hora de interpretar esos fotones se los perciba a ellos distintamente, no a otra cosa de manera confusa.

No obstante, ha de haber numerosos límites a esta capacidad de procesar diversas señales como distintas; por ejemplo: recuérdese que no siempre es posible distinguir diferentes tipos de edulcorantes a partir de su sabor dulce. Sin embargo, el margen de error para la percepción es suficiente como para percibir la multicolor realidad con un grado suficiente de complejidad tal que resulte útil para apañárselas a la hora de interpretarla de manera eficaz y conveniente a escala en la práctica.

¿Qué es una señal?

Una señal es un cambio en la magnitud de un parámetro físico dado a lo largo del tiempo dentro de un sistema, y que por tanto se convierte en un fenómeno detectable. En una medición se busca la señal, que por tanto se distingue del ruido de fondo y de lo que se conoce como "artefactos", que son otras señales pero que no son las buscadas, se parezcan o no a las buscadas.

¿Cómo se procesa una señal en el sistema nervioso?

De manera simplificada en el sistema se identifica un emisor, la neurona A, un canal, la sinapsis, y un receptor, la neurona B de un circuito neuronal A-B dado (obsérvese la notación empleada para indicar el circuito neural). B detecta la señal de A, que se convierte en señal para B en el momento en que B responde al potencial de acción de A y no a otra magnitud física que actúe como posible señal. Esta discriminación por parte de B de la señal adecuada al receptor, la procedente de A y no otra, indica la especificidad del receptor para esa señal.

¿Es la señal transmitida en un circuito neural idéntica a la señal externa, a un fotón, por ejemplo?

La información que se transmite en una sinapsis no se identifica con el estímulo, no son idénticos, no son una misma cosa. El estímulo es una cosa, y el potencial de acción con el que se correlaciona es otra cosa, no se identifican, no coexisten en un solo ente, la respuesta no se identifica con el estímulo, sino que la respuesta identifica al estímulo, al representarlo con especificidad.

¿Es conveniente identificar al estímulo con especificidad?

La respuesta neuronal a un estímulo, al ir cuantificada y codificada, al ser isomórfica y representativa, al ser sensible y específica del estímulo, y al ser coherente (en el sentido de congruente o no contradictoria) y compatible desde cierto punto de vista (por ejemplo, compatible en cuanto a que la respuesta es verdadera a la vez que el estímulo), identifica al estímulo, da cuenta de él. Como la forma de identificarlo es estable en el sistema (el rojo se diría que se percibe como rojez una y otra vez, y el ojo de uno es aproximadamente el mismo cada vez que ocurre), en la práctica ésto es lo mismo que decir que, con un error despreciable, la respuesta identifica al estímulo tal como parece ser a cierta escala, dicho de otro modo: lo conoce tal como parece ser que es a determinada escala; por ejemplo, una pelota de fútbol se percibe que es redonda, y, si se observa su huella en la arena de la playa, también se observa que dicha huella es redonda, de modo que probablemente la pelota de fútbol se percibe redonda porque así parece ser que es a escala macroscópica confinada. Además, desde el punto de vista evolutivo parece conveniente percibir una pelota de fútbol redonda en vez de cuadrada a simple vista, dado que es redonda, y no digamos percibir a un predador como predador.

¿Qué quiere decir que la identificación de un estímulo es específica?

En general, y dentro de un margen de error aceptable en la práctica a ciertos efectos, la respuesta neural ha conseguido a lo largo de la evolución no confundir a su estímulo con otra cosa al representarlo; ésto es lo que se quiere decir con lo de que la respuesta es específica. Por ejemplo, en el caso de la retina es fácil de entender, son células fotosensibles por definición, adaptadas a responder a la luz por tanto, son células excitables pero específicas para responder ante fotones.

La célula fotosensible además no permanece impasible ante su estímulo, no puede permanecer impasible, al ser una célula excitable; ha de hacer algo al respecto si le llegan fotones, al ser excitable y responder específicamente ante la llegada de fotones (de modo que además de la especificidad también es importante la sensibilidad del sistema).

¿Es importante la estabilidad?

No sólo hay visión porque la retina responda a los fotones, también hay visión porque la retina sigue ahí con aspecto de retina en determinada escala durante el tiempo necesario para que el acto de ver y el resto del proceso sea efectivo en determinada escala.

La materia conocida en la escala elemental conocida, la escala en la que se aplica la mecánica cuántica, parece ser que es estable en cierta medida, y sus formas macroscópicas, clásicas, también parecen serlo a ciertos efectos y con un error despreciable en la práctica. Se desconoce si hay vinculación causal entre esa estabilidad de las partículas elementales y la estabilidad de las formas macroscópicas que percibimos a simple vista, o si dicha estabilidad de lo macroscópico es otro fenómeno emergente correlativo más, o si se trata, la vinculación de ambos fenómenos, de una analogía sin sentido. Por tanto, la estabilidad de lo macroscópico podría ser una manifestación a escala de la interacción de lo microscópico, no un efecto de la estabilidad de lo microscópico, o no (este asunto de la explicación de lo emergente todavía es algo sometido a debate entre los científicos, por ejemplo, últimamente se está investigando lo que se ha dado en llamar relatividad de escala, que tiene que ver con este tipo de problemas; por supuesto que el objetivo de estas investigaciones no será sólo, es de suponer, encontrar la explicación de esa vinculación entre lo pequeño y lo grande, sino que se trata sobre todo de saber de qué modo se logra esa similitud entre lo pequeño y lo grande, por ejemplo, que lo grande sea precisamente estable al igual que lo pequeño, o que la luna siga una órbita alrededor de la tierra de un modo parecido a cómo un electrón sigue algo así como una órbita alrededor del núcleo atómico, o que una galaxia gire en espiral como el agua que se va por el sumidero).

¿Es compatible el cambio con la estabilidad?

La interacción sistemática de las partes y el cambio en el estado morfofuncional de éstas a escala microscópica no parece ser incompatible con la estabilidad del sistema como un todo a escala macroscópica en ciertos casos. Por ejemplo: el cambio del contenido de la mente no es incompatible con la estabilidad de la propiedad de la subjetividad; dicho en sentido figurado: un sujeto consciente sigue siendo ese sujeto, sigue conservando su identidad como yo, aunque a cada instante que pase piense en una cosa distinta… y no hay por qué dar por hecho que ésto tendría que ocurrir así necesariamente, pero ocurre, así que no estaría de más una explicación.

¿Quién explicó la estabilidad de la materia?

Parece ser que fue Schrödinger el que explicó la estabilidad de la materia con su ecuación del electrón, al demostrar que la materia, por ejemplo, los electrones, tienden hacia su estado de energía mínima, de ahí entre otras cosas, parece ser, que aparentemente no se esté desintegrando toda la materia del universo en este momento, por ejemplo.

¿Tienden las neuronas a un estado de energía mínima también?

Las neuronas no son partículas elementales, pero, a su manera, y en su escala, también se diría que de algún modo recrean ese proceso de tendencia hacia un estado de mínima energía, es decir, a enfriarse todo lo que puedan oxidando su glucosa, y ésto, en cierto modo, quizá podría tener que ver, o quizá no, con la estabilidad de los circuitos durante el tiempo suficiente como para que se verifique su efectividad como sistema de computación suficientemente organizado, a pesar de la tendencia fundamental al desorden del sistema.

Tenga o no relación directa la estabilidad fundamental de la materia con la estabilidad de los circuitos neurales, el caso es que la estabilidad de los circuitos neurales es importante para su efectividad como circuitos neurales. Dicho de otro modo: un sujeto no podría tener la ilusión de identidad como sujeto si no durasen esos circuitos el tiempo suficiente como para que tenga lugar dicha ilusión (y aun a sabiendas de que "en cien años todos calvos").

¿Había intuido Ramón y Cajal la importancia de la estabilidad del cerebro a gran escala?

Que la estabilidad relativa del cerebro a gran escala venga ya favorecida desde la escala microscópica lo intuyó en su momento Ramón y Cajal, anticipándose a su época. En 1.899 a Ramón y Cajal le publicaron en Valencia, en la editorial de Pascual Aguilar, un *Manual de Histología normal,* en el que dejó escrito lo siguiente en su página 620: "… La duración de las células nerviosas debe ser larguísima pues jamás se descubren en los centros nerviosos de los adultos señales de kariokinesis ni de destrucción celular. Quizás esta particularidad esté relacionada con la persistencia de los recuerdos y con la conservación durante toda la vida de la noción de nuestra personalidad". Está claro que Cajal posiblemente intuía, por ejemplo, cómo es que se recuerda el nombre de pila de uno durante tanto tiempo.

¿Cuántos tipos de receptores hay en la retina?

En la retina hay distintos tipos de células receptoras, o, mejor dicho, fotorreceptoras. Son neuronas modificadas. Se conocen como conos y bastones. Los conos están especializados en la visión en color, y los bastones en la visión en blanco y negro. Los bastones son más sensibles al movimiento que los conos. Los conos están especializados en la visión en detalle. Entre los conos hay también tres tipos celulares en función del tipo de color que detectan preferentemente, en función del color al que muestran mayor sensibilidad. Se puede hablar, en términos groseros, de conos rojos, verdes y azules.

La continuación de las sinapsis a partir de los conos hacia el cerebro incluye varias sinapsis de relevo, y varias neuronas por tanto. El circuito llega hasta la corteza cerebral occipital, en la parte posterior del cráneo, donde continúa el procesamiento de la información visual en el camino hacia la percepción.

¿Qué influencia en la percepción tendrá el que haya receptores distintos en la retina?

Los conos, al ser distintos, tal vez sean la puerta de entrada en el cerebro de algo así como tres tipos de información distintos, quizá al menos tres códigos neurales distintos, tres trenes de potenciales de acción con un patrón espaciotemporal distinto, uno por color. Y la clave de dicha supuesta diferencia entre esos tres posibles códigos podría estar ya en la transducción entonces (al tratarse de tres fotorreceptores distintos), en las diferencias en las condiciones iniciales del proceso sistemático subsecuente (ésto recuerda al asunto del efecto mariposa).

¿Influirá el efecto mariposa en la percepción?

La evolución de un sistema depende de las condiciones iniciales. Un cambio al inicio, por ejemplo, un código distinto para cada tipo de cono, supondrá posiblemente una influencia en la diversidad del resultado final, tal vez una percepción de cada color distintamente. Quizá ésto no sea el mismo caso que lo que se conoce como efecto mariposa, pero hay analogía con ese efecto.

El sistema que procesa la información procedente de la retina, las neuronas del cerebro, son bastante iguales entre sí, gracias a lo cual pueden procesar dicha información de manera sistemática y coherente (congruente), toda ella a base de trenes de potenciales de acción formando patrones espaciotemporales. Pero las células fotorreceptoras, las condiciones iniciales, son significativamente distintas entre sí, con lo cual la información entrante podrá ser heterogénea, y así será posible que se fundamente la percepción de la heterogeneidad del entorno a partir de un sistema neural relativamente homogéneo.

¿La retina ve?

El procesamiento de la información visual, el acto de ver, empieza ya en la propia retina, lo cual quiere decir que el procesamiento de la información mental no ocurre sólo en la corteza cerebral, sino que ocurre en todo el sistema nervioso central, incluido el subcortical también.

¿Es consciente el procesamiento subcortical?

Si se le está llamando a este procesamiento subcortical procesamiento de información mental, se está dando por hecho, y por tanto afirmando, que dicho acto de ver, aunque todavía no sea percepción, y por tanto no haya todavía una experiencia consciente subjetiva (un yo consciente percibiendo algo), probablemente es un acto que se puede considerar consciente aunque no subjetivo, de modo que esa información probablemente es consciente, aunque todavía no se puede considerar que lo sea para un sujeto, para un yo consciente. Ésto tiene que ver con algo obvio: tiene que ver con el hecho de acuerdo con el cual uno no es consciente de todo lo que "se cuece" en su mente, por ejemplo, si uno pretende calcular cuál es el resultado de sumar 2+2, es evidente que el cerebro realiza el cálculo, pero que desde el punto de vista del yo el resultado, 4, surge de manera instantánea y automática sin necesidad de que el yo realice el cálculo "personalmente", aunque dicho resultado sí ha sido obtenido mentalmente, y por tanto conscientemente, aunque no de manera subjetiva.

¿Es subcortical lo mismo que subconsciente?

Subcortical significa por debajo de la corteza. No hay que confundir subcortical y subconsciente.

Subconsciente se definirá en este ensayo como consciente pero no subjetivo.

Como el término subconsciente de forma convencional parece querer decir no consciente, el término subconsciente resulta engañoso, por lo que aquí no se utilizará, y a la información que se considere consciente pero no subjetiva, se la denominará consciente pero no subjetiva, que parece más lógico.

¿Se procesa información mental no subjetiva en la corteza?

Es probable que las estructuras corticales procesen información subjetiva y no subjetiva a la vez, pues la subjetividad posiblemente no incluya a toda la corteza, sino a zonas cambiantes de la corteza, y de la corteza de asociación sobre todo, o exclusivamente, aunque no se sabe a ciencia cierta. Es más, se sospecha, por ejemplo, por algunos tipos de hallazgos clínicos, que podría haber una subjetividad subcortical rudimentaria también, talámica, por ejemplo, que tal vez se haga patente cuando la corteza deja de funcionar.

¿Cómo se ven los colores?

En la retina hay dos tipos de células fotorreceptoras: conos y bastones. Los conos son menos sensibles a la luz, por lo que sirven para ver de día, y los bastones más sensibles a la luz, por lo que sirven para ver de noche o con poca luz, ya que con mucha luz los bastones se saturan y no sirven para ver, en cambio con mucha luz funcionan mejor los conos, porque son menos sensibles a la luz (un defecto, un error, la menor sensibilidad de los conos frente a los bastones, se aprovecha en beneficio propio por conveniencia evolutiva).

La visión en color depende de los conos. En cada tipo de cono hay un tipo distinto de pigmento. Cada tipo de pigmento reacciona con un tipo distinto de frecuencia luminosa, fotones de frecuencia distinta; el color depende de la frecuencia.

En la retina hay cuatro tipos de pigmentos, parece ser: el constituido por la molécula fundamentalmente proteica llamada rodopsina en los bastones, y otros tres tipos de pigmento en los conos. Cada pigmento presenta un pico de absorción de fotones peculiar, un máximo de absorción en determinadas frecuencias (aunque la absorción se produce en un rango de frecuencias). La rodopsina presenta un pico de absorción en los 496 nm (nanómetros), y los otros tres pigmentos en los 419 nm, 531 nm y 558 nm (estos datos han sido obtenidos por Dartnell y publicados en el *Tratado de Fisiología humana* de Tresguerres). Los conos se suelen llamar tradicionalmente receptores azules, verdes y rojos, aunque dichos picos de absorción correspondan al violeta, al verde-amarillo y al amarillo.

La teoría tricromática de la composición de la visión, tras el descubrimiento de los tres tipos de conos, fue propuesta por Thomas Young en 1.801 (Young también desarrolló por la misma época el concepto de energía). Dicha teoría fue después modificada por Helmholtz. Según esta teoría, los colores, las sensaciones de color, se consiguen mezclando las tres longitudes de onda citadas, variando su intensidad. Por tanto, la respuesta es transducida de manera proporcional a dicha intensidad, de modo que posiblemente se codifiquen la longitud de onda y su intensidad.

¿Cómo se codifican los colores?

Quizá se trate de una codificación temporoespacial.
La codificación temporal tal vez consista en la modulación de la frecuencia de descarga de los trenes. El modulador sería el estímulo, que influiría en la modulación de la respuesta al estímulo, es decir, en cambios en la frecuencia de descarga de los fotorreceptores al llegar el estímulo (nótese que los fotorreceptores no descargan al llegar los fotones, sino que ya

están descargando, y la llegada de los fotones lo que hace es alterar el patrón de descarga).

La codificación espacial tal vez consista, entre otras posibilidades, en detalles como que a mayor intensidad de luz incidente haya más neuronas implicadas en la respuesta sensitiva, mayor campo de respuesta, fenómeno conocido como reclutamiento neuronal.

Este esquema básico probablemente sea más complejo (y aun más absurdo desde el punto de vista de un supuesto diseño inteligente) en la práctica, como se va descubriendo conforme se profundiza en la fisiología de la vía visual.

¿Es posible experimentar sensaciones subjetivamente?

Al percibir algo subjetivamente ese algo ha sido interpretado. Por ejemplo, no se percibe el color rojo, sino que se percibe que algún objeto es rojo. De modo que es posible que no haya tal cosa como sensación subjetiva, sino que sólo sea posible la subjetividad de la percepción. Por ejemplo, en el caso de las sensaciones tal vez sólo sea posible la percepción subjetiva de una sensación si la sensación es patente en la forma de un yo que experimenta una sensación. De manera que cuando una persona afirma, por ejemplo, que nota una sensación de dolor, lo que está teniendo lugar probablemente sea la percepción de una sensación de dolor. Así que la información sensorial de por sí probablemente no podrá ser subjetiva sino se completa el proceso de percepción, momento del proceso en el que probablemente ya sea posible la emergencia de la subjetividad.

¿Es una sensación subjetiva por ser consciente?

Un análisis intuitivo prosaico sobre el fenómeno de la conciencia lleva fácilmente a concluir que la conciencia emerge en el mismo momento en que emerge la subjetividad, dado que intuitivamente lo más fácil es achacar al yo consciente, en exclusiva, la propiedad de la conciencia, y no al resto del sistema nervioso también. De ahí a concluir, siguiendo la vía fácil, esa vía según la cual es el sol el que gira alrededor de la tierra, que subjetividad y conciencia son lo mismo no hay más que un paso. Pero puede que no sea tan fácil definir todo ésto, pues una sensación no subjetiva, por poner un ejemplo, ya podría ser considerada información consciente, pues, por ejemplo, la sensación de rojo que llega a la subjetividad y emerge de manera patente con forma de rojez debería ser lo mismo que previamente era no subjetivo: un tren de potenciales de acción correlativo, peculiar y específico (este tipo de información no subjetiva probablemente ya puede servir para integrar un comportamiento consciente al margen de la subjetividad en algunos casos). La cualidad de la rojez es algo más que se añadiría a la sensación de rojo al emerger la subjetividad de manera sobreañadida en el sistema durante la evolución del sistema en ese sentido (y complicándolo un poco más: si la rojez es patente como tal en el momento en que en la práctica lo es para el yo consciente, y no antes, y dado que el yo carece de concreción, la conclusión obvia es que el yo y la rojez son lo mismo, la rojez sería el sujeto en ese momento; ésto es algo difícil de captar a la primera, pero se seguirá incidiendo sobre esta idea a lo largo del ensayo; la idea es la siguiente: sujeto y objeto mental son una sola cosa).

¿Es una sensación información consciente?

A partir de una sensación no subjetiva parece posible integrar comportamientos aparentemente conscientes sin que se integre la percepción subjetiva como parte del proceso de la integración de dicho comportamiento (en sentido figurado, sin que el yo consciente controle dicho comportamiento), como ocurre, por ejemplo, durante el mecanismo automático de ajuste del diámetro de la pupila en función de la distancia al objeto contemplado, en el que participa la corteza (se denomina mecanismo automático, en vez de reflejo, precisamente porque se integra en corteza, mientras que la integración de los reflejos es por definición subcortical). El sujeto no participa en el mecanismo de ajuste del diámetro pupilar a la distancia, es algo que tiene lugar sin control subjetivo, y además, en este ejemplo, sin opción, el yo no puede tomar el control del diámetro pupilar en función de la distancia aunque quiera (en otro tipo de comportamientos sí puede "inmiscuirse" –en sentido figurado- el yo consciente; por ejemplo, la excursiones ventilatorias del diafragma pueden tener lugar bajo el control del yo o seguir teniendo lugar al margen de éste, y a veces, aunque el yo "quiera" tampoco puede tomar el control del diafragma en todo caso, como cuando se estornuda).

¿Hay algún otro ejemplo de información probablemente consciente pero no subjetiva?

Durante el fenómeno de la visión ciega (un oxímoron, por cierto) un sujeto con cierto tipo de lesión en la corteza occipital afirma no ver como sujeto, y sin embargo esquiva obstáculos al caminar, es decir, sí que ve, e interpreta lo que ve (como obstáculos), lo cual parece indicar que hay percepción no subjetiva pero sí consciente, hay conciencia acerca de la presencia de los obstáculos ahí fuera, y se esquivan integrando información al respecto, que es congruente, e integrada con un cerebro que de hecho no es ni está inconsciente (dormido, en coma, anestesiado, etc.), sino consciente (despierto). Por tanto, no hay que identificar conciencia con subjetividad (ni percepción con subjetividad), pues parecen dos propiedades mentales distintas, por mucho que una intuición común y apriorística lleve a concluir otra cosa, o por mucho que se unan para dar lugar a una sola cosa en determinadas circunstancias: el yo consciente.

¿Es importante el contraste para la formación de una sensación?

Para que haya sensación de rojo, además de formarse dicha sensación, y que tenga intensidad suficiente, hace falta también algo más para que perdure y sea utilizable: el contraste.

Para dotar de contraste a la información sensorial entre sus distintos componentes, por ejemplo, a la sensación de rojo frente a otras sensaciones, un circuito que actúe como vía sensorial para rojo "procurará" que dicha información no se disperse por vías paralelas, mediante la inhibición lateral, la inhibición sináptica de los desvíos hacia carreteras paralelas secundarias desde la vía principal para la información rojo, mientras rojo esté circulando por ella (se desconoce si la sensación rojo en particular utiliza este mecanismo fisiológico del contraste, pero se utiliza como ejemplo por ser ilustrativo, para poder seguir presentando esta visión de conjunto del sistema nervioso).

¿Cómo se ejerce la inhibición lateral?

Como se ha visto, los circuitos neurales incrementan la intensidad de la señal con axones retroactivos que por un lado aumentan (facilitan) la intensidad de la señal por la "carretera principal", y por otro reducen (inhiben) la intensidad de la señal por el desvío a carreteras secundarias (pero principales para otra modalidad sensorial). De este modo, la señal "rojo" destacará no sólo por su intensidad, sino también por su contraste.

¿Es la especificidad de los fotopigmentos del 100%?

La especificidad de los fotopigmentos para las diversas frecuencias que absorben no es del 100%, así que, aunque cada cono tiende a dar cuenta de lo que tiende a dar cuenta (la máxima respuesta se produce con la frecuencia óptima, la que coincide con el pico de absorción), y aunque cada cono tiende a no dar cuenta de lo que no da cuenta (otra forma de definir la especificidad), a veces un cono da cuenta de aquéllo que no debería ser tenido en cuenta por su baja probabilidad (la respuesta de una célula fotosensible se basa en una tendencia dentro de un rango, así que depende de una probabilidad).

¿Qué supone para el sistema visual que la especificidad de los fotopigmentos no sea del 100%?

El que la especificidad del sistema no sea del 100%, como en el ejemplo de los fotopigmentos, introduce más errores en el sistema. Por ejemplo, un cono rojo podría responder a fotones de otro color en un momento dado. Como la mayoría de los conos rojos no tienden a hacer éso, por mera probabilidad, el efecto conjunto de todos los conos rojos se centrará en el rojo, de modo que el error quedará oculto en la práctica ya en la escala microscópica de los conos, y menos aun se detectará en la escala macroscópica de la percepción de la rojez del color rojo, donde se pierde resolución para lo pequeño (se percibe rojez, no neuronas ni fotones). Dicho de otro modo: la efectividad del cambio de escala, es decir, el que el fenómeno microscópico (absorción, transducción y procesamiento de fotones "rojos") resulte también patente en la escala macroscópica a ciertos efectos (percepción de la rojez, por ejemplo), a cierta altura del proceso, logra algo así como eliminar el error en el proceso, y por decirlo aun de otro modo: el error, la minoría, queda oculto por la mayoría en este caso (no en otros).

Dicho error despreciable en la práctica será por tanto despreciable a escala macroscópica en algunos casos, por ejemplo, del modo que se acaba de exponer, es decir, y por decirlo así: "gracias" al cambio de escala, y, en particular, en el caso del cerebro, "gracias" a la estructuración en redes neurales, que son estructuras morfofuncionales macroscópicas (detectables como tales a escala macroscópica e indetectables como tales a escala microscópica, a diferencia de las neuronas y los circuitos por los que circula la información sensorial, que son estructuras microscópicas de hecho).

Como se diría que ha sido la percepción subjetiva lo que evolutivamente ha convenido en algunas especies para comer y no ser comido, pues es lo que ha perdurado por selección natural en esos casos, aunque se haya fundamentado en un funcionamiento basado en parte en los errores.

La estructuración en redes neurales, a pesar del aumento de complejidad que supone, podría conllevar sin embargo la ventaja inesperada (pero "aprovechable" por la evolución mediante selección natural, por su potencial utilidad en pro de la adaptabilidad circunstancial si fuera viable) de convertir los errores en sucesos convenientemente despreciables como tales errores en la práctica a ciertos efectos (al efecto, por ejemplo, de escapar a tiempo de un depredador al que "por error" se toma por depredador, en vez de tomarlo por lo que es, un montón de fotones que llegan a la retina, por ejemplo, y por fortuna para el yo consciente, ya que éso es precisamente lo congruente a escala macroscópica para que la escala macroscópica tenga sentido; y el yo ha resultado tener sentido sólo a escala macroscópica también, como el resto de las cosas que han resultado tener sentido sólo a escala macroscópica, de lo contrario, no estaríamos aquí hablando de ello).

¿Cómo se podrían definir la sensibilidad y la especificidad del sistema?

Seguramente sin especificidad en el proceso mental difícilmente habría conciencia. Para ilustrar ésto de un modo más intuitivo se podría proponer el siguiente ejemplo: un sistema de transmisión de información específico se podría representar por una expresión como la siguiente: $E=VN/(VN+FP)$, siendo E la especificidad (VP=verdadero positivo; VN=verdadero negativo; FP= falso positivo; FN=falso negativo). Esta expresión indicaría la probabilidad, por ejemplo, la correspondiente al cono rojo, de descartar los fotones que no sean rojos. La sensibilidad del cono rojo sería en cambio la probabilidad de detectar los fotones rojos, que se podría expresar como $S=VP/(VP+FN)$. De modo que la especificidad es la capacidad del sistema para evitar falsos positivos, es decir, para evitar que un cono rojo tome por rojo a un fotón verde. La sensibilidad del sistema es su capacidad para evitar los falsos negativos, por ejemplo, la capacidad del cono rojo para no dejar de detectar un fotón rojo a su alcance.

¿Por qué se definen la sensibilidad y la especificidad como probabilidades?

Podría parecer poco cabal el basar la sensibilidad y especificidad del sistema en una probabilidad, pero la razón es que los conos, por ejemplo, no envían un tren de potenciales de acción hacia la corteza cuando detectan los fotones adecuados, sino que parece ser que los conos están enviando dichos trenes todo el rato, y lo que ocurre es que la llegada de fotones modifica, es decir, modula, la frecuencia de descarga. Así que la descarga ya estaba en marcha, y lo que ocurre al llegar los fotones específicos es que la descarga cambia en cierta proporcion, que debería ser específica.

¿Afecta la falta de especificidad a la objetividad?

Si una neurona da cuenta de lo que no ha de dar cuenta, por un error en el sistema, la respuesta seguirá siendo objetiva, aunque inespecífica, introduciendo así en el sistema algo categorizable como un error de medición más o menos despreciable para algún efecto en la práctica, o al contrario, un error útil en algunos casos por conveniencia evolutiva. Por ejemplo: supóngase que los receptores cutáneos son estimulados con agua de temperatura en aumento; si se sobrepasan los 45° C de temperatura, que es el umbral para empezar a sentir dolor, en vez de temperatura (en vez de estimularse los receptores cutáneos de temperatura) se empezará a sentir dolor (empezarán a estimularse los receptores de dolor); en tal caso la incapacidad para detectar específicamente una temperatura a más de 45° C resultará beneficioso al individuo como un todo, que podrá así protegerse contra la quemadura. De modo que el que haya cambio de escala y capacidad de despreciar el error inherente al hecho de que la especificidad no sea del 100% conllevará una conveniencia evolutiva en algunos casos, curiosamente, es decir, la falta de especificidad impedirá distinguir los 45° C de los 46° C, pero a cambio se podrá percibir objetivamente un dolor, algo que será conveniente en este caso (y se podrá huir del "depredador" otra vez, del dolor en este caso).

¿Suponen los errores del sistema un beneficio en todo caso?

Los fotorreceptores de la retina son específicos para el estímulo con energía luminosa, con fotones; pero si se golpea el ojo, si se aplica un estímulo con energía mecánica, los fotorreceptores también responderán a ese estímulo inespecífico, que también identificarán, por error, como si fuesen fotones, pues en ese caso se percibirán fotopsias ("estrellitas" o lucecitas), y no se sufrirá dolor necesariamente; así que en este segundo ejemplo no parece que resulte excesivamente útil que el ojo responda también inespecíficamente a estímulos mecánicos, aparentemente no conlleva una conveniencia evolutiva, mientras que sí ha resultado útil a lo largo de la evolución filogenética, en el caso de la piel, la inespecificidad de los receptores de temperatura a más de 45° C (como se ve, este tipo de hechos siguen yendo en contra de un posible diseño inteligente o de un fin premeditado en la evolución de las especies por selección natural).

Cada caso es distinto y no parece haber un guion escrito para lo que ha de ocurrir. De modo que la evolución no parece tener previsto qué va a ocurrir, ni que preadaptación va a ser conveniente por exaptación, o no, ni parece tener como objetivo favorecer lo beneficioso o lo útil, ni lo perjudicial o inútil, ni lo neutro: ocurre cualquier cosa (dentro de lo posible), fundamentalmente gracias a la complejidad del universo, y la selección natural "se encargará" de eliminar por el camino, o no, a la preadaptación que corresponda, durante el inevitable y accidentado tanteo evolutivo y ajuste al que continuamente está sometido todo lo real.

¿Hay correlación entre zona cerebral y función cerebral?

En la práctica médica cotidiana se observa que los estados mentales dependen de los estados cerebrales con una correlación evidente. Esta dependencia es tan estrecha que incluso surge de inmediato la tentación de asignar a zonas determinadas del cerebro funciones mentales determinadas, y hasta cierto punto es posible en la práctica a ciertos efectos. Por ejemplo, hay áreas cerebrales determinadas e inintercambiables dentro de ciertos límites, como las visuales, las áreas del lenguaje, las de los movimientos prácticos aprendidos (o praxias, como la praxia necesaria para abrir un bote de mermelada, o usar un destornillador), el área para la sensación táctil en la punta del dedo gordo del pie derecho, y así sucesivamente.

¿La correlación entre área cerebral y función es innata o adquirida?

Algunas de esas zonas identificables con cierta precisión están más determinadas genéticamente de modo innato, y otras más necesitadas de un aprendizaje después del nacimiento, a lo largo de más o menos tiempo y tras permanecer en un entorno adecuado.

¿Es muy precisa la localización de funciones en el cerebro?

El cerebro es algo más que determinada localización de ciertas funciones dadas en su superficie: en primer lugar, dicha determinación no es exacta, pues, por ejemplo, el área del lenguaje está distribuida por diversas áreas que se complementan funcionando en red, y no todas son imprescindibles ni están activas a la vez en todo momento en que se está usando el lenguaje. La localización de la actividad cerebral tiende a ser imprecisa en la práctica, a lo que se denomina funcionamiento en red. Sobre la marcha se va formando una trama de neuronas, una red neural, de "un solo uso", que es distinta a la anterior y a las siguientes que se puedan producir en ese cerebro (no se piensa en lo mismo exactamente dos veces). La localización se vuelve precisa cuando una zona sufre un infarto y una función determinada se pierde claramente sin ser sustituida, mientras que otras funciones no se pierden, y de ahí la falsa impresión de que la localización es más precisa de lo que es.

¿Por qué no es suficiente la localización de funciones para entender cómo funciona el cerebro?

El cerebro se encuentra en un constante cambio de estado morfofuncional, su funcionamiento consiste en una continua combinación de heterogeneidad y patrones regulares. Es más: el estado morfofuncional efectivo de todo un cerebro en cada instante en que se pretenda obtener una "foto fija" del mismo será en todo caso, y posiblemente, distinto del estado de cualquier otro sistema (resto de cerebros incluidos) en todo el universo, e irrepetible en toda la historia del universo (incluido ese mismo cerebro). Es en esa heterogeneidad e irrepetibilidad de los estados del cerebro donde se quiebra la idea de asignar a la localización de funciones el protagonismo de lo que el cerebro supone para el fenómeno mental. Por ejemplo, se puede predecir con bastante acierto qué parte del cerebro de una persona es más probable que se active cuando su mente se ocupe del tacto de su dedo gordo del pie derecho, pero gracias a la tendencia a la evolución caótica de los sistemas en el universo, al mismo tiempo que se sabe cuál es la zona que con más probabilidad se va a activar en correlación con las cosquillas en la punta del dedo, es imposible determinar con precisión el momento en que tal área se va a activar, y tampoco es posible predecir en compañía de la actividad de qué otras áreas se va a activar en red esa área referente al dedo del pie. Ambos extremos son impredecibles, de ahí que el interés de la localización exacta de las zonas cerebrales deba ser matizado con el hecho de la evolución caótica de los sistemas dinámicos, cerebro incluido, y con el concepto de funcionamiento en red y el concepto por tanto de red neural.

¿Es el funcionamiento en red preferible a una utópica localización de funciones totalmente precisa?

En esta lucha entre heterogeneidad y patrones, entre desorden y orden, entre caos (complejidad e impredecibilidad) y determinismo (grado de certeza acerca de la probabilidad de un suceso futuro), el cerebro consigue un equilibrio en su tendencia al caos que le permite ser a pesar de todo eficaz como órgano de control de muchas funciones del organismo, y capaz de contribuir con éxito a la supervivencia del individuo mediante su capacidad de adaptación al cambio, y, por tanto, tal vez capaz de contribuir con éxito también a la supervivencia de la especie. Ésto es lo que se infiere al observar que hasta ahora ésto es lo que parece que viene ocurriendo.

La neurona y el potencial de acción

¿Qué es una célula?

Las células son como laboratorios químicos, aislados del medio por una membrana celular, formada por una bicapa lipídica con permeabilidad selectiva. Las neuronas son células. La teoría celular de Schwann data de 1.839. Según esta teoría la unidad elemental de la vida es la célula, la estructura mínima capaz de soportar el proceso vital por sí misma, la partícula de la vida, el objeto elemental que explica la presencia del proceso físico sistemático de la vida, y es que la vida no parece ser más que un proceso físico sistemático peculiar, como otros.

¿Es la neurona una célula como las demás?

Parece ser que la fisiología de la neurona, a escala molecular, es más compleja que la del resto de las células corporales, más incluso que la de los hepatocitos, según explica Cardinali en el *Tratado de Fisiología* de Tresguerres. En las neuronas es destacable la actividad bioeléctrica.

¿Qué es la biofísica?

La biofísica es una rama de la biología que utiliza métodos físicos para medir la actividad biológica, como, por ejemplo, la actividad bioeléctrica celular, mediante la investigación electrofisiológica de los canales iónicos de la membrana celular. El objetivo de la biofísica es medir.

¿Cómo explica la biofísica la actividad bioeléctrica neuronal?

Desde el punto de vista de la biofísica, la actividad bioeléctrica neuronal se consigue explicar mediante conceptos provenientes de la física clásica, como puedan ser los conceptos de conductancia, fuerza electromotriz, capacitancia, etc.

¿Cómo se produce la distribución de cargas a ambos lados de la membrana neuronal?

La neurona, como las demás células, está delimitada por la membrana celular, una bicapa lipídica; delimitada, no rodeada, porque la membrana forma parte de la neurona. La membrana es semipermeable (presenta permeabilidad selectiva). Dicha semipermeabilidad provoca que las concentraciones de ciertas moléculas y elementos a un lado y otro de la membrana sean asimétricas. Como algunas de dichas moléculas, e iones, tienen carga eléctrica, la carga eléctrica a un lado y otro de la membrana (dentro y fuera de la célula) será distinta. La distribución de cargas a un lado y otro de la membrana en parte se produce de modo pasivo, pero en parte es generada de modo activo por la neurona.

¿Cómo genera impulsos bioeléctricos la neurona?

La neurona genera, conduce y transmite impulsos bioeléctricos mediante la descarga de la membrana, mediante un cambio eléctrico transitorio de la distribución de cargas a un lado y otro de la membrana, mediante la producción de potenciales eléctricos.

¿Cómo se cargan y descargan las neuronas?

Las neuronas se cargan al establecerse una diferencia de potencial a un lado y otro de la membrana. Y también se descargan, de manera espontánea, o provocada y regulada por estímulos entrantes en la neurona desde otras neuronas o desde células receptoras sensoriales, o en un laboratorio usando estímulos, eléctricos, por ejemplo.

¿Qué funciones pueden desempeñar las células que se descargan?

Las células que se descargan espontáneamente pueden actuar, por ejemplo, como marcapasos, como ocurre con las células cardíacas.

¿Qué células tienen la capacidad de descargarse?

Las células capaces de descargarse son las células excitables, que son los siguientes tipos celulares: células receptoras, nerviosas, musculares y glandulares.

¿Qué supone la descarga celular desde el punto de vista citológico?

Las células excitables, al descargarse, responden con un comportamiento (no categorizable como consciente, pero sí como propositivo) como consecuencia de dicha descarga, que puede consistir en una contracción, como es el caso de las células musculares, o en una secreción, como es el caso de las neuronas, que secretan neurotransmisores (secretan neurotransmisores, no conciencia).
La excitabilidad neuronal es lo que hace posible la

sensibilidad del sistema.

¿Cómo se produce el potencial de acción neuronal?

El potencial de acción neuronal aparece cuando las neuronas se descargan, es por tanto un tipo de potencial bioeléctrico. El potencial de acción se caracteriza, por ejemplo, por ser un fenómeno discreto en el espacio y en el tiempo, autolimitado, estereotipado, constante, específico, y transmisible dentro del sistema.

La teoría acerca del potencial bioeléctrico de reposo fue presentada por Bernstein a principios del siglo 20. Todas las células presentan un potencial de reposo, una carga eléctrica diferente a un lado y otro de la membrana celular. Hicieron falta 50 años, desde los experimentos de Overton hacia 1.902, hasta los de Hodgkin y Huxley hacia 1.952 (Katz completa el trío de los implicados en la teoría iónica de la sinapsis), para tener suficientemente claro el mecanismo por el que el flujo de iones a un lado y otro de la membrana se relaciona con la detección de los diversos tipos de potenciales bioeléctricos de membrana, como el potencial de reposo o el potencial de acción.

¿Qué tiene que ver el potencial de acción con la transmisión de información?

Las características del potencial de acción lo convierten en el candidato para explicar la transmisión de información abstracta en el cerebro.

La estructuración en circuitos y redes permite a su vez comprender que haya un procesamiento (asociación e integración) de dicha información durante su transmisión a base de potenciales de acción.

La transmisión de este modo se puede entender como cuantificada, potencial de acción a potencial de acción, gracias a la ley del todo o nada: o hay potencial de acción con una descarga dada, o no lo hay; y también gracias a la existencia de la sinapsis: un solo potencial de acción por cada transmisión a través de la sinapsis, y además en un solo sentido (con carácter "valvular").

Estas características, sumadas a otras, como la estabilidad del sistema a gran escala a pesar de los cambios a pequeña escala, que permite la efectividad del proceso en la práctica, establecen una tendencia al orden, necesaria para que la mente surja como fenómeno verificable.

¿Qué ocurre en el interior de las células?

En el interior de las células se producen miles de reacciones químicas distintas en cada instante. Dichas reacciones consisten fundamentalmente en choques moleculares. Las moléculas son capaces de, por ejemplo, unos cien millones de choques por segundo, según explica Guyton en su *Tratado de Fisiología.* Ésto quiere decir que las moléculas son muy rápidas desde un punto de vista macroscópico, e incluso desde el microscópico.

Con tantos choques en tan poco tiempo se entiende más fácilmente que las reacciones bioquímicas sigan su curso y que la vida sea posible sucesivamente en sus diferentes niveles microscópico y macroscópico, a pesar de lo enigmática que resulta la efectividad de dicha posibilidad, por su improbabilidad.

Las moléculas se organizan en estructuras, organitos u orgánulos (pequeños órganos) intracelulares, de tal manera que las diversas vías metabólicas se vean favorecidas al quedar localizadas. Así mismo, algunas moléculas, las enzimas, actúan como catalizadoras de reacciones, que aceleran las reacciones, con lo cual las vías metabólicas posibles en este sistema se vuelven especialmente probables.

¿Cómo obtienen energía las células?

Las reacciones bioquímicas consisten en una transformación de la energía obtenida del medio externo a la célula, del que la célula toma la energía que utiliza. La célula utiliza dicha energía, que toma en forma de electrones, mediante la transferencia de electrones de unas moléculas a otras, moléculas especializadas en transportar electrones en el interior de la célula, haciendo que los electrones vayan bajando de nivel energético por el camino, hacia el estado de mínima energía (ya citado al hablar de estabilidad). Dicha caída de nivel energético supone que la energía cedida en la caída sea tomada por las moléculas de la célula para cargarse de energía, en forma de fotones, que van "extrayendo" de los electrones conforme éstos van cayendo de nivel energético y "soltando" fotones cuando saltan de unas moléculas a otras y de unos orbitales electrónicos a otros. La célula reconvierte esa energía en trabajo, que en última instancia resultará útil al organismo, posiblemente por presión selectiva en ese sentido.

¿De dónde procede la energía de las células?

Los fotones de los que se apropia la célula proceden en su mayor parte del sol, y son incorporados a la cadena de la vida gracias a la fotosíntesis que llevan a cabo las plantas, con cuya energía realizan la síntesis de moléculas orgánicas que van a entrar en la cadena de la bioquímica, y en la cadena alimentaria en definitiva, al ir pasando esa energía al resto de los seres.

¿Cuál es la principal fuente de energía de las neuronas?

La molécula llamada glucosa es la principal fuente de energía de las neuronas. No ocurre así con otras células del organismo.

¿Qué tipo de trabajo realizan las células?

La célula lleva a cabo cuatro tipos de funciones fundamentales: de tipo mecánico, osmótico, químico y eléctrico. Este último tipo de actividad, la actividad eléctrica, o bioeléctrica, es especialmente llamativa en el caso de las células nerviosas. Las células nerviosas generan, conducen y transmiten impulsos bioeléctricos, que llegan, por ejemplo, a los músculos, que también tienen la facultad de responder a dichos impulsos y conducirlos.

¿Para que se utilizan los impulsos bioeléctricos de las neuronas?

El organismo utiliza los impulsos bioeléctricos para recibir y transmitir información referente al medio interno y externo a lo largo de los circuitos neurales. Se integran así las diferentes partes del organismo, con una doble función: receptora y efectora.

No es de extrañar que esta manera de manipular información biológica haya tenido éxito evolutivo, ya que es una forma de transmisión suficientemente rápida como para ser eficiente desde un punto de vista macroscópico, es decir, desde el punto de vista, por ejemplo, del comportamiento animal.

¿Hay más sistemas de transmisión de información aparte del nervioso?

Otro sistema de transmisión de información para integrar comportamientos congruentes con el medio es el hormonal, más lento. El sistema nervioso ha complementado al hormonal en animales con locomoción, seguramente debido en parte precisamente a su rapidez.

¿Hay mucha diferencia entre el sistema nervioso y el hormonal?

El sistema nervioso no deja de ser algo así como un sistema de secreción hormonal también, pues los neurotransmisores que secretan las neuronas en las sinapsis son como hormonas. Lo que pasa es que las hormonas pueden viajar vía sanguínea a grandes distancias desde su punto de secreción para hacer su efecto, mientras que los neurotransmisores actúan localmente, donde se secretan, al otro lado de la sinapsis, y en la mayoría de los casos el neurotransmisor es luego eliminado o reabsorbido ahí mismo en menos de un segundo, con lo cual se dificulta el que cause un segundo efecto hormonal a mayor distancia, aunque en algunos casos ésto también ocurre.

¿Qué es la ley del todo o nada?

La generación de impulsos bioeléctricos se debe a la capacidad de las neuronas para generar el potencial eléctrico denominado potencial de acción. Una propiedad del potencial de acción es que sigue la ley del todo o nada, según la cual, cuando un estímulo o una serie de estímulos llegan a la neurona con suficiente intensidad como para provocar la aparición de un potencial de acción en la membrana de dicha célula, el potencial de acción se produce en todo caso, y alcanzando la amplitud (voltaje) máxima posible en cada caso. Ese máximo no es de idéntica magnitud en cada caso, pero será la magnitud máxima posible en cada suceso. De este modo, si un estímulo ha sido tan intenso como para que la despolarización que provoca cruce el umbral de aparición del potencial de acción, éste aparece, y el potencial bioeléctrico se propaga sin que la magnitud de dicha amplitud se resienta, hasta llegar a la siguiente estación de relevo del flujo eléctrico, la sinapsis, desde donde se suelta una cantidad de neurotransmisor proporcional a la amplitud del potencial de acción, de modo que a la membrana postsináptica llegará de nuevo suficiente neurotransmisor como para desencadenar otro potencial de acción (sobre todo, si son varias las neuronas convergentes en la región postsináptica), o no.

¿Por qué se cumple la ley del todo o nada?

La transmisión del impulso en el tejido neuromuscular cumple el todo o nada, aparte de por las propiedades peculiares de la membrana (en lo que se refiere a la permeabilidad y difusión iónica particular en función del voltaje y la concentración), porque para tal fin se consume energía. La energía obtenida del sol se acumula en las células en ciertos tipos de moléculas especializadas en tal función, que actúan como moneda de cambio energético en las células, como es el caso del A.T.P., o adenosintrifostato. El todo o nada se ha ido preparando en el instante previo al potencial de acción consumiendo la energía del A.T.P. Si se imagina que el potencial de acción fuera una flecha disparada con una ballesta de una neurona a otra, siguiendo el todo o nada (o se dispara, o no se dispara, sin término medio), se puede imaginar que el todo o nada se prepara en el instante previo tensando y cargando la ballesta.

¿Qué es el potencial en equilibrio?

El gasto energético (gasto de A.T.P.) previo a un potencial de acción consiste en la generación de un potencial bioeléctrico, previo al potencial de acción, un potencial en equilibrio (mediante un bombeo asimétrico de iones de un lado a otro de la membrana usando la energía del A.T.P.). Como todo equilibrio, es inestable: la cuerda de la ballesta no está relajada, sino tensa y cargada con la flecha, y al ballestero le tiembla el dedo sobre el gatillo. Dicho potencial en equilibrio es electronegativo en el interior de la célula, y positivo en el exterior, es decir, hay una diferencia de potencial a ambos lados de la membrana, diferencia que se mantiene en equilibrio en ciertas cifras, en cierta cantidad de milivoltios, mediante una continua difusión de iones a un lado y otro de la membrana "en espera" de la descarga del potencial de acción.

¿Quién conduce la electricidad en las neuronas?

Hay que tener en cuenta algo importante: en las neuronas la conducción eléctrica no consiste en el movimiento de electrones, como en un cable de cobre en un circuito eléctrico, sino en el movimiento de iones, átomos cargados. Los iones implicados en la generación de potenciales eléctricos en las neuronas son los iones de sodio y potasio, con importante participación también de los de calcio y magnesio, y algunos otros como iones proteicos, etc. El paso de iones a un lado y otro de la membrana, según una "coreografía" estereotipada que se repite de igual modo una y otra vez, es lo que genera los potenciales bioeléctricos. Los detalles son complejos, pero gracias a varios investigadores y el trabajo de décadas se conocen en bastante detalle (dichos detalles se pueden encontrar en un tratado de Fisiología).

¿Cómo se pasa de potencial de reposo a potencial de acción?

Hay una diferencia de potencial a un lado y otro de la membrana durante el potencial de reposo, reposo relativo, dependiendo del punto de vista, porque se llama reposo al hecho de estar con la ballesta cargada y la flecha quieta… pero la cuerda tensa. La diferencia de potencial en reposo es tan amplia como para que al iniciarse la despolarización ante un estímulo adecuado se alcance el umbral necesario para la producción del potencial de acción (la cuerda de la ballesta, para estar en equilibrio, necesariamente está también tan tensa como para que la flecha pueda salir disparada).

¿Cuál es el umbral para que se produzca la descarga de un potencial de acción durante la despolarización?

El umbral a partir del cual la despolarización no se detiene y llega hasta el final, hasta la descarga del potencial de acción de acuerdo con un todo o nada, se encuentra aproximadamente en los -45 mV (menos cuarenta y cinco milivoltios) en el interior de la célula.

¿Resulta difícil descargar un potencial de acción?

El equilibrio durante el potencial de reposo se rompe fácilmente, y el potencial de acción se produce a favor de gradiente (un gradiente es una medida, vectorial, del cambio de una magnitud en un sistema, que indica la dirección e intensidad de dicho cambio), y no requiere gasto adicional, sino que "rueda por sí mismo cuesta abajo" hacia el lugar de menor energía, por decirlo de un modo fácil de intuir.

¿Qué es la facilitación neuronal?

Si la neurona está parcialmente despolarizada, por ejemplo, por la suma de estímulos pequeños convergentes sobre ella, puede que su potencial se encuentre cerca de los -45 mV, y en tal caso la neurona estaría parcialmente despolarizada, parcialmente descargada, sin llegar a formarse el potencial de acción, pero en tal caso la descarga del potencial de acción será más fácil que en el contrario. En dicha situación, se dice que la neurona está facilitada, y la facilitación es una forma de regulación fundamental en el cerebro, para integrar respuestas, pues es lo que ayuda a que ante dos opciones se tome una antes y más fácilmente que otra; la vía por la que se opte antes generalmente será la vía neural más facilitada, obviamente (que por tanto será la más probable).

¿Tendría que ver de algún modo la facilitación con el concepto de libertad?

En el cerebro, como sistema de computación, la libertad parece consistir en que sea posible disponer de opciones, de alternativas, dicho de un modo más gráfico, de encrucijadas o cruces de caminos con varias vías posibles (circuitos en y griega o divergentes), y dicha libertad depende de la facilitación previa de las vías neurales opcionales, y, tal vez, dependa de ésto más que de otra cosa, no parece depender tanto de lo que uno "quiere hacer" como de lo que uno "puede hacer", uno sería libre para hacer "lo que puede", no "lo que quiere". Para el ser humano todo no es posible, y la estructura morfofuncional del "órgano de pensar" es un ejemplo más.

¿Cuáles son los mecanismos de facilitación?

Hay estímulos que despolarizan o facilitan vías por diversos motivos, pero la mayoría de los estímulos retroactivos, que podrían ser los encargados de la facilitación, en la práctica parece ser que son inhibidores, no excitadores.

La descripción de las vías inhibidoras en gran parte se debe al trabajo de Eccles.

Sin embargo, los circuitos retroactivos inhibidores sí resultan ser en la práctica excitadores a fin de cuentas, ya que dos inhibiciones sucesivas, adecuadamente aplicadas (inhibiendo la inhibición), pueden lograr el mismo efecto que una excitación.

¿Para qué sirven las sinapsis inhibidoras de la despolarización?

Las sinapsis inhibidoras son un mecanismo regulador fundamental en el cerebro, y producen el efecto contrario a las sinapsis excitadoras: alejan a la neurona del umbral de descarga del potencial de acción, lejos de los -45 mV, por ejemplo, a -90 mV, situación que se denomina hiperpolarización, que es un estado en el que la neurona responde peor a su estímulo (el dedo del ballestero se separa del gatillo, reduciéndose la probabilidad del disparo).

Todo este galimatías sobre potenciales bioeléctricos quizá parezca excesivamente complejo y difícil de entender, y, sin embargo, el funcionamiento de, por ejemplo, el riñón, la formación de orina en la nefrona en concreto, es todavía más difícil de entender que el funcionamiento de la neurona y el sistema nervioso, y sólo es orina, ni siquiera es un yo consciente, así que no hay que dejarse impresionar porque lo que hagan uno y otro órgano parezca muy alejado entre sí: sólo son órganos, ambos, el cerebro y el riñón, tan propio de la biología es ser un individuo que orina como ser un yo consciente.

¿Qué relación hay entre la hiperpolarización y el potencial de acción?

Estando la neurona hiperpolarizada, el estímulo habría de ser mayor para lograr un mismo efecto, por ejemplo, un potencial de acción.

¿Cuál es el potencial de equilibrio óptimo para obtener un potencial de acción?

La situación de equilibrio óptima para obtener un potencial de acción en condiciones ideales se supone de manera fundamentada que está alrededor de los -85 mV, y dicha situación ha sido lograda mediante evolución y selección natural, es decir, por tanteo en ese sentido.

¿Se repolariza la neurona tras un potencial de acción?

El potencial de acción se produce por una alteración del equilibrio iónico a un lado y otro de la membrana, y consiste en una despolarización de la membrana. Una vez despolarizada, ha de volverse a repolarizar, para lo que la célula consume A.T.P. cuando se van consumiendo las, en sentido figurado, ballestas de las que dispone para numerosos disparos antes de consumir su munición. En cada potencial de acción (en cada disparo) se consumen pocos iones, y la producción del potencial de acción en sí no conlleva consumo de A.T.P., ya que se produce a favor de gradiente.

Daño cerebral y mente

¿Sirve el daño cerebral para elucubrar sobre la posible correlación entre la mente y el cerebro?

Las lesiones cerebrales permiten conocer para qué sirve cada región del cerebro, porque cuando se daña una región dada se pierde una función dada. Si ésto se confirma una y otra vez en miles de personas, con poca diferencia entre todas, se puede llegar a saber para qué sirve cada región cerebral con bastante seguridad.

De este modo se sabe a qué se dedican las diversas regiones del cerebro. Por ejemplo: si se dañan ciertas regiones de la superficie cortical se pierden funciones bien determinadas, como el cálculo.

En cambio, si se dañan ciertas regiones subcorticales más que la calidad de las funciones se altera la cantidad, por ejemplo: no se pierde el cálculo, pero se calcula más despacio (este tipo de detalles permiten distinguir las demencias corticales de las subcorticales).

Damasio relata en su libro, *El error de Descartes*, el caso de un hombre que sufrió un daño en su región ventromedial del lóbulo frontal, a consecuencia de lo cual dejó de ser capaz de tomar decisiones; no es que no se le ocurriese qué hacer, sino que no podía tomar la decisión de hacerlo, fuera lo que fuera, una función bastante abstracta, por cierto, como se puede apreciar; y la lesión de la cara lateral de su lóbulo frontal le produjo una incapacidad para controlar la atención. Damasio también explica que la lesión en la corteza somatosensorial derecha puede afectar a la toma de decisiones, lo cual entronca una vez más con la idea de la organización en red, y en este caso con algún otro defecto asociado, como parálisis, etc.

Más ejemplos: la lesión de la circunvolución prefrontal produce alteración de la personalidad; la de la circunvolución frontal ascendente, hemiplejía (parálisis de medio cuerpo); si falla la circunvolución frontal inferior dominante se produce afasia de Broca (incapacidad de emitir lenguaje); en la circunvolución parietal superior, hemianestesia (pérdida de la sensibilidad en medio cuerpo); en la circunvolución parietal superior, apraxia (dificultad para ejecutar tareas motoras aprendidas, como abrir un tarro de mermelada); en el giro supramarginal se producen alteraciones diversas, como alexia (incapacidad para leer), agrafia (incapacidad para escribir), acalculia (incapacidad para calcular), agnosia digital (agnosia es incapacidad para reconocer); en el giro angular, agnosia visual; en la corteza occipital, agnosia visual; en la corteza temporal superior, agnosia auditiva, etc.

También es conocida la lesión del hipocampo que altera la memoria de modo peculiar: se pierde la posibilidad de formar nuevos recuerdos, sin olvidar los ya asentados, de modo que no olvidan su nombre, pero olvidan, por ejemplo, si han comido ya, o no, hace media hora.

¿Son algunos tipos de lesión cerebral especialmente llamativos?

Son más conocidos algunos de estos defectos funcionales por su difusión en los textos divulgativos al tener connotaciones llamativas, como algunos de los defectos funcionales vinculados a lesiones en el lóbulo parietal derecho, como es el caso de la apraxia del vestir, la anosognosia (negación de la enfermedad que se padece), la hemisomatognosia (se ignora la mitad del cuerpo, de modo que, por asombroso que parezca, los afectados afirman, cuando miran hacia esa parte de su cuerpo, que debe de ser el cuerpo de otra persona, pues rellenan con su imaginación el vacío de información en su lóbulo parietal de ese modo), y la desorientación topográfica y espacial.

También es frecuente que el enfermo fabule sobre su situación en los casos de ceguera cortical por anosognosia, diciendo que no ve porque se ha ido la luz.

Puede que sorprenda que los enfermos nieguen una realidad evidente para los demás, pero así es como ocurre, por ejemplo: no es infrecuente observar a un paciente afásico, incapaz de formar palabras en su cerebro, tratar de mantener animadas conversaciones con quien tenga delante, a base de farfullar sin cesar sonidos articulados, pero mediante una jerigonza logorreica, amorfa y sin significado, sin darse cuenta de que está hablando sin lenguaje.

¿Qué es el sistema límbico?

Así como la parte externa del lóbulo temporal está especializada en lenguaje y audición, en general, la parte interna constituye la circunvolución del hipocampo, que es una corteza más antigua, con tres capas de neuronas en vez de seis, como el resto de la corteza, debido a que el hipocampo es, desde el punto de vista de la telencefalización, una corteza más primitiva; de hecho, el hipocampo forma parte del sistema límbico, la parte del cerebro dedicada a integrar en red la conducta instintiva y emotiva, es decir, la más primitiva, la que los humanos tienen en común con animales cerebrados menos evolucionados y por tanto con un córtex menos extenso.

En el caso del ser humano, el lóbulo prefrontal, que integra a todo el cerebro, controla los impulsos instintivos con aportaciones como la moral, por ejemplo, que se integra en el lóbulo prefrontal; las lesiones del lóbulo prefrontal, por un tumor cerebral, por ejemplo, pueden cursar con ignorancia de la moral previamente conocida, con lo que el afectado puede pasar de ser un santo a ser un crápula desinhibido, agresivo y socialmente reprobable, y acabar "entre rejas", como ocurre en ocasiones.

¿Aparte de por el defecto de actividad neuronal, se puede saber algo de la correlación mente-cerebro a partir del exceso de actividad neuronal?

El exceso de actividad neuronal también es interesante, y también la actividad a destiempo, fuera de lugar, no por muerte neuronal, sino por irritación neuronal, como ocurre en la epilepsia, en la que las neuronas descargan fuera de control; por ejemplo: en las descargas epilépticas en el lóbulo temporolímbico el afectado puede percibir, según la zona descargada: *dejá-vu,* ilusiones, miedo, pensamiento forzado, angustia, rabia, alucinaciones, y también otro tipo de manifestaciones menos abstractas, como palidez de la piel, labios azulados (cianóticos), dilatación de la pupila, movimientos intestinales, salivación (sialorrea), comportamientos consistentes en vestirse y desvestirse, deglutir, masticar, toquetear cosas, dar vueltas, salir a vagar, etc.

¿Puede estar la individualidad en jaque en algunos casos?

Un individuo, cada miembro de una especie animal, como pueda ser una persona, no es exactamente un individuo a todos los efectos: no es totalmente indivisible (individuo significa indivisible): a una persona se la puede dividir, se le puede amputar un brazo, etc. Pero un brazo amputado no implica en la práctica que ahora haya dos personas, pues el concepto de individuo es eficaz en la práctica para categorizar como individuales los comportamientos conscientes de, por ejemplo, éso que se comporta como persona y que recibe el nombre de persona, aunque esté parcialmente dividido, aunque tenga amputado un brazo, por ejemplo.

Pero hay una situación límite que dificulta esta conclusión según la cual amputarle algo a una persona no es compatible con el desarrollo de dos comportamientos conscientes individuales: la sección completa del cuerpo calloso.

¿Qué es el cuerpo calloso?

El cuerpo calloso es una estructura entre ambos hemisferios formada por unos 200 millones de axones (nadie los ha contado con precisión, es una estimación) que asocian e integran ambos hemisferios. El cuerpo calloso es una estructura que conecta los dos hemisferios cerebrales. Los hemisferios son las dos mitades del cerebro, y es que el ser humano presenta simetría bilateral, así que está formado por dos mitades corporales con simetría bilateral, es decir, con inversión espacial: una es como el reflejo especular de la otra, un todo formado por dos mitades simétricas por paridad; ésto distingue al ser humano de los animales con simetría radial, como las estrellas de mar (si uno lo piensa, ser simétricos es algo extraño y aberrante, y "osado"; lo más lógico sería tender a ser esféricos por fuera y asimétricos por dentro, como los seres unicelulares; lo que pasa es que esta simetría parece necesaria para algunas cosas, como poder ser pluricelulares, o, sin ir más lejos, simplemente poder caminar, por ejemplo, pues hacen falta dos piernas, aunque ello requiera además una costosa coordinación entre ambas mitades).

¿Sirven las lesiones del cuerpo calloso para establecer correlaciones también?

Pocas veces se ve a personas con daño en el cuerpo calloso, pero, cuando se encuentra a alguien, sorprende, ya que en la situación extrema, la sección completa del cuerpo calloso, los dos hemisferios quedan separados, y como se concluye a partir del trabajo de Sperry, se trataría entonces posiblemente de dos mentes distintas, dos sujetos conscientes en una sola cabeza, dos yoes, y cada una de las mentes ajena a la existencia de la otra, la una, el hemisferio dominante, capaz de hablar y racionalizar su entorno, y la otra, el hemisferio no dominante, intuitivo y capaz de unas cuantas cosas, pero no de racionalizar a fondo su existencia, al carecer del lenguaje.

Ésto resulta extraño y contraintuitivo (y evidentemente redunda en la idea del carácter ilusorio del yo consciente, ya que, por ejemplo, no sería verdaderamente único e individual, sólo lo parecería), pero parece que hay alguna certeza sobre ello.

Las lesiones parciales del cuerpo calloso desembocan en una serie de complejos síndromes de desconexión del cuerpo calloso, con diferentes posibilidades, por ejemplo, en la lesión de la parte anterior del cuerpo calloso se produce apraxia de la mano izquierda; en la lesión de la parte posterior del cuerpo calloso se produce anomia táctil de la mano izquierda, etc.

¿Qué ocurre si se corta el cuerpo calloso?

En la sección completa del cuerpo calloso, una persona, con una mente consciente subjetiva antes de la sección del cuerpo calloso, con la sección y separación completa de sus dos hemisferios cerebrales parece dar lugar a dos mentes conscientes subjetivas en una sola cabeza, según se concluye a partir de las investigaciones de Sperry. Éso sí, dos mentes conscientes subjetivas pero con algo de perturbación mental, sobre todo en el lado no dominante, el lado en el que se pierde el lenguaje, que da lugar a una mente más confusa que la que conserva la facultad del lenguaje.

La sección del cuerpo calloso es una situación excepcional, infrecuente, y como la cabeza sigue siendo una en el caso de la sección del cuerpo calloso, a las personas con este problema se las suele seguir considerando en la práctica, que se sepa, como una sola persona a efectos legales cuando se da esta rara situación, a pesar de que, asombrosamente, tras la sección haya probablemente dos personas confusas dentro de esa cabeza.

¿Hay correlación también entre la mente y las lesiones de los ganglios basales y el cerebelo?

Las lesiones de los ganglios basales son frecuentes, e incluyen el síndrome de Parkinson, entre otros.

Las lesiones localizadas en el cerebelo también son frecuentes y cursan con una lista de alteraciones posibles, como vértigo cerebeloso, ataxia de la marcha, y un largo etcétera.

La alteración en ganglios basales, y posiblemente en cerebelo, también afecta al pensamiento; por ejemplo, del mismo modo que las personas con parkinsonismo pueden presentar lentitud para iniciar el movimiento de un miembro, o hipodinamia, también pueden presentar lentitud para iniciar sus pensamientos, algo de lo que algunas personas con parkinsonismo se quejan amargamente, pues ocurre en contra de sus deseos.

Toda esta evidencia sobre la correlación entre daño cerebral y mente se refiere a hechos que ocurren en el cerebro y que tienen que ver con la mente, así que es posible concluir que la mente podría ser lo que el cerebro hace con la información abstracta que procesa, y no otra cosa.

Cerebro y evolución

¿Tiene que ver el peculiar cerebro humano con el proceso evolutivo peculiar de la hominización?

Hay un detalle en el que no se piensa a menudo, pero que es interesante: la mente, un continuo ontogenético, depende del cerebro, y el cerebro es un eslabón más en la cadena evolutiva filogenética del sistema nervioso de una generación a otra, y de una especie animal a otra, y por ello también las mentes forman parte de un continuo filogenético.

Las características del cerebro humano son propias de la especie humana, y forman parte en particular del proceso de hominización, ese proceso de cambio evolutivo que ha llevado del primate al ser humano, en esta línea evolutiva en particular. La hominización también es un acontecimiento evolutivo más, uno de tantos.

¿Cuántos tipos de seres humanos hay?

Que se sepa, sólo existe en la actualidad una especie animal a la que definir como ser humano. Dicha especie es el *Homo sapiens sapiens*. Este pequeño detalle es sin embargo notable, ya que se trata de un caso excepcional que convierte al ser humano en una pequeña "joya" desde el punto de vista de la zoología, pues es un caso único en su género. Véase con un ejemplo qué significa esta excepcional soledad del ser humano entre el resto de los animales: así como se puede ser humano, también se puede ser, por ejemplo, felino, como les ocurre a los gatos. Lo que pasa es que hay diversas especies de felinos, de modo que los gatos, por nombrar a unos de ellos, no son los únicos felinos existentes. También están los tigres, los leones, etc. En cambio, sólo una especie animal es humana en la actualidad.

Homo es un género de animales, y lo habitual es que un género animal esté representado por varias especies. Pues bien, el género *Homo* es de esos géneros animales llamativos por tener una sola especie como representante: *Homo sapiens sapiens*, el ser humano moderno. En el pasado sí hubo simultáneamente varias especies humanas distintas a la vez sobre la tierra.

¿Cómo se clasifican los animales?

Los grupos animales se clasifican, grosso modo, y yendo en el sentido de las hojas a la raíz del árbol, en raza, especie, género, familia, orden, clase, tipo y reino. Por supuesto que esta clasificación se puede modificar al antojo de cada autor. Lo que interesa es percatarse de la ramificación de la clasificación, como un tronco de un árbol macroscópico con ramas (o una neurona microscópica con dendritas), que refleja el hecho evolutivo: conforme pasa el tiempo, se van añadiendo ramas al árbol (o botones sinápticos a las dendritas), al ir surgiendo animales diferentes a los anteriores con el progreso de la evolución, y con la desaparición de algunas de las ramas previas por selección natural (y en conjunto con un aumento de complejidad).

El hombre pertenece al orden de los primates y a la clase de los mamíferos.

¿Qué es un primate?

Los primates son animales caracterizados, entre otras cosas, aparte de por ser mamíferos, por tener cinco dedos en la mano y pulgar oponible, por poder efectuar la pronosupinacion de la mano, por tener uñas en vez de garras, por ser plantígrados, por poseer visión estereoscópica frontal, por ser euterios, es decir, placentarios, y por tener el rinopalio o corteza olfatoria relativamente menos desarrollada.

Hay dos ramas importantes de mamíferos, los placentarios y los marsupiales. Los placentarios tienen una gestación más prolongada y la osificación de su cráneo empieza más tarde, algo que probablemente hace posible que, si se da el caso, y a diferencia de los marsupiales, el cráneo y su contenido puedan tener relativamente más tamaño a lo largo de la evolución filogenética, y de ahí que especies placentarias y marsupiales convergentes que por coincidencia compitan por un mismo nicho evolucionen hacia el dominio de las placentarias sobre las marsupiales, y de ahí también que sea posible para los placentarios la evolución hacia la hominización, al ser una de sus características peculiares un tamaño del cerebro progresivamente mayor.

El orden de los primates probablemente surgió en el pleoceno, durante la era terciaria, hace, tal vez, unos 60 millones de años.

Es probable que los primates evolucionaran a partir de mamíferos insectívoros, con un aspecto parecido al de las actuales musarañas.

¿Cómo se ordenan los primates?

A los zoólogos les parece conveniente dividir al orden de los primates en dos subórdenes: prosimios y simios.

El suborden de los prosimios, continuando con esta complicación del ramaje de este árbol evolutivo que lleva hacia los homínidos, se divide en los infraórdenes de los lemuriformes, lorisiformes y tarsiformes.

El suborden de los simios, también llamados antropoideos, se divide en los infraórdenes de platirrinos y catarrinos.

Los platirrinos son monos con cola, y están menos evolucionados que los catarrinos. Los monos platirrinos se dividen en tres géneros: tití, cebus y ateles.

Los monos catarrinos aparecieron "en escena" hace unos 50 millones de años, probablemente en el eoceno, y se caracterizan por algo curioso: por tener 32 dientes, incluido el ser humano adulto. Los monos catarrinos se clasifican en 4 familias: cercopitecos, hilobátidos, antropomorfos y homínidos.

Los cercopitecos son los únicos catarrinos con cola, aunque en su caso no es prensil.

Los hilobátidos, con 4 especies, son los gibones, menos evolucionados que antropomorfos y homínidos.

Los póngidos o antropomorfos se clasifican a veces en la misma familia que los hilobátidos, pues ambos son catarrinos sin cola que no son humanoides.

Los póngidos se dividen en 3 géneros: *Pongo*, u orangutanes, *Pan*, o chimpancés, con dos especies, y *Gorilla*.

¿Qué es un homínido?

La familia de los homínidos es la cuarta familia de los catarrinos que falta por mencionar. En la familia de los homínidos se encuentra ya a los seres humanos. Los homínidos se caracterizan por el bipedismo. Hay dos géneros conocidos pertenecientes a la familia de los homínidos: *Australopithecus* y *Homo*. De estos dos géneros de homínidos, uno de ellos, el género *Australopithecus*, ya se ha extinguido.

¿Quiénes eran los *Australopithecus*?

Los *Australopithecus* eran seres de aspecto casi humano, aunque posiblemente no eran totalmente humanos. Quizá ni siquiera fueran capaces de hablar, quizá fueran algo así como chimpancés bípedos, tal vez con más inteligencia que los chimpancés, lo que otorgaría a sus tribus un aspecto a medio camino entre una tribu de chimpancés y una tribu de hombres primitivos. Y ésto matizándolo además con el hecho de las varias especies de *Australopithecus* que ha habido, algunas más evolucionadas que otras.

¿Quiénes son los humanos?

Dentro del género *Homo* también hay diversas especies conocidas, como es el caso de *Homo erectus*, o el caso del hombre de Neandertal u *Homo sapiens neanderthalensis*, ambas especies ya extinguidas en la actualidad, que se sepa.

En principio, en la actualidad sólo hay una especie animal representante del género *Homo*: *Homo sapiens sapiens*, el ser humano moderno. Es más, no sólo *Homo sapiens sapiens* es la única especie animal representante del género *Homo*, sino que por su parte el género *Homo* es el único género animal representante de la familia de los homínidos.

El hombre es un simio catarrino de la familia de los homínidos, la única especie viva representante del género *Homo*, la única especie humana, y además también el único homínido que existe en la actualidad.

Así como el hecho de ser un animal felino es una característica achacable a un género animal dado, del mismo modo el hecho de ser un animal humano es una característica achacable a otro género animal dado, el género *Homo*. De modo que ser humano tal vez quiera decir: pertenencia al género *Homo*.

¿Es el humano una especie "elegida"?

Es fácil caer en la tentación de intuir que se trata de una especie "elegida" por su singularidad, como si hubiese sido "señalada por el destino", pero lo que se ha comprobado es que durante millones de años han convivido varias especies humanas distintas sobre el planeta, así que la situación actual es llamativa, pero circunstancial, y, si indica algún destino, sería que la familia humana podría estar más abocada a la extinción que otras familias de animales con más diversidad en sus representantes.

¿Cuál es el rasgo humano clave?

¿Cuál sería el rasgo clave que permitiría categorizar aparte al género *Homo*? En principio podrían ser una serie de rasgos, no uno. No obstante, hay un fenómeno en particular que podría determinar especialmente la característica naturaleza humana: la neotenia, y precisamente la neotenia tras afectar a un antepasado del ser humano probablemente parecido a un antropomorfo. Es posible que el hombre sea simplemente un simio catarrino antropomorfo que se ha vuelto primero homínido (bípedo) y después *Homo* (humano) como resultado de la manifestación de la neotenia en el curso de su evolución particular a lo largo de las generaciones. En definitiva: el rasgo humano clave podría ser la neotenia asociada al antropomorfismo.

¿Se le había ocurrido ya a alguien lo de la neotenia como rasgo humano?

Tras tener esta idea hice una búsqueda bibliográfica para ver a quién más se le había ocurrido lo mismo y, si era así, cómo lo expresaba. En un libro de Lamotte, *Antropología neuroevolutiva*, se decía ésto mismo, que el ser humano debía su aspecto a la neotenia. Pero Lamotte a su vez refería habérselo leído a Changeaux en su libro *El hombre neuronal*, libro que tardé varios años en conseguir. Una vez leído el libro de Changeaux, comprobé que su vez Changeaux refería habérselo leído a Bolk, en un trabajo de 1.926.

Bolk había hecho mención al parecido entre el chimpancé joven y el hombre adulto. De ahí la sospecha de la persistencia de rasgos fetales en el humano adulto. Bolk decía que lo que le pasaba al hombre era como si lo que es una etapa de transición en la ontogénesis de otros primates se hubiera convertido en una etapa final en el hombre, en referencia a los rasgos faciales. Y en cuanto al cráneo, Bolk dijo que el hombre se parece a un feto de chimpancé convertido en adulto, con lo que sería un animal neoténico.

En definitiva: el rasgo humano clave podría ser la neotenia asociada al antropomorfismo.

¿Qué es la neotenia?

El fenómeno de la neotenia consiste en manifestar en la edad adulta características infantiles o larvarias (consiste, estrictamente, en alcanzar la madurez sexual durante el estado de larva, como se explica en el libro *Elementos de biología*, de Planas Mestres, en la página 347). Un ejemplo típico de neotenia se encuentra entre los anfibios que conservan las branquias en la etapa adulta, como ocurre con el anfibio *Proteus anguinus*. Ocurre algo parecido con el ajolote (*Ambystoma mexicanum*), por poner otro ejemplo. El fenómeno de la neotenia se observa en grupos diversos de animales, insectos, gusanos equiúridos, etc.

No hay que confundir la neotenia con la paidogénesis, que consiste en la capacidad de algunos individuos con caracteres larvarios para reproducirse mediante partenogénesis, como ocurre con algunos dípteros (por cierto, la partenogénesis fue descrita por Aristóteles, parece ser).

¿Cómo se clasifican los seres vivos?

Los seres vivos se clasifican por sus características y por su ubicación a lo largo del árbol evolutivo.

La primera división de la vida se establece entre procariotas, o células primitivas, y eucariotas, o células modernas, éstas con el material genético dentro de un núcleo celular con membrana.

Los humanos son eucariotas, las bacterias son procariotas.

Según Margulis, las células eucariotas podrían ser un estado simbiótico de células procariotas, pues algunos de los orgánulos dentro de las células eucariotas parecen de hecho células procariotas, como es el caso de las mitocondrias, que incluso tienen en su interior cromosomas sin núcleo.

¿Qué son los cromosomas?

Los cromosomas son organitos intracelulares en los que están empaquetados los genes de la célula, las unidades morfofuncionales hechas de ácidos nucleicos con la información genética.

¿Qué tipos de procariotas y eucariotas hay?

Los procariotas son dos grupos de seres vivos: bacterias y cianofíceas.

Los eucariotas están constituidos por los siguientes 4 grupos de seres vivos: protistas, hongos, metafitas y metazoos.

Los protistas son seres unicelulares, como los procariotas, pero son eucariotas. Los protistas pueden ser animales, los protozoos, o vegetales, las protofitas. Entre los protozoos resultan interesantes los cianoflagelados, pues su estructura es similar a la de unas células, los coanocitos, a las que se hará mención enseguida, por su interés.

Las metafitas son las plantas, y los metazoos son los animales formados por muchas células, o animales multi o pluricelulares.

Los metazoos, o animales pluricelulares, se dividen en parazoos, mesozoos y eumetazoos.

¿Qué tienen de interesante los parazoos?

Los parazoos son las esponjas, y se caracterizan por presentar cierta diferenciación celular, cierta especialización de sus células, pero sin formar éstas tejidos.

Los tejidos aparecen en cuanto aparece la lámina basal, una estructura laminar que separa un grupo celular de otro, caracterizando así a cada tejido como el grupo celular separado por una lámina basal.

Las esponjas son interesantes pues uno de sus tipos celulares es el coanocito, que al ser tan parecido a los protozoos llamados cianoflagelados, obliga a pensar que los metazoos, de los cuales las esponjas son un primer representante menos evolucionado, o más primitivo, son el resultado, de algún modo, de una asociación entre protistas, procedentes de una misma célula germinal, y más o menos diferenciados entre sí (especializados), unidos en lo que a la larga resulta ser algo así como un "propósito común", una sola vida individual a escala macroscópica, protistas que además tendrían los mismos genes y por tanto procederían de una célula huevo común.

¿Qué tienen de interesante los eumetazoos?

Los mesozoos son un estado intermedio entre parazoos y eumetazoos.

Los eumetazoos son metazoos con epitelios, con tejidos celulares.

Los eumetazoos crecen a partir de una célula embrionaria, que se divide, multiplica y subespecializa, empezando a formar tejidos.

Primero forma capas de células: si el embrión tiene dos capas, los eumetazoos se denominan diblásticos, si tiene tres, triblásticos.

Los eumetazoos diblásticos presentan simetría radial, y son los ctenóforos y los cnidarios.

Los cnidarios son los pólipos, las medusas, las anémonas.

Los eumetazoos triblásticos presentan simetría bilateral, excepto los equinodermos (las estrellas de mar).

La importancia de los eumetazoos triblásticos consiste en que, a diferencia de los demás seres, y con la excepción de los equinodermos (por su simetría radial, que lo hace improbable) presentan el fenómeno de la cefalización.

¿Qué es la cefalización?

La cefalización es el desarrollo de un polo cefálico en el cuerpo del animal, por el que se establece una simetría entre sus dos polos o extremos, de modo que uno de ellos se va a especializar en ser la cabeza del animal.

Se trata de una novedad importante a la hora de buscar comida mediante el movimiento autónomo (originalmente, el movimiento era natatorio).

¿Cómo se clasifican los eumetazoos?

Los eumetazoos triblásticos se dividen en acelomados (platelmintos, etc.), seudocelomados (nematelmintos, rotíferos, etc.), y celomados, dependiendo de si tienen, o no, o casi, cavidad celómica.

Los celomados, dependiendo de dónde aparezca un orificio que se llama blastoporo en la fase en la que el huevo se está dividiendo y formando una primera bola de células, se dividen en protostomios y deuterostomios.

En los protostomios el blastoporo se sitúa de modo que dé lugar a la boca, y en los deuterostomios dará lugar al ano.

Los protostomios se dividen en anélidos, artrópodos y moluscos.

Los artrópodos se dividen en quelicerados (arácnidos, merostomos y picnogónidos) y antenados o mandibulados (crustáceos, miriápodos, insectos).

¿Qué tienen de interesante los moluscos?

Los moluscos son interesantes porque son el primer grupo animal, desde este enfoque evolutivo, en el que los agrupamientos de neuronas en el polo cefálico, los ganglios neuronales cefálicos, se fusionan por primera vez en un órgano al que considerar ya un primer cerebro rudimentario, siendo especialmente notable el hecho en el caso de los cefalópodos, como el conocido caso del pulpo, capaz, por ejemplo, de diseñar soluciones imaginativas para problemas difíciles.

El propio cerebro humano es también algo así como un ganglio grande, o un gran agrupamiento de ganglios.

¿Qué tienen de interesante los deuterostomios?

Los deuterostomios son interesantes por ser los animales en los que el sistema nervioso se sitúa en posición dorsal.

Los deuterostomios se dividen en equinodermos y cordados.

Los equinodermos, como ya se ha dicho, presentan simetría radial, y son las estrellas, los erizos de mar y las holoturias.

Los cordados se caracterizan por tener en posición dorsal un cordón llamado corda, por tener un tubo nervioso cerca de la corda, y por tener faringe.

Hay cuatro tipos de cordados: cefalocordados (amphioxus), urocordados (ascidia), perennicordados y craneados.

Los craneados son los animales con cráneo.

Los craneados se dividen en mixinoides (ciclóstomos, como la lamprea) y vertebrados.

¿Qué tienen de peculiar los vertebrados?

Los vertebrados se caracterizan por poseer tejido óseo, y dividirse en cabeza, tronco y cola.

La cabeza es el miembro único (aunque formado por dos

mitades simétricas unidas, cerebro incluido) del polo cefálico, unido al cuerpo por el cuello, y compuesto por cráneo y cara.

Los vertebrados son los anamniotas (peces y anfibios) y los amniotas (reptiles, aves y mamíferos).

Los mamíferos incluyen entre otros a los insectívoros, a partir de los cuales evolucionaron los primates, que es lo que entre otras cosas son los humanos, primates.

El ser humano tiene más en común con una holoturia, o con un erizo de mar, o con una estrella de mar, a pesar de presentar simetría radial, que con un pulpo, o con una mantis religiosa, con simetría bilateral.

¿Tendrá la neotenia algo que ver con el tamaño cerebral relativamente mayor del hombre?

Tal vez el aumento del tamaño relativo del cráneo en el hombre moderno tenga que ver con la tendencia a conservar las proporciones infantiles en el adulto, aumentando tanto el continente como el contenido, sin que el aumento del continente, la hipertrofia (aumento del tamaño de las piezas) y la hiperplasia (aumento del número de piezas) del cerebro, haya supuesto un cambio deletéreo, sino al contrario, una nueva arma con la que enfrentarse al rigor de la selección natural.

Hay que tener en cuenta que la hipertrofia e hiperplasia del cerebro no siempre da lugar a individuos sanos, ni siquiera viables: el aumento del tamaño del cerebro, la megalencefalia, puede ser patológica. De hecho, hay diversos tipos de megalencefalia descritos en patología médica, y todos ellos están categorizados como enfermedad (por casualidad he encontrado recientemente un artículo que hacer referencia precisamente a ésto, y cuya referencia es: *Bruner E. et al.*

Functional   craniology   and   brain   evolution: from paleontology   to   biomedicine.   Frontiers   in   Neuroanatomy 2014; online).

El aumento del volumen ocupado por la caja craneana no ha ido paralelo al aumento del número de neuronas del cerebro, como recuerda Mora en su libro **Continuum ¿cómo funciona el cerebro?** Las neuronas han aumentado a mayor ritmo que el volumen craneal, de modo que ha sido la aparición de las circunvoluciones cerebrales (más superficie de corteza en el mismo volumen) lo que ha hecho posible la viabilidad del cráneo humano a pesar de haber habido un mayor aumento de neuronas que de capacidad craneal a lo largo de la evolución de la especie.

Cambio de escala y emergencia

¿Qué es medir?

El objetivo de la física (de los físicos) es medir. Medir es averiguar la magnitud del cambio de estado en un sistema, de acuerdo con algún parámetro, tras la interacción de los elementos del sistema. Medir es comparar una cantidad con otra de referencia.

¿Cómo se mide?

Se toman cantidades de referencia suficientemente fijas en cierta escala, de manera arbitraria, como el metro, o el segundo. Dichas cantidades son imperfectas, pero, en la escala en la que son consideradas las cantidades de referencia para una medición dada, el error en la medición por dicha imperfección es despreciable. Por ejemplo: si se dice que una persona es baja a simple vista (a escala macroscópica confinada), en comparación con la estatura media del grupo estimada objetivamente a simple vista, no se estará ajustando o aproximando la medición al milímetro, así que un error de un milímetro sería despreciable en esta medición a simple vista. Ésto quiere decir que si a simple vista se observara que dos individuos miden lo mismo, aunque su estatura difiriese en una décima de milímetro, a simple vista no se daría uno cuenta, ya que a simple vista no se afina hasta la décima de milímetro, de modo que tal error en la determinación de esa igualdad sería despreciable a simple vista en la práctica. Si su estatura difiriese en una millonésima de milímetro el error sería más despreciable aun en esta medición a simple vista.

Por tanto, al medir es importante la escala de medición, pues en función de la escala varía la resolución del sistema de medida (el mayor o menor grado de visión microscópica o macroscópica que se alcance) y de ahí el resultado obtenido (y por tanto la posible interpretación de lo que se observa: si no se ve algo no se puede percibir, y si se ve borroso se percibirá borroso, por ejemplo, se percibirá un todo, y no partes, rojez, y no neuronas, yo consciente, y no potenciales de acción).

¿Qué es una escala?

Un objeto es lo que un observador determina como objeto.

Determinar es ubicar algo en el espaciotiempo, o sea, otorgar unas magnitudes definidas a un fenómeno dentro de unos parámetros físicos dados.

La magnitud es el nivel alcanzado en una escala.

El parámetro es el tipo de sistema usado como soporte para la unidad (por ejemplo, un parámetro es el espacio, y una unidad el metro).

La escala es el sistema de medida, una cantidad de un fenómeno físico dado, dividida en una escala, una escalera, un número de peldaños o partes iguales, siendo cada parte la unidad.

La unidad es una cantidad dada (fija y elemental en una escala dada), que se toma como referencia para medir un fenómeno compatible con dicha escala de medición, por ejemplo, la distancia en centímetros entre dos puntos es compatible con la longitud de una cinta métrica dividida en centímetros, así que una cinta métrica sirve para medir dicha distancia.

La magnitud es el número de unidades que el fenómeno alcanza en la escala.

¿Es importante la escala empleada en una medición?

Según Niels Bohr, los sistemas macroscópicos no pueden considerarse de igual modo que los microscópicos.

La escala de medida es importante en un proceso de medición, en el resultado de la medición, pues el resultado cambia según la escala usada. Por ejemplo, si se pasa de un punto de vista microscópico (imperceptible a simple vista por su pequeñez relativa) a uno macroscópico (perceptible a simple vista por su tamaño compatible con la vista) se producirá un cambio en la percepción (interpretación) de la realidad, se contemplará una realidad distinta, aun siendo la misma. De cerca, un avión a reacción parecerá que vuela deprisa, de lejos, el mismo avión, a la misma velocidad, parecerá que vuela despacio.

Así mismo, es importante, cuando se produce, el confinamiento de dicho proceso de percepción en una escala dada. Por ejemplo, si uno observa de cerca (a pequeña escala) una pantalla con *pixels*, sólo verá *pixels*, pero si cambia a una escala mayor, por ejemplo, si uno se aleja de la pantalla para contemplar de lejos y como un todo un número suficiente de *pixels*, podrá pasar de percibir *pixels* a percibir una figura representada por esa masa organizada de *pixels*, como pudiera ser la imagen de un rostro. Y si uno se confina en esa escala mayor, si deja de ser posible percibir *pixels* individuales por falta de resolución visual al estar demasiado lejos, percibirá ya solo el rostro (a pesar de que lo que uno está viendo son *pixels*, de hecho), quedando en ese momento fuera de la percepción (de la medición a escala macroscópica) los *pixels* individuales (que incluso parecerá que no están ahí).

¿Qué ocurre al cambiar de escala?

Con el cambio de escala un rostro recreado por unos *pixels* suficientemente complejos en cuanto a cantidad de *pixels* y organización u ordenación (estructura interna o forma en que se sitúan unos respecto de otros, o forma en que interaccionan) parecerá que "emerge" en la pantalla.

¿Tienen que ver la escala de medición y la resolución del sistema que mide?

Aunque a simple vista el pensamiento da la impresión de ser instantáneo, en realidad no lo es, lleva un tiempo pensar (a simple vista quiere decir a escala macroscópica confinada; confinada quiere decir que a simple vista no se puede percibir lo microscópico, por ejemplo, a simple vista uno percibe el agua como una masa de agua continua, no como lo que es, una multiplicidad de moléculas de H_2O discontinuas entre sí).

A simple vista se discrimina hasta las décimas de segundo (aproximadamente), mientras que los nervios que llevan a cabo esa operación, para conducir impulsos a lo largo de los axones (y también a lo largo y ancho de somas y dendritas, se sobreentiende) deben protagonizar acontecimientos fisiológicos encuadrados en el rango de las milésimas de segundo (milisegundos o ms) para ser efectivos (son detectables como tales en esa escala). Por dicha rapidez de los fenómenos microscópicos, que ocurren en la escala de los milisegundos, no son discriminables a simple vista (a escala macroscópica confinada), por la falta de resolución a dicha escala macroscópica.

En la escala macroscópica la percepción consciente queda atrapada o confinada, mediante ese cambio de escala que incluye el confinamiento en dicha escala, de tal manera que sólo se percibe lo macroscópico, no lo microscópico. Por el cambio de escala y el confinamiento se pasa de detectar acontecimientos medibles en el rango de los milisegundos a detectar acontecimientos perceptibles o medibles mediante la percepción sólo en el rango de las décimas de segundo (más o menos), por lo que su detección objetiva sólo es posible o queda confinada en dicho rango a simple vista.

Además, este confinamiento supone que la percepción no parezca actividad neural desde un punto de vista macroscópico, sino percepción, y como la actividad neural no se percibe como tal, la percepción subjetiva es patente con el aspecto de un fenómeno emergente, el de un yo consciente, por ejemplo, o en forma de la percepción de agua, no de moléculas de agua, o en forma de la percepción de una bola de billar roja, no de las partes que la componen (brillo, color, forma, movimiento, etc.), o en forma de bola de billar roja, no de las neuronas correlativas que la recrean, todo ésto dependiendo del punto de vista desde el que se quiera considerar la cuestión.

¿Son detectables en una misma escala la secreción de una molécula de neurotransmisor y la descarga de un potencial de acción?

Con cada potencial de acción se secretan a la hendidura sináptica numerosas moléculas de neurotransmisor. Pero la descarga de neurotransmisor ocurre en la escala de las millonésimas de segundo. Una molécula de neurotransmisor puede variar su trayectoria tal vez unos cien millones de veces por segundo en la hendidura sináptica, si es correcta la comprensión del movimiento browniano (movimiento de partículas microscópicas en un fluido explicada por la interacción molecular) por parte de Guyton, que si no recuerdo mal es quien aporta esta cifra (en su *Tratado de Fisiología médica*). En cambio, el potencial de acción se verifica, a efectos de su detectabilidad, es decir, de su efectividad o patencia como ente real a determinada escala, en milésimas de segundo.

¿Cómo influye el cambio de escala en nuestra interpretación de la realidad?

Por el cambio de escala el comportamiento sistemático (bioquímico) de un elevado número de moléculas de neurotransmisor, en la escala de las millonésimas de segundo (escala molecular), corresponde en otra escala a otra cosa (es patente objetivamente en otra escala como otra cosa), corresponde en otra escala a la cuantificación de, por ejemplo, un solo potencial de acción en la escala de las milésimas de segundo (escala celular). Una inmensa multiplicidad de comportamientos moleculares en todo el cerebro se correlaciona con un comportamiento sistemático (el celular) de un (relativamente) reducido número de células en comparación, y con poca analogía, en lo que a su isomorfismo se refiere, entre lo que hacen las moléculas (choques bioquímicos con intercambio de electrones al superponerse sus campos electromagnéticos) y lo que hacen las células (procesos biológicos de nutrición, secreción, etc.).

A pesar de la poca analogía entre lo que parece que hacen las moléculas de esas células a escala molecular, y lo que parece que esas células hacen a escala celular, el hecho es que cada neurona es lo que esas moléculas hacen, así que esa neurona es esas moléculas, esa masa de materia es la misma, aunque su forma patente sea distinta según la escala de observación de dicha masa. Célula y moléculas se identifican, son idénticas, aunque puedan ser categorizadas como algo distinto al usar dos puntos de vista distintos con escalas distintas, pero lo que varía es el punto de vista con que se observa el fenómeno físico, no el fenómeno. Se detectan células o moléculas dependiendo de la escala de medición utilizada.

Ese sistema es célula a ciertos efectos, o moléculas a otros efectos, pero no a todos los efectos, por éso moléculas y células son lo mismo.

De modo que hay que tener en consideración la escala que se está usando para detectar un fenómeno, en aras, por ejemplo, de su categorización como parte de la realidad, y es importante tener en cuenta el cambio de escala a la hora de interpretar un fenómeno. Con las neuronas y el yo consciente (la percepción consciente subjetiva) se diría que ocurre lo mismo.

De todos modos, ¿cómo van a ser las neuronas del cerebro lo mismo que un sujeto consciente, si son muchas, microscópicas y discontinuas en las sinapsis, mientras que un sujeto consciente es uno, individual, y sólo percibe la realidad de manera macroscópica, confinada y continua? Quizá el cambio de escala sea la solución para esta aporía, después de todo.

¿Tiene que ver la transducción psíquica en el cerebro con el cambio de escala?

Para que la información codificada en los circuitos emerja de manera patente en forma de objetos macroscópicos, al tener lugar la efectividad de redes neurales suficientemente complejas, no debería ser preciso que dicha información fuese descodificada, sino que lo necesario parece que debería ser un cambio de escala en el sistema, y un confinamiento en dicha escala, para que donde eran efectivos neuronas y circuitos sean efectivas, al efecto de la efectividad del proceso mental (computación de información abstracta) solamente redes neurales (información abstracta computada por redes) suficientemente complejas, es decir, para que la computación sea efectiva de modo objetivo en la escala de redes (estructuras morfofuncionales macroscópicas) y no en la de neuronas y circuitos (estructuras morfofuncionales microscópicas), para lo cual lo necesario es que las redes neurales (la suma de neuronas y circuitos de neuronas) sean efectivas como unidades morfofuncionales en el cerebro, y macroscópicas, cosa que se diría que la selección natural ya se "ha ocupado" de que ocurra en la práctica de hecho a escala macroscópica, por conveniencia evolutiva.

Si emerge la computación macroscópica (mediante redes), y se confina en dicha escala macroscópica, la información particular sobre los objetos externos que están siendo percibidos emergerá (será efectiva a determinada escala) no sólo como algo macroscópico, sino además como un todo, o sea, unificada (como un todo único e indivisible en vez de con partes diversas), de tal manera que en esa mente sólo será efectiva la idea de, por ejemplo, una manzana como un todo, no como sus partes (por ejemplo, forma, brillo, color, etc.).

¿Qué es la complejidad?

Se acaba de hacer mención a redes neurales suficientemente complejas como manera de justificar que de un momento a otro sean detectables nuevas propiedades en el sistema nervioso, y en la mente en particular, como la efectividad en un momento dado de la propiedad de la subjetividad (la emergencia del yo consciente).

La complejidad se podría definir como el número de interacciones entre las piezas elementales de un sistema. Las interacciones a su vez dependerán del número de piezas elementales del sistema y del número de tipos de piezas elementales, es decir, del número de tipos de interacciones. Así, a mayor número de interacciones, o a mayor número de tipos de interacciones, o ambos, mayor complejidad.

De este modo, una mente presentará más complejidad si se piensa en dos tomates y a continuación en tres tomates, y también presentará más complejidad si en un momento dado se piensa en dos tomates y a continuación en un tomate y una pera, y, aunque parezca paradójico, también si en un momento dado se piensa en dos tomates y en el momento siguiente en un solo tomate.

Ésto también quiere decir que el proceso del pensamiento en todo caso supone un aumento de complejidad en el sistema, de modo que si se está pensando en un tomate y una pera y a continuación se piensa en dos tomates, también ésto supone un aumento de complejidad en el sistema, pues supone un cambio en comparación con el estado anterior, como resultado de la interacción entre las piezas del sistema.

Diversos autores (como Ralph Hoffman, en 1.997), han coincidido en la necesidad de "muchas neuronas implicadas" para que sea posible la emergencia de las propiedades cerebrales que aquí se están ponderando, y que entre otras cosas dependerían de la complejidad del sistema para tener sentido.

¿Qué es el elemento de un sistema?

Una pieza o parte u objeto de un sistema, cada una de las partes que participa en las interacciones que definen el sistema, es elemental si es irreducible a partes menores.

Como lo único elemental que se conoce en este momento son los fermiones y los bosones (las partículas elementales: electrones, neutrinos, quarks, fotones, etc.), entonces al hablar de las piezas elementales de un sistema macroscópico, como el sistema neural, debe quedar claro que sus piezas, las neuronas, son elementales sólo a efectos de la efectividad del sistema neural como sistema nervioso, o lo que es lo mismo, como sistema definido por interacciones entre neuronas (transmisión de potenciales en las sinapsis), no a todos los efectos, como sí que parece que son los fermiones y bosones, porque a otros efectos las neuronas sí son reducibles (a moléculas, etc.).

Las moléculas de las neuronas, como tales, a escala molecular, no son neuronas (ni pueden serlo); las moléculas no se transmiten entre ellas potenciales de acción neuronales, de ahí que a ciertos efectos las neuronas puedan ser consideradas elementales con un error despreciable en la práctica, en determinada escala y a ciertos efectos. En su caso las neuronas pueden ser consideradas elementales en la práctica a ciertos efectos a escala microscópica (la de las micras y los milisegundos, por ejemplo), la escala en la que son detectables los potenciales de acción efectivamente, y al efecto de la detectabilidad de los potenciales de acción, por ejemplo, y precisamente.

Por tanto, el cambio de escala es importante para describir los elementos de la realidad en cada escala.

Parece haber una sola realidad, pero con aspectos distintos

dependiendo de la escala empleada para medirla, para obsevarla.

Lo que ocurre en el cerebro, observado a pequeña escala, son interacciones entre moléculas (por ejemplo, bioquímica), y a mayor escala, interacciones entre neuronas (por ejemplo, biofísica), y a mayor escala, interacciones entre objetos mentales (percepción consciente incluida, por ejemplo, psicología), sin que en cada escala sea detectable lo detectable en las otras escalas menores, por la falta de resolución en cada caso (el confinamiento), de ahí que pueda hablarse de las neuronas como partes elementales del sistema nervioso a ciertos efectos.

¿Hay un umbral para el cambio de escala?

Al alcanzarse cierto grado de complejidad en un sistema parece ser que, cuando sea posible, se terminará alcanzando también un umbral a partir del cual tendrá lugar la emergencia de nuevas propiedades y objetos en el sistema.

Dicho umbral por lógica habrá que presuponerlo peculiar para cada sistema y para cada objeto emergente, dado que cada sistema es distinto. Por ejemplo, a partir de cierto grado de complejidad del amasado de un montón de barro en manos de un alfarero emergerá un jarrón. Otro ejemplo: a partir de cierto número de *pixels* en una pantalla de un ordenador deja de percibirse un borrón sin definir y empieza a emerger un objeto en particular, el que sea en cada caso, un jarrón, por ejemplo, y cada vez mejor definido, con más resolución, conforme va aumentando el número de *pixels*, y conforme van "siendo éstos de menor tamaño", es decir, conforme la escala de percepción va siendo compatible con la escala a la que dicho objeto es perceptible, y así hasta llegar a un tope a partir del cual la resolución aparentemente ni aumenta ni disminuye (ya no se puede definir con más detalle la figura sobre el fondo), o lo hace con un error despreciable para el caso.

¿Qué significa emerger?

El término emerger, tal como se está utilizando aquí, no significa surgir de la nada, sino que significa que hay un cambio en el estado morfofuncional de un sistema, el cual evoluciona hacia un estado morfofuncional (cuya detectabilidad es además función de la escala efectiva) y que antes no era detectable y después sí es detectable de manera objetiva, ya sea en forma de un objeto, como un jarrón, o bien una propiedad, como pueda ser su dureza, que también será detectable de manera objetiva.

Como dicho estado detectable después será objetivo para un observador macroscópico consciente si lo percibe, se identificará al estado con un objeto (al ser objetivo), y se interpretará intuitivamente por sentido común, desde el punto de vista del observador, que dicho objeto surge de algún sitio, que emerge, que es emergente, al no ser antes detectable y después sí, ya que no se habrá apreciado ningún cambio de estado entre los elementos (las neuronas, por ejemplo), al estar éstos fuera del alcance de la detección por falta de resolución del observador.

¿Es el sujeto consciente un objeto emergente?

El yo consciente no debería necesitar surgir de la nada, habiendo neuronas, al igual que ocurre con un jarrón a partir del barro.

Como el jarrón, el sujeto también puede ser identificado a simple vista con algo objetivo, y con concreción a ciertos efectos en la práctica con un error despreciable, gracias al hecho de ser efectivo a escala macroscópica confinada (a simple vista), pues a escala macroscópica la resolución del sistema es la adecuada para que el sujeto sea efectivo como sujeto con objetividad y concreción, como si fuera sólo lo que es (yo consciente) y no otra cosa (neuronas).

Al ser confinada la escala macroscópica en el caso de la subjetividad, no se percibe que el yo es reducible, y así, al ser sólo detectable como sujeto desde ese punto de vista macroscópico y confinado, lo que se percibe parece ser todo lo que es, y por tanto lo que es, y adquiere por ello una ilusoria concreción, que en la práctica define además lo que se podría considerar la esencia de cada persona, la entidad única e individual de su mente consciente (como dijo Sánchez Drago: "… (en la conciencia) la existencia se vuelve esencia").

¿Es el sujeto un objeto concreto a todos los efectos?

No parece que haya tal concreción del yo consciente desde cualquier punto de vista o desde cualquier escala a todos los efectos (y si no es concreto a todos los efectos, no es concreto, sino que sólo lo parece; y si no es concreto, tiene que ser abstracto, entonces).

Además, la mente se considera que es un proceso, no algo concreto, por ejemplo, un *continuum* según escribía Mora, citando a los clásicos, en su libro *Continuum, ¿cómo funciona el cerebro?*

Lo que para un observador es un objeto emergente concreto no es otra cosa que una recreación en un sistema, durante su proceso de cambio, de alguna forma con aparente concreción a determinada escala con un error despreciable en la práctica y a ciertos efectos, concreción aparente debida a la falta de resolución del sistema para detectar que no hay tal concreción, sólo lo parece de manera convincente (y para fomentar tal convicción ayuda el que dicha concreción tenga sentido a escala macroscópica en congruencia con la realidad a escala macroscópica gracias a la conveniencia evolutiva de turno). Por ejemplo, un jarrón consiste en que una masa de barro adopte temporalmente la forma de un jarrón de algún modo, y con cierta concreción en la práctica a ciertos efectos a determinada escala (por ejemplo, al efecto de poder servir a escala macroscópica para contener un ramo de flores en agua), y el sujeto consistiría en que una masa de neuronas adoptase la forma de yo consciente de algún modo y a ciertos efectos con un error despreciable en la práctica. (en el caso del yo resulta más difícil de entender, al ser impalpable).

¿Un objeto mental, emergente como un todo a escala macroscópica confinada, se parece a sus partes microscópicas?

Se suele decir que el todo es más que las partes, por ejemplo, que la rojez del rojo, la percepción del color rojo, es más que el rojo, la sensación de color rojo. El todo es más que las partes porque el todo consiste en las partes más lo que estas partes se hacen entre sí, sus interacciones.

La percepción de un color es una experiencia que solemos definir como cualitativa, mientras que la sensación es información sin cualidades. Además en origen se tratará de fotones sin cualidades organolépticas tampoco, sin olor, sin sabor, sin color que percibir. Es el cerebro el que da lugar a un fenómeno de percepción en el terreno de la abstracción, durante el cual surge el carácter que denominamos cualitativo de la experiencia.

¿Pero por qué se percibe el color rojo como color rojo y no como color verde, o como fotones, o de otra manera? o, ¿por qué un sujeto percibe un tema musical, o reconoce un oboe al percibir dicha información en su cerebro, en vez de percibir un bulto de potenciales de acción, o de armónicos sueltos (que es como se introduce dicha información en el cerebro desde la cóclea en el oído), u otra cosa? ¿Cómo es que esos potenciales de acción, organizados de esa manera en esa cabeza, emergen precisamente con el aspecto perceptible a simple vista de una melodía sonora, y no con otro aspecto, o por qué simplemente no emerge nada?

¿Tiene que ver el cambio de escala con la emergencia de objetos?

Un objeto emergente, para ser detectado, se diría (según una intuición personal que podría no ser correcta en todo caso) que debe serlo desde una escala distinta a la escala en la que sus partes elementales podrían ser detectadas como partes elementales. Por ejemplo, el agua y sus propiedades, como la humedad, son detectables a escala macroscópica, y las moléculas, no, y así mismo, las moléculas son detectables a escala molecular, y el agua y sus propiedades, no. O, por ejemplo, la percepción de la sensación de calor es detectable a escala macroscópica, y las neuronas, no, y así mismo las neuronas son detectables a escala microscópica (con los medios de detección adecuados, obviamente) y la percepción de la sensación de calor, no.

El objeto emergente puede ser cualitativamente distinto a todo lo previamente efectivo en ese sistema, pues para empezar será efectivo con objetividad en una escala distinta a la de sus partes, como resultado de la interacción de las partes a una escala menor, y al cambiar la escala cambia el resultado de una medición (y por tanto lo obtenido será "otras cosa").

La efectividad de lo emergente dependerá de la efectividad de una escala de detección distinta a la previa, lo cual a su vez dependerá del cambio de escala en el sistema. Lo detectable tras el cambio de escala, el todo, será distinto a lo detectable previamente a menor escala, las partes, pues la escala influye en la detección.

El cambio de escala posiblemente sea por tanto la clave para entender la efectividad de la propiedad de la subjetividad, es decir, la emergencia del yo.

¿Tiene que ver la emergencia de objetos con la impredecibilidad?

El aspecto del color rojo tal como se percibe a simple vista (la rojez) es distinto al aspecto que presenta el color azul. ¿Por qué el color rojo se percibe como rojez, y no con otra cualidad, y por qué no puede inferirse cuál será el aspecto final de la rojez si se conocen previamente sus partes; por qué el todo, en definitiva, no es lo mismo que la suma de sus partes? Tal vez se deba a un hecho característico del universo: la impredecibilidad, necesaria debido al caos fundamental que rige la evolución física de lo conocido, y que se caracteriza precisamente porque la evolución de un sistema es, hasta cierto punto, impredecible, y por tanto, la rojez del rojo tal vez sea impredecible por este motivo; pero ésto es mera especulación, porque se desconoce si la teoría del caos incluye a la rojez del rojo.

¿Qué ocurre con un individuo si se modifica la escala con la que se le observa?

A escala microscópica un individuo también puede ser considerado una colectividad de billones de individuos: las células. De modo que desde este punto de vista se es individuo aproximadamente, no exactamente: a gran escala se es individuo en la práctica sólo a ciertos efectos y dentro de un margen de error aceptable.

La histología y la citología, ramas de la biología, le permiten a uno sorprenderse al descubrir que desde el punto de vista de las células el organismo es algo así como un gigante en el que las células viven (y al que constituyen, por supuesto), y en el que desempeñan una labor frenética y con poca analogía con lo que ese organismo hace a escala macroscópica como individuo. Por ejemplo: aparentemente poco tiene que ver la vía metabólica de oxidación de la glucosa en una célula con que ese individuo decida si va a ir al cine… y sin embargo hay dependencia entre ambos hechos, pues hay correlación entre ellos.

Se considera individual a esta colectividad de células por convencionalismo, debido a algunas de las cosas que a escala macroscópica y con poca resolución se ve a todas esas células hacer juntas como un todo, como ir al cine, aunque son muchas más las cosas que esas células hacen, tomándolas juntas o por separado, a escala microscópica.

¿Está vivo un individuo?

Aunque un individuo piensa como un solo individuo desde un punto de vista subjetivo, su unidad vital, su pieza fundamental elemental en lo que a la vida se refiere, es la célula, la neurona en el caso del cerebro. De manera que siendo precisos podría afirmarse que una persona no está viva, sino que lo está cada una de sus células, siendo la vida individual de un organismo una mera ilusión inspirada, por ejemplo, por un comportamiento motor aparentemente individual en la práctica, a ciertos efectos a escala macroscópica, y dentro de un margen de error aceptable, o inspirada, por ejemplo, por una percepción subjetiva, individual también, de la realidad, por la efectividad del yo consciente en la práctica, a ciertos efectos a simple vista, y dentro de un margen de error aceptable.

¿Es individual un individuo?

La individualidad de un espécimen es una categoría macroscópica, una categorización conveniente en la práctica dado que tiene sentido en esa escala, pero dicha categoría es indetectable a escala microscópica, donde sólo se aprecian células individuales interaccionando, no individuos macroscópicos interactuando.

Y sin embargo son las células, mediante sus interacciones, las que hacen que la forma individual macroscópica emerja a gran escala en forma de, por ejemplo, ardilla que recolecta nueces.

Y a partir de las neuronas emerge el cerebro como órgano efectivo a escala macroscópica, y las neuronas desaparecen como individuos a escala macroscópica, al dejar de ser detectables una a una por su pequeñez relativa.

El cambio de escala, de microscópica a macroscópica, supone algo así como el sacrificio de la individualidad de cada neurona como ser vivo individual, en beneficio de esa colectividad que ha de ser efectiva como un todo.

¿Indica la emergencia de la subjetividad una evolución del sistema hacia una menor complejidad?

La simplicidad de la subjetividad, en tanto que ente único frente a la multiplicidad neural correlativa, no refleja una menor complejidad del sistema, sino al contrario, del mismo modo que una holoturia, de estructura más simple que sus antepasados, tampoco refleja menor complejidad, pues una estructura que evoluciona hacia la simplicidad añade complejidad al conjunto, a pesar de su simplicidad relativa particular.

El aumento de la entropía, y por ende de la complejidad, puede manifestarse como un aparente retorno engañoso a la simplicidad, y como una aparente inversión del aumento de la entropía, cuando la entropía del universo aumenta en función del tiempo (el primer principio de la termodinámica es el que afirma que la energía no se crea ni se destruye, sino que sólo se transforma, y el segundo es el que afirma que la entropía aumenta con el tiempo). En palabras de Bonev (*Teoría del caos):* "… complejidad no es, necesariamente, sinónimo de complicación".

La complejidad es, por ejemplo, un caso especial en la evolución de sistemas no-lineales, que aparece, según Bonev, en los puntos críticos o de bifurcación, a lo largo de la evolución de estos sistemas, puntos en los que orden y desorden coexisten momentáneamente, dándose lugar a "estructuras fractales que se caracterizan por presentar un aspecto autosemejante a diferentes escalas".

¿Es el de emergencia un término acertado?

Emergencia es un término usado con frecuencia, también en este ensayo, pero posiblemente sea inadecuado, porque parece querer decir que, por ejemplo, el yo surge desde algún tipo de lugar profundo, o que emerge desde una escala menor, agrandándose por arte de magia para instalarse o hacerse efectivo en una escala mayor donde era indetectable previamente por falta de resolución en el proceso de medición u observación de la escala mayor, o peor aun, que brota a partir de la nada; cuando "no van por ahí los tiros".

Es más, esta palabra puede inducir a intuir que la subjetividad surge a partir de cierto umbral, como la punta de un iceberg, como si la subjetividad se hubiera formado por un aumento de intensidad de la actividad mediante acumulación, por ejemplo, por resonancia, es decir, en lo que a neuronas se refiere: reclutamiento y sincronización, cuando no es necesario que sea así.

Y peor aun, el término podría inducir a pensar que la subjetividad existía previamente y que la emergencia supone la posibilidad de detectar algo que ya estaba ahí fuera del alcance de la observación previamente. De manera que hay que entender bien lo que se pretende expresar con este término.

Emergencia implica que antes algo no era efectivo en el sistema, y después sí, pero la materia del sistema es aproximadamente la misma, no hay acumulación significativa de más elementos por sincronización (resonancia) hasta que la punta del iceberg de la subjetividad emerja "empujada desde abajo por la masa creciente", sino que lo que ha cambiado es su forma, por tanto, lo que emerge es una forma, no una cantidad de materia, que ni se crea ni se destruye, sólo se trans…forma.

La materia cambia su forma, se recrea, de modo que la emergencia de la propiedad de la subjetividad en un sistema nervioso consiste en la recreación de dicha propiedad en el sistema. Así que la experiencia subjetiva, siendo estrictos, no emerge del tejido nervioso, sino que es el tejido nervioso con otra forma en función del tiempo, y por tanto con otra propiedad, la subjetividad, que antes no era detectable porque la forma del sistema, su estructura morfofuncional, era otra. La propiedad emergente sólo es un reflejo del cambio de estado en el sistema, del mismo modo que ocurre con el estado líquido emergente al fundirse el hielo sólido, por ejemplo.

¿Cuál es el origen del concepto de emergencia?

La idea de emergencia surgió cuando se hizo patente que en los sistemas vivos el todo no era igual a la suma de las partes en muchos casos.

Parece ser que fue enunciada por John Stuart Mill en 1.843, mediante el establecimiento de la diferencia entre leyes homopáticas y heteropáticas.

Parece ser que las leyes heteropáticas son las que llevan a pensar en la emergencia de propiedades como fenómeno relevante a tener en cuenta. El ejemplo típico es el de la liquidez del agua, propiedad que hay que considerar emergente desde el momento en que no puede explicarse por la suma de las propiedades del oxígeno y del hidrógeno por separado, sino que tiene que ver con la forma en que interaccionan.

Un alumno de Mill, George Henry Lewis, acuñó el término "emergente" para este tipo de situaciones.

Da la impresión de que para que un objeto sea emergente debe ser en la práctica irreducible en la escala en la que sea efectivo como objeto. De todos modos, esta afirmación se basa en una intuición personal que podría no ser correcta en todo caso; es mera especulación y no se ha analizado a fondo.

Mill ya consideró en su momento (aunque no con estas palabras exactamente) que las propiedades de las sensaciones durante su percepción, como el aspecto macroscópico del sabor dulce, o la forma a simple vista del olor a pera, o la rojez del rojo, no eran reducibles a las propiedades físicas del azúcar o de la pera.

¿Cuál es la estructura fundamental del cerebro?

La idea según la cual el todo es más que las partes tiene que ver con la idea que aportó Needham a la biología, según la cual los organismos se estructuran desde el punto de vista morfofuncional en niveles de organización.

Esta idea es fundamental en el caso del cerebro, en el que las neuronas se organizan en circuitos, a escala microscópica, y éstos en redes, a escala macroscópica, y éstas en súper-redes de complejidad creciente.

En el cerebro, para entender la mente, hay que tener en cuenta no sólo el nivel de organización, sino sobre todo la escala en la que se verifica la efectividad de algún fenómeno: estructura morfofuncional neurona a neurona, o circuito a circuito, efectivos en la escala microscópica; estructura morfofuncional en redes, efectiva en la escala macroscópica.

La percepción consciente subjetiva se verifica a escala macroscópica confinada, la escala en la que son efectivas las redes, y no las neuronas.

¿Cuál es el por qué para la rojez del rojo?

La rojez, la forma de percibirse la sensación de rojo, es rojez, y no otra cosa, curiosamente. Un tópico en ciencia consiste en preguntar por qué la cualidad de la rojez tiene esa cualidad, y no otra, para el rojo.

Al ser la rojez efectiva sólo en la escala macroscópica confinada, la rojez no es reducible a otra cosa desde ese punto de vista, como si la rojez fuese algo elemental, con entidad de por sí, un todo concreto. Pero no es elemental, se trata de un objeto mental emergente, y por tanto la rojez es el aspecto desde cierto punto de vista, desde cierta escala (a simple vista; escala que además queda confinada), de una interacción sistemática peculiar de unas partes (las neuronas).

Por tanto, el aspecto a simple vista distinto y único de la rojez se tiene que deber a la peculiaridad de la interacción durante la cual emerge.

Cuando algo es irreducible carece de sentido plantearse qué es, al carecer de partes que lo expliquen. A simple vista la rojez es irreducible a otra cosa, pero es emergente, por tanto, desde la escala en la que la rojez es efectiva únicamente podría aclararse cómo emerge la rojez, no qué es, se podría aclarar la peculiaridad de las interacciones neuronales propias de la rojez y necesarias para que sea efectiva, pero no por qué dichas interacciones de las neuronas con la información sobre la sensación roja tienen la cualidad de la rojez durante el fenómeno de la percepción de esa sensación y no otra cualidad, pues no hay un por qué, al no haber un qué a todos los efectos (al ser la rojez sólo una forma patente a escala macroscópica, no un ente concreto a todos los efectos, como sí lo es, por ejemplo, un fermión, o un bosón, que se sepa).

Además, el cerebro es un sistema caótico, y los sistemas caóticos se caracterizan por su complejidad y su impredecibilidad, por lo que no sólo no hay un por qué para la rojez, sino que además es posible que no se pueda predecir cuál será el aspecto de la sensación roja cuando emerja como percepción, por lo que posiblemente no hay manera de razonar por qué el rojo emerge con la cualidad de la rojez y no con otra cualidad. La solución para el misterio de por qué la sensación de color rojo se percibe como la rojez consiste en que posiblemente no hay tal misterio, no hay un porqué, y la pregunta estaría mal formulada.

¿Qué es una sensación?

Medir es comparar una magnitud con otra de referencia, a la que llamar unidad.

El sistema nervioso transduce las señales energéticas que alcanzan a los receptores sensoriales específicos (los órganos de los sentidos: vista, oído, olfato, tacto, gusto y equilibrio).

Las señales energéticas que los receptores detectan, sus estímulos, son de cinco tipos: mecánicas, químicas, eléctricas, fotónicas y térmicas.

Al transducir un estímulo, el receptor lo convierte en una cierta cantidad de actividad bioeléctrica. Dicha cantidad es proporcional a la intensidad del estímulo, por tanto, dicha cantidad es una unidad de medida, así que una sensación consciente es un proceso de medición. De modo que ver es medir.

¿Es la mente un proceso de medición?

Dada una unidad de medida, por ejemplo, dada una

respuesta neuronal transmitida en un circuito, dicha unidad sólo puede ser efectiva a escala microscópica.

El cerebro es capaz de medir gracias a que la información va cuantificada, potencial de acción a potencial de acción, y codificada, formando trenes de potenciales de acción que probablemente son estereotipados y con un significado adscribible a cada tren.

Esta cuantificación y codificación hace posible que haya una forma de transmitir información dentro del sistema (en todo caso, dentro de los límites establecidos por las posibilidades del sistema, por ejemplo, no se pueden transmitir potenciales de acción con mayor frecuencia que la frecuencia de descarga posible para una neurona, que suele ser de algunas docenas de Hz).

Si no se produjese esta transmisión no podría haber medición, por éso la codificación y cuantificación son cruciales para al proceso de medición conocido como mente.

¿Qué determina la escala de medida?

La unidad de medida determina la escala de medida, y a su vez la medida depende de la escala. Por ejemplo: a simple vista no se perciben los microbios, que son detectables a una escala menor, o, por ejemplo, a simple vista no se perciben las moléculas del agua individualmente, aunque se perciba el agua como un todo.

¿Cómo influye el cambio de escala en la percepción?

Si la medición, en el caso de la visión, se basase en el circuito como un todo morfofuncional, la escala de medición no sería la misma que si se basase en conjuntos de neuronas integrados en red, otro todo morfofuncional, al ser el primero microscópico y la segunda macroscópica. Por ejemplo: la resolución de la visión variaría durante la percepción en ambos casos, la medición respectiva no sería la misma, así que la interpretación de lo que se viera sería distinta (obviamente este ejemplo no serviría para el caso de la percepción subjetiva, ya que ésta, que se sepa, sólo es macroscópica y confinada, es decir, no se da el caso de poderse percibir microbios a simple vista).

Si varía la unidad de medida varía la medición, pues varía la escala, y si varía la medición varía la percepción. Dependiendo de la escala efectiva en el sistema de medición a efectos de la percepción, la percepción será distinta; por ejemplo: en un caso la percepción de la realidad podría ser subjetiva y en otro caso no (y, evidentemente, en el caso de la percepción no subjetiva, cada uno de nosotros, como yo consciente, no sería consciente de esa información mental no subjetiva).

¿Determina la efectividad de una red neural como estructura morfofuncional con carácter de unidad morfofuncional del cerebro la escala de medición efectiva en un momento dado?

Dado que las redes son estructuras morfofuncionales efectivas como un todo a ciertos efectos, la escala de medición efectiva en una red (tomada la red como sistema de medición) será también efectiva como escala de medición a ciertos efectos en la práctica dentro de un margen de error aceptable.

¿Cómo mide el sistema nervioso a escala neuronal?

Para medir, el sistema nervioso debe de hacer algo así como

comparar cada señal entrante, cuantificada en impulsos, con una unidad de referencia, que es ese mismo impulso, ya que es recreado cada vez que se descarga.

¿Cuál es la unidad de medida en el sistema nervioso a escala neuronal?

Los propios impulsos, que son la referencia para cuantificar la señal, deben de ser la unidad. Por tanto, cada vez que una señal es considerada estímulo y transducida, la unidad es recreada de nuevo. Pero como el circuito es el mismo cada vez, la unidad será igual cada vez (con un error despreciable en la práctica, por ejemplo, uno es capaz de recordar su fecha de nacimiento una y otra vez, y dicha fecha parece siempre la misma, aunque en todo caso cada fecha computada en el cerebro será una fecha distinta, un objeto mental distinto al anterior aunque se parezcan en parte), con lo que el sistema será congruente consigo mismo, además de con el entorno, por lo que el sistema podrá pensar con perdurabilidad (en referencia a la perdurabilidad del individuo, claro, su supervivencia y demás) y congruencia debido a ésto también, y de ahí que se pueda considerar a este proceso de representación de la realidad una medición de esa realidad.

Hay también en cierto modo una comparación del estímulo con el "no-estímulo", es decir, con las señales que al no ser específicas para un receptor tienden a no entrar en el sistema a través de dicho receptor, a no formar parte de la detección (salvo error del receptor, como ocurre por ejemplo con las fotopsias, o visión de lucecitas por estímulo mecánico, que no fotónico, del ojo, de la retina).

¿Cómo responden a los estímulos los receptores sensoriales?

Los estímulos cambian el flujo de iones a un lado y otro de la membrana de las células receptoras y por tanto modifican el balance carga/descarga de estas células en algún sentido. El estímulo adecuado se transduce en energía bioeléctrica, y se codifica. Müller ideó la ley de las energías específicas en 1.840, según la cual: a un receptor sensorial dado, un estímulo dado.

Esta idea implica que un receptor presentaría un umbral bajo de sensibilidad al estímulo específico, y alto para otros estímulos. Lo que pasa es que, posteriormente a 1.840, los datos empíricos han permitido matizar esta idea inicial de Müller con la descripción, por ejemplo, de receptores más o menos específicos, pues, de hecho, se han encontrado receptores que son polimodales, como en el ejemplo de las fotopsias (visión de lucecitas) por un golpe en el ojo, es decir, la retina responde también a estímulos mecánicos, y con un umbral no excesivamente alto.

Como se ve, la descripción del funcionamiento del sistema nervioso puede adquirir complejidad ya desde los mismos receptores sensoriales, y ésto, en definitiva, quiere decir que el sistema nervioso mide como puede, dicho de otro modo, con errores, y, por tanto, el ser humano percibe la realidad como puede, conviviendo con su, en cierta medida, errónea percepción de la realidad, error que la selección natural "ha aprovechado" en beneficio de la especie no obstante, como se puede apreciar, ya que, aunque por error percibimos una manzana ante nosotros si la tenemos ante nosotros, cuando lo que entra en el ojo son fotones, que las cosas ocurran así ha resultado ser lo más conveniente a fin de cuentas.

¿Qué es pensar?

Pensar es idear, idear es ver, ver es medir, y medir es un proceso físico, así que pensar es un proceso físico, dado que pensar es medir.

¿Supone el confinamiento una pérdida de resolución del sistema?

Subjetivamente se perciben todos, no partes, incluido el tiempo, que también se percibe como un todo continuo, y sólo se discrimina a simple vista hasta las décimas de segundo, aproximadamente, y éso que el pensamiento se está produciendo en la escala de los milisegundos, pues ése es el rango temporal en el que se consuma la actividad neuronal. Dicho de otro modo, aunque las neuronas funcionan en milisegundos, sólo se puede contar a simple vista hasta las décimas de segundo.

Este confinamiento de la percepción subjetiva (del sujeto, para entendernos, aunque dicho en sentido figurado al no ser el yo consciente algo concreto a todos los efectos) en, por ejemplo, las décimas de segundo, impide que seamos capaces de intuir fácilmente, por ejemplo, que diez décimas de segundo es lo mismo que mil milésimas de segundo, o bien, que unas neuronas dadas con la propiedad de la subjetividad son lo mismo que un yo consciente dado, idénticos, aunque categorizados desde dos puntos de vista diferentes, el microscópico y el macroscópico. Es el cambio de escala lo que hace que no parezcan una misma cosa, al presentar una forma distinta en diferentes escalas, del mismo modo que de cerca un muro no parece un muro, sino ladrillos, y de lejos, si no se perciben los ladrillos, un muro parece un muro, y no ladrillos.

¿Qué supone en la práctica la pérdida de resolución por el confinamiento?

Este inevitable confinamiento de la percepción subjetiva impide, por ejemplo, captar el paso de cada fotograma en el cine, sólo se percibe un todo, que se interpreta (errónea pero convenientemente) como una figura en movimiento. No se distingue un fotograma de otro a simple vista, pero los fotogramas cambian ante el observador, y el cambio sí se percibe dentro de los límites de resolución del sistema, aunque no en detalle en sus partes, y como esos límites no captan todos los detalles, la percepción del cambio es ilusoria, pero como la percepción se produce aunque sea ilusoria, es decir, como la interpretación tiene lugar, la ilusión que se produce (en este caso) es la ilusión del movimiento de las figuras sobre el fondo en la pantalla de cine. No se percibe lo que de verdad está ocurriendo ahí: una sucesión de imágenes fijas, sin movimiento (como se puede comprobar, en este ejemplo el confinamiento afecta especialmente al tiempo, mientras que en el ejemplo de la pared y los ladrillos el confinamiento afectaba especialmente a la dimensión del espacio).

Por supuesto que la coherencia (en el sentido de congruencia, o no contradicción) en la sucesión de fotogramas ayuda a que lo que se perciba tenga sentido como el movimiento de la figura, y lo mismo se aplica a la mente y su posibilidad de dotar de congruencia al pensamiento acerca de la realidad que nos rodea (véase el capítulo *Mente y congruencia*, más abajo para más detalles sobre este asunto).

El pensamiento se percibe como un movimiento continuo, como una permanencia continua del yo consciente "en contacto" con la realidad, y sin embargo parece ser que todo ocurre fundamentalmente "a saltos" (cuánticos, por ejemplo), no de manera continua, si las cosas se observan en una escala correcta.

Si la subjetividad no estuviera confinada no se percibiría (ni reconocería) un rostro (ni habría percepción, probablemente, por otro lado), y por conveniencia evolutiva parece más práctico y útil percibir congruentemente rostros, o tigres, o manzanas. Y, así, la subjetividad, como forma de pensar sobre las cosas, parece que ha encontrado su hueco en la evolución como preadaptación y ha obtenido "el favor" de la selección natural, dado que para sobrevivir parece conveniente lograr cosas como identificar rostros, a pesar de basarse, curiosamente, en una percepción defectuosa de la realidad, siendo estrictos.

Ya se verá más abajo cómo posiblemente consigue dicha congruencia la mente.

Mente, conciencia y subjetividad

¿Por qué la percepción consciente es enigmática?

En la mente de uno es la escena representada lo efectivo para uno como sujeto que percibe conscientemente las cosas. Lo efectivo para uno no son los elementos (las partes, las neuronas) que llevan a cabo la representación. Por ejemplo, uno percibe el color de las cosas, pero no percibe las neuronas del cerebro de uno que supuestamente mediante sus interacciones codifican y representan dicho color. Lo efectivo para uno como yo consciente es el todo que se configura (por ejemplo, un color), y no los *pixels* de la pantalla, las partes que configuran ese todo (las neuronas), como si dicha imagen fuese un todo sin partes, pues así es como se percibe a simple vista.

Resulta difícil intuir que haya una representación de algo sin los elementos que conforman dicha representación, resulta difícil intuir un todo sin partes, por éso la percepción consciente es enigmática. Por ejemplo, es difícil imaginar que se pueda contemplar la imagen de un cuadro de Dalí sin que ésta esté configurada sobre un lienzo con pintura, por éso quizá resulta difícil intuir cómo es posible algo como la experiencia consciente, mediante la cual uno tiene ante sí una imagen (un color) pero no sus partes (las neuronas que lo recrean).

De ahí también que sea fácil atribuirle a la experiencia consciente, por su carácter contraintuitivo en este sentido, un origen ajeno a los procesos físicos, o una naturaleza inmaterial.

Por suerte las neuronas están ahí durante el proceso mental, y no otra cosa (y viceversa, no hay proceso mental sin neuronas, que se sepa), y por ello se puede tratar de comprender cómo ocurre la experiencia consciente con los elementos disponibles para el análisis del problema, con las neuronas, sin necesidad entonces de recurrir a la magia (lo que ocurre porque sí) ni a la espiritualidad (lo no material).

¿Son mente y conciencia lo mismo?

Mente y conciencia no se considerarán aquí lo mismo.

¿Qué es la mente?

La mente es información abstracta computada en el tejido nervioso, o dicho de otro modo: la mente es el tejido nervioso y lo que éste "hace" con la información abstracta, son las neuronas y parte de sus cambios de estado, o de forma, conforme interaccionan en las sinapsis, la mente es la forma del cerebro cuando dicha forma posee carácter abstracto.

La conciencia es una cualidad propia de dicha información, que la distingue de otros tipos de información sin esa propiedad.

La mente es aquéllo en lo que se piensa, es la información con carácter abstracto, es decir, con carácter representativo, que las neuronas computan, mediante sus interacciones en las sinapsis, dado que es el sitio en el que tiene lugar la transmisión de dicha información (el emisor y el receptor es cada neurona conectada con otras por las sinapsis).

Si la mente es esa información, entonces la mente consiste en un proceso físico sistemático de cambio morfofuncional en los circuitos y redes neurales que las neuronas constituyen, es decir, se trata de un proceso biológico.

El que se pueda percibir luz y sonido, dos cosas distintas, a la vez como una misma cosa, por ejemplo, como una única y brillante manzana que hace ruido al caer al suelo, da a entender que la mente es información abstracta, no otra cosa.

¿Está viva la conciencia?

La conciencia no es un ente biológico, que se sepa, como una ardilla, o como las células de una ardilla, sino una propiedad física de un ente... consciente, y por ello la conciencia no es mortal, ni inmortal, ya que no parece que sea una cosa viva, como no está viva la humedad del agua, o la curvatura de una rueda, o como no vive el calor que desprenden los cuerpos vivos.

¿En qué consiste la conciencia?

Si la mente fuese como una fotografía de la realidad, la mente conseguiría ser consciente porque en dicha fotografía sólo sería detectable o patente la imagen de la realidad, pero no el papel fotográfico que la representa (por este motivo difícilmente se podría considerar consciente a una fotografía).

Mediante este "truco", por el que sólo es detectable la imagen durante la percepción consciente de la imagen, la imagen mental consigue tener, aparentemente, existencia real concreta e independiente, parece poseer efectividad de por sí al margen de cualquier substrato material, parece poseer patencia propia, concreción, como si la imagen fuese ella misma su propio substrato físico, y no el "papel fotográfico" para la ocasión, es decir, las neuronas, en este caso. Ésto es lo que la propiedad de la conciencia tiene de especial.

Piénselo: si usted percibe una imagen, que está siendo producida dentro de su cabeza, percibe la imagen, pero no las neuronas de su cerebro que la recrean, por lo que a usted le parecerá que la imagen existe de por sí, y le parecerá que es irreducible a las neuronas que al recrear esa imagen están pensando en esa imagen, porque usted, como yo consciente, no tiene acceso a la percepción de esas neuronas como neuronas, sólo hay percepción de las neuronas como imagen, por el confinamiento de dicho proceso en una escala macroscópica.

Con ésto no se quiere decir que el yo sea la conciencia, sino que la conciencia se caracteriza porque una imagen consciente no es idéntica a su sustrato a ciertos efectos en la práctica (dentro de un margen de error aceptable), desde el punto de vista de la percepción, o al efecto de la percepción, por ejemplo.

¿En qué no consiste la conciencia?

De modo que la conciencia no consiste en que para un sujeto dado (un yo en concreto) la representación de la realidad en su cerebro, las imágenes mentales, sean patentes, pues éso lo que querría decir es que son patentes, es decir, reales, detectables, efectivas, pero no querría decir que son conscientes. Consciente no parece ser un sinónimo de patente (por tanto, más que *cogito ergo sum,* pienso luego soy, quizá valdría más la pena decir *cogito ergo cogito,* o, si acaso, pienso luego soy... abstracto).

La propiedad de la conciencia tampoco parece ser lo que explica que las imágenes mentales que cada yo dice percibir sean patentes sólo para ese sujeto y no para otros sujetos, lo cual más bien se debe probablemente a que las neuronas de un cerebro no están conectadas mediante sinapsis con las de los demás cerebros, y por tanto cada yo propio de cada cerebro es independiente de los demás yoes. Por tanto, consciente no quiere decir: yo puedo percibir mis propios pensamientos, y los demás, no, que es el concepto que habitualmente se tiene del término "subjetivo". En este ensayo subjetivo, como viene de sujeto, no va a significar: mis pensamientos son sólo míos, sino que va a significar: mi experiencia consciente, como yo consciente, por ser subjetiva, es la de un sujeto, es única e individual, ya que la subjetividad es la propiedad que define al sujeto, al yo, y el yo consciente se caracteriza, a simple vista, por ser un fenómeno único e individual.

En primer lugar, la experiencia es la de un sujeto, es una sola por individuo, constituye un todo único –yo soy un solo yo-, de manera que dicha experiencia mental, consciente y subjetiva (ese yo consciente), es única, una sola por cabeza.

En segundo lugar, además de única, es individual. Individual no es sinónimo de único, de uno solo, sino que individual significa indivisible, sin partes (al menos a simple vista), irreducible, que es lo que es y no otra cosa.

El que la imagen mental en la práctica y dentro de un margen de error aceptable a simple vista sea patente para un sujeto, para un yo consciente, se debe posiblemente a que dicha imagen es patente, no a que sea consciente. Ésto no debería ser lo más sorprendente y enigmático del asunto de la conciencia (aunque a priori pudiera intuirse que sí), ya que toda la realidad es patente, o detectable, o efectiva, por definición, pues éso significa realidad: patencia, detectabilidad, efectividad.

Por supuesto, es enigmático que la realidad sea real, pero una vez que la realidad, que todo, es real, pues el que la conciencia también lo sea no es la clave de la conciencia, así que la conciencia debería caracterizarse por algo más aparte de por ser real, y ése algo más es lo que se ha dicho más arriba: la conciencia es aquella propiedad que consigue que un fenómeno, por ser consciente, consiga ser patente como si no fuese idéntico a su sustrato, o dicho de otro modo: cuando la realidad es patente en forma de yo consciente, lo es en forma de imagen mental, que se caracteriza por ser efectiva sin que lo sean las neuronas que conforman esa imagen, cuando resulta que esas neuronas son esa imagen.

Ésto es algo análogo a lo que ocurre cuando uno contempla, por ejemplo, el cuadro *Galatea de las esferas*, de Dalí. En este cuadro Dalí expresa su interés por la ciencia. Según los avances científicos de la época actual, estamos hechos de partículas, de forma que si uno se acerca al cuadro verá sólo esferas (partículas), y no verá el rostro de la mujer, y si uno se aleja las esferas se empequeñecen y emerge el rostro, hasta que incluso las esferas llegan a desaparecer de la vista, cuando resulta que el rostro y las esferas siguen siendo lo mismo todo el rato, pintura sobre un lienzo, aunque su forma detectable varíe según la escala de percepción.

El que sólo sea patente para cada sujeto lo que "se cuece" en su mente no parece que sea un sinónimo de conciencia tampoco, en todo caso sería sinónimo de que cada cerebro está dentro de su cráneo.

De modo que la mente es información consciente, y si dicha información es subjetiva (con unicidad e individualidad) entonces dicha mente es efectiva en la práctica, con un error despreciable a escala macroscópica confinada (a simple vista), con la forma de un yo consciente.

¿Cómo se definiría la conciencia?

Por la propiedad de la conciencia, cuando un sujeto percibe

conscientemente, por ejemplo, una manzana, sólo percibe la manzana, no a sus neuronas tomando la forma de una manzana abstracta. Así es cómo se entenderá el significado del término conciencia aquí, y por ello no se considerará a la conciencia sinónimo de patencia, ni de mente, ni de subjetividad, sino que se definirá como aquella propiedad de la mente por la cual una imagen u objeto mental no es idéntico a su sustrato, a las neuronas que conforman dicho objeto mental, a ciertos efectos, sino que, por decirlo de algún modo, consigue aparentar ser idéntico a sí mismo con un error despreciable en la práctica a determinada escala y a ciertos efectos (por ejemplo, al efecto de percibir algún objeto con concreción, como algo que parece ser concreto, como en el caso de una manzana, que al no tomarse como neuronas, ni como yo, se toma como algo concreto que está ahí fuera y que uno puede comerse, lo cual a priori parece más útil desde el punto de vista evolutivo que la alternativa contraria, y más aun teniendo en cuenta el interés que a simple vista tiene el tomar a cada cosa por lo que es, de manera congruente a escala).

¿Puede haber conciencia sin subjetividad?

Un hecho llamativo de esta propiedad de la conciencia es que, en ausencia de la propiedad de la subjetividad (en ausencia de un sujeto), la conciencia no dará cuenta de esa parte de la realidad a nadie (dicho en sentido figurado), a ningún yo, es decir (en sentido figurado también), ningún yo se dará cuenta de esa información abstracta sobre la realidad que está siendo procesada mentalmente en ese cerebro de modo no subjetivo. Ese cerebro simplemente dará cuenta de ella, pero nadie, ningún yo consciente, "se dará cuenta de ella" (nótese que no es lo mismo dar cuenta que darse cuenta). Ese cerebro obrará en consecuencia y de modo congruente dentro de sus posibilidades y sus límites, sin que el sujeto correspondiente a ese cerebro se dé cuenta de ello (como cuando se aparta la mano de la llama antes de que uno se dé cuenta –o, dicho en sentido figurado, antes de que el yo sea copartícipe en dicho conocimiento–, o como cuando un sujeto con ceguera cortical esquiva objetos a su paso sin que se dé cuenta de que los esquiva desde el punto de vista del yo consciente, que permanece ciego). De modo que en principio no debería haber dificultad alguna para entender y asumir la afirmación según la cual puede haber conciencia sin subjetividad, sin yo.

¿Percibimos la realidad misma, su representación mental, o ambas?

Del procesamiento mental consciente se derivará (o no) un comportamiento que tenderá a ser coherente (congruente, no contradictorio) con la realidad, y de ahí a la identificación ilusoria entre lo que "se cuece" en la mente y la realidad no hay más que un paso, al consistir la conciencia en la efectividad de la no identificación de imagen mental y sustrato neural (con lo cual no se identificará la imagen mental con la mente, sino con el objeto externo imaginado).

Se hace esta referencia a la identificación entre mente y realidad en el sentido de una coexistencia de ambas en un solo ente, es decir, de ser la misma cosa pero categorizada por duplicado al ser considerada desde dos puntos de vista distintos; ésto quiere decir que, cuando uno percibe la realidad como sujeto consciente no percibe dicha percepción de la realidad (uno no se percibe a uno mismo percibiendo una manzana), sino que cree percibir la realidad misma (uno percibe la manzana), gracias a esa característica de la conciencia de no parecer idéntica a su sustrato, con lo cual, a cambio de que el proceso sea ilusorio (a cambio de partir de un error en el sistema, dado que esa imagen mental de una manzana es una imagen mental, no una manzana externa a uno), la representación mental de la realidad consigue parecer idéntica a lo representado (uno cree percibir una manzana sobre una mesa ahí afuera, no una manzana representada de manera abstracta dentro de su cabeza). Ésto hace que la percepción consciente sea una representación ilusoria e incompleta de la realidad, que se percibe como un todo sin partes (por ejemplo, sin neuronas en este caso), pero al mismo tiempo esta imperfección que supone el proceso de percepción consciente presenta la ventaja evolutiva obvia de convertir a la percepción de la realidad en la percepción de objetos que parecen ser concretos a simple vista, es decir, al no detectarse el sustrato el objeto percibido "parece estar ahí fuera delante de uno", de manera que esta percepción de la realidad, el hecho, por ejemplo, de percibir a un montón de átomos en primer lugar en forma de tigre y en segundo lugar considerando que está "ahí", es lo más conveniente para seguir vivos, sobre todo si se trata de un tigre, ya que de un montón de átomos (o de un montón de neuronas propias) no habría que huir, pero de un tigre sí, desde el punto de vista de la evolución y de la adaptabilidad en pro de la supervivencia, por ejemplo. Quizá la conciencia ha prosperado como propiedad de algunos seres vivos por estos motivos entre otros.

¿Qué es la subjetividad?

La subjetividad consiste en que la mente adopte la forma de un sujeto consciente, un yo consciente, consiste en que parte de la mente, que es una multiplicidad de neuronas, se "cosifique" (emerja efectivamente y de manera objetiva, en cierta escala al menos, a simple vista en nuestro caso, es decir, a escala macroscópica confinada) en una sola cosa e individual (con un error despreciable en la práctica a simple vista), en la forma de un ente subjetivo, que por tanto deberá ser a ciertos efectos, y lógicamente, único (uno solo) e individual (indivisible), y por tanto ser efectiva dicha propiedad de la subjetividad, en la práctica, y con un error despreciable a ciertos efectos (despreciable, por ejemplo, porque no hay un yo concreto a todos los efectos en el cerebro, sino sólo al efecto de la percepción subjetiva), en la forma de un espectador concreto (aparentemente), único e individual de la realidad.

Por ilusorio que sea (ya que ese cerebro sigue siendo fundamentalmente una multiplicidad, no un todo único e individual) ese yo consciente es lo que cada persona posiblemente considere la esencia concreta de su ser, lo que define su carácter de individuo como elemento de la sociedad, y como parte de la realidad, lo que cada uno de nosotros probablemente diría que es fundamentalmente en concreto (decimos "yo soy yo", y no "yo soy las uñas de mis pies", o "yo soy uno con el océano atlántico"), y sin embargo, ese yo es tan sólo una forma abstracta, curiosamente.

Para Manuel Fernández Bocos (en su libro *El misterio de la creación*), la conciencia (en probable referencia al yo consciente) es un "fenómeno de emergencia donde el resultado final toma la forma de un "todo" muy distinto y de categoría superior al resultado de la suma de sus partes individuales, cuya función fundamental suele ser recrear el entorno para que los animales dotados de movimiento actúen como un solo organismo en aras de la supervivencia de la comunidad celular en la que habitan estas propias células".

¿Cómo se podría detectar la propiedad de la conciencia?

Es posible que la propiedad de la conciencia, en un sistema dado, y aunque uno pueda equivocarse en algún caso, pueda determinarse de dos maneras al menos, y estas dos maneras a la vez o por separado: uno, a través de la determinación de un comportamiento categorizable como consciente, y dos, por medio de la determinación de la percepción consciente subjetiva, ya que el sujeto, para ser sujeto, tiene que ser consciente.

Por su parte, la subjetividad podría servir para comprobar que la conciencia se caracteriza por lo dicho: por la efectividad de la información consciente como no idéntica a su sustrato, pues, de hecho, durante la percepción consciente subjetiva (por ejemplo, cuando un sujeto nota el olor de una manzana), si se le pregunta a un sujeto qué percibe al percibir una manzana, dirá que percibe una manzana, pero no dirá que percibe a las neuronas que integran dicha imagen en "su" cerebro; sólo percibe la manzana (y de esta constatación surge la siguiente pregunta: ¿y cómo lo conseguiría el cerebro?).

¿Es ilusoria la percepción de la realidad?

Una ilusión es una percepción equivocada de un objeto por un error de los sentidos, justificada por algo, por ejemplo, es una ilusión confundir un objeto por otro en la penumbra de la noche, por miedo, por ejemplo, o por falta de iluminación.

Al percibir una manzana es el cerebro el que conforma dicha imagen, se encargan de ello una multiplicidad de neuronas. Se trata de una imagen abstracta de una manzana, representativa, no de una manzana concreta, pues la manzana en cuestión estará, por ejemplo, sobre la mesa de la cocina, no dentro del cerebro del individuo.

El carácter ilusorio de la percepción consciente subjetiva de las cosas parece incluir dos aspectos al menos: uno, la ilusión de la continuidad del proceso mental (por ejemplo, la continuidad del yo a simple vista), y dos, la ilusión de la integración de (parte de) la mente en un todo subjetivo, único e individual, al que en la práctica denominar sujeto concreto.

También es ilusorio percibir una manzana y no a las neuronas que configuran dicha imagen, pues dicha configuración neuronal es esa imagen mental, y por tanto es ilusorio que haya un yo consciente percibiendo dicha manzana y no neuronas. Ese yo es el propio proceso de percepción, y por tanto no hay un yo ahí a todos los efectos, y si no lo hay a todos los efectos no lo hay, sólo lo parece a simple vista de un modo convincente y dentro de un margen de error aceptable en la práctica, gracias a esa ilusión fundamentada en un error del sistema (conveniente desde el punto de vista evolutivo, por otro lado).

Desde un punto de vista evolutivo parece conveniente esta ilusión del yo, dado lo conveniente que es tomarse a las cosas como lo que en la práctica conviene tomarlas a simple vista, para no confundir a un tigre con una manzana, por ejemplo.

¿Cómo se sabe que la percepción subjetiva de la realidad es ilusoria?

El sujeto, el yo, a simple vista parece un ente concreto, pero no lo es, no tiene entidad de por sí, porque no se reduce a sí mismo, no es sólo lo que es y no otra cosa, pues es reducible a partes menores, a neuronas, según los hechos permiten comprobar. Al reducirlo pierde su esencia (su carácter único e individual), y por tanto, su concreción es ilusoria, ya que no es cierta a todos los efectos, pues el sujeto no es lo que es de por sí, sino en función de ciertas interacciones entre ciertas neuronas.

¿Cómo puede ser efectiva la subjetividad, si es ilusoria?

Una ilusión también es un fenómeno efectivo, por éso el sujeto es efectivo en la práctica, porque aunque una ilusión no sea la esencia auténtica de lo que allí está ocurriendo, la ilusión forma parte de la realidad también, por eso la patencia del sujeto consciente es posible en la práctica, aunque sea sólo una convincente ilusión en determinada escala. Que una imagen mental de una manzana no sea una manzana concreta, sino su representación abstracta, no significa que dicha imagen no sea patente, sólo significa que no es verdadera (su concreción no es verdadera), y verdadero y real no son sinónimos.

¿Son real e ilusorio términos contrarios?

Una ilusión, según el diccionario de la Real Academia, es un concepto, imagen o representación sin verdadera realidad. Según este mismo diccionario, es real aquello que tiene existencia verdadera y efectiva. Lo efectivo es, por tanto, real y verdadero. Lo que percibimos son representaciones en nuestro cerebro de la realidad, no la realidad externa propiamente dicha, luego, y de manera compatible con la definición de ilusión, nuestras percepciones son imágenes sin verdadera realidad (la imagen de una manzana no es una manzana verdadera, sino su imagen). Su realidad es evidente, percibimos la realidad, pero de manera ilusoria (porque percibimos una manzana como manzana, no como imagen de una manzana). Luego las ilusiones son reales, pero no la verdadera realidad, sino una representación (una abstracción) de la misma. Entonces los conceptos de ilusión y realidad no remiten exactamente a cosas contrarias, pues la ilusión forma parte de la realidad, ya que hay dos realidades, la verdadera y la ilusoria, ambas reales, pero no verdaderas ambas a la vez, porque una imagen de una manzana en nuestra mente no es una manzana, sino su representación afortunada y conveniente. En cuanto a las definiciones del diccionario de real y efectivo, son tautológicas, de modo que no aclaran la idea. Lo único que nos dicen es que lo real es lo real. Podemos ahondar en esta definición y considerar que lo real, por ser lo efectivo, es lo que tiene efecto, lo que tiene lugar, lo que se puede detectar como un fenómeno en el que se produce un efecto como consecuencia de una causa, como algo en lo que hay un cambio medible. De modo que la realidad es lo medible, con lo cual, sabremos cuánto mide lo real, y sabremos qué es lo que hay en la realidad, pero no sabremos qué es la realidad en esencia.

¿Somos sujetos conscientes concretos en esencia a todos los efectos?

Probablemente no haya de manera concreta un sujeto que posea una mente (sólo a ciertos efectos y de manera ilusoria), o un sujeto al que se envíe dicha mente o dicha información mental para que sea consciente de ella, sino que hay que sobreentender en todo momento que la subjetividad es una propiedad de la mente, y el yo una forma dada, patente a determinada escala, un objeto abstracto, no un objeto concreto a todos los efectos.

Achacar a un sujeto concreto la autoría de la experiencia consciente subjetiva se dice en sentido figurado, al ser esa la impresión que da la experiencia desde un punto de vista intuitivo a simple vista (se supone que toda persona sana es capaz de creer ilusoriamente que es en concreto un yo mentalmente consciente, único e individual, y macroscópico, no un proceso mental consciente y subjetivo basado en la actividad de una multiplicidad neuronal microscópica, en primer lugar, porque éso es lo que se percibe debido al incorrecto pero conveniente funcionamiento del cerebro).

¿Somos efectivos como sujetos conscientes de manera concreta en algún caso al menos?

Se puede hablar en términos comprensibles (para entendernos), y con sentido práctico, del sujeto como actor de la experiencia consciente, dado que a simple vista el sujeto es efectivo con concreción con un error despreciable en la práctica a ciertos efectos, por ejemplo, al efecto de percibir intuitivamente la ilusión de dicha concreción del yo, o, por ejemplo, al efecto de achacar a dicho yo la autoría o la soberanía del pensamiento subjetivo (aun cuando dicho pensamiento subjetivo sea fundamentalmente un proceso automático, y no la creación intencionada o deliberada de un yo concreto), como se hace, por ejemplo, al achacar un delito a alguien en concreto.

Por la inconcreción del yo y por el carácter automático del funcionamiento neuronal algunos juristas propugnan la inexistencia de la culpa, pero ésta ausencia de culpa sólo tendría sentido a escala microscópica, en la escala macroscópica es efectiva en la práctica a ciertos efectos con un error despreciable, por lo que dicha propuesta es absurda, del mismo modo que sería absurdo no huir del tigre o morirse de hambre teniendo una manzana delante.

¿Qué tiene de enigmático el yo?

La idea del yo es más enigmática que la idea de una manzana, porque la manzana está ante el observador como objeto con existencia real comprobable por cualquiera como algo que está fuera del cerebro que la computa. En cambio, el yo no es comprobable como objeto real fuera de esa cabeza.

La razón para que sea enigmático proviene además de otro hecho: el yo, el observador único e individual, se identifica con el proceso de observación, la observación subjetiva y el sujeto son un solo objeto mental, que además es abstracto. Pero, aunque abstracta, esa imagen mental es capaz de dar lugar a una ilusión de concreción suficiente como para que el observador crea de manera reflexiva e ilusoria ser un sujeto de por sí, y no la imagen mental con el significado de un sujeto que se cree sujeto de por sí.

De modo que, dicho de manera simple, si un sujeto está pensando en una manzana, esa imagen de una manzana es el yo en ese momento. Y si el yo y aquéllo en lo que el yo está pensando son una sola cosa, no dos, entonces es absurdo pretender que el yo sea algo concreto al margen del contenido del pensamiento, la dualidad mente-cerebro que propuso Descartes es absurda, tan absurda como lo sería pretender meter una caja dentro de sí misma.

¿Está viva la mente?

Si la mente es una parte del cerebro, entonces no es un ser vivo. Las que están vivas son las neuronas, no la mente. Entonces la mente ni vive ni muere, como no vive ni muere la glucosa que las neuronas oxidan para seguir vivas. La mente existe, forma parte de la realidad, es real, y es parte del cerebro, es la información abstracta que procesa, que se transmite de neurona a neurona saltando cuantificada a través de las sinapsis, pero no es un ser vivo.

Las personas, en tanto que sujetos (en tanto que mentes conscientes con subjetividad), son su mente, y perciben como sujetos la realidad por ser reales, no por estar vivos. Vivas están las células que procesan dicha información abstracta, no la información subjetiva.

La idea de una manzana no está viva, es efectiva, no viva. Por tanto, al morir una persona su mente no muere (como no muere la *Galatea de las esferas*, en el cuadro de Dalí, si se apaga la luz en el museo), pues ni es mortal ni inmortal, sino que simplemente deja de ser efectiva la subjetividad, deja de ser efectivo el objeto mental manzana, o el objeto mental sujeto.

¿Qué es la información mental?

Si el universo es un sistema, un conjunto de elementos que interaccionan, o, según como se mire, un conjunto de sistemas, con la consecuencia de un cambio en el estado de los sistemas por las interacciones, la información quizá sea simplemente la medida de dicho cambio, de modo que si el sistema A cambia por la interacción de sus elementos y se transforma en B, B es información sobre el paso de A a B, es decir, B es una medida de A. Y si un sistema C cambia a D isomórficamente con A y B, por ejemplo, si el cerebro cambia isomórficamente con parte de la realidad, el cambio de C a D en el cerebro puede servir como una medida del cambio de A a B en el entorno, si C y D consigue ser efectivo como una abstracción de A y B, que es lo que parece que ocurre en el cerebro, gracias al carácter abstracto de la computación que lleva a cabo y gracias a ser lo suficientemente complejo como para que ésto se consume.

Según ésto, la mente, la información mental, consistiría en la interacción de objetos abstractos con carácter elemental en determinada escala y a ciertos efectos en el cerebro con un error despreciable en la práctica, y consistiría por tanto en la medida del cambio vinculado a esta interacción. La mente sería entonces un proceso físico sistemático peculiar, explicable por los cambios morfofuncionales en el sistema nervioso.

¿Qué tienen que ver la mente y la categorización?

La mente es un sistema de establecimiento de categorías en el terreno de la abstracción.

El afán de categorizar es necesario para el ser humano, ya que el cerebro computa, y categorizar es computar a base de enunciados, es decir, computar mediante afirmaciones sobre las cosas ("en horizontal").

¿Para qué sirven las categorías?

Al llevar a cabo enunciados, se acaba comprobando que

unos terminan por incluir a otros; por ejemplo, al decir por un lado que los perros son cánidos, y por otro que los perros y los hombres son mamíferos, no se puede evitar concluir que los cánidos están incluidos dentro de los mamíferos. Por este motivo, al categorizar se termina por encontrar la posibilidad de ordenar las afirmaciones "horizontales" en niveles, "en vertical", y así un sistema de enunciados, "horizontal", termina convirtiéndose en una organización jerárquica, "piramidal", en la que se alcanza un nivel, a mayor o menor altura, en función de dónde se esté incluido. De aquí se deriva fácilmente, por sentido común, la idea intuitiva errónea según la cual estar en una categoría conlleva pertenecer a un nivel mayor o menor, y por tanto mejor o peor, superior o inferior, un mayor o menor estatus de prestigio en alguna clasificación, social, moral, o del tipo de valoración que sea.

Cuanto más arriba más valor se posee si se sigue por esta vía de razonamiento, cuando en su origen la categorización de la realidad no persigue fin alguno, y por tanto no persigue adjudicar un nivel de superioridad sobre otro nivel en inferioridad. La categorización simplemente ocurre, no se perseguía el objetivo de atribuir mayor prestigio evolutivo al mamífero que al cánido, ni a la conciencia del hombre que a la de la mosca, en función de su categoría en el árbol evolutivo. No se perseguía el fin de afirmar que el hombre es mejor o peor que el perro; afirmar este tipo de cosas no es el objetivo de un proceso de categorización.

De modo que la idea intuitiva común según la cual la categoría humana conlleva prestigio, poder, beneficio, superioridad, o estatus, es falsa. La categorización al final acaba siendo, como mucho, una descripción de la complejidad, no del mérito ni de la catadura.

¿Puede haber conciencia sin subjetividad?

Se diría que sí puede haber conciencia sin subjetividad. Por ejemplo, puede haber un comportamiento consciente sin control subjetivo, como cuando los ojos y las manos, y parte del cerebro por tanto, conducen conscientemente el coche, mientras uno, el sujeto, otra parte del cerebro, piensa en otras cosas, mientras uno ocupa el yo con otras ideas que no son la conducción del coche. Y ese comportamiento, la conducción del coche al margen del control del yo, es consciente, entre otras cosas, porque esa parte del cerebro que no es el sujeto y que conduce el coche obviamente está despierta, no está inconsciente, está procesando información mental, aunque no sea una parte subjetiva de la información mental (información que tendría el mismo significado, y por tanto sería la misma, serían las mismas neuronas haciendo lo mismo si estuviese "en manos" del yo en otro momento, y si es la misma también debería ser consciente, aunque no sea subjetiva). Ese control de la conducción es consciente, se lleva a cabo usando información consciente que entra por unos ojos conectados a un cerebro consciente, y esa información mental ocupada en la conducción es tan consciente como la que ocupe el yo consciente en ese cerebro, porque fundamentalmente se trata en ambos casos de lo mismo, de neuronas funcionando, y de un modo similar, y si las neuronas de ese cerebro que están funcionando en correlación con el yo consciente tienen que ver con la conciencia, también tendrán que verlo las que no estén ocupadas en la integración del yo en ese momento, ya que estarán haciendo lo mismo, descargando potenciales de acción.

Otro ejemplo más evidente aun es el del fenómeno de la visión ciega (un oxímoron, por cierto) en el que algunos tipos de lesiones en la corteza visual, la occipital, dan lugar a que una persona sea capaz de esquivar obstáculos con cierta eficacia, porque los ve, y necesariamente los percibe (pues los interpreta como obstáculos de hecho) aunque curiosamente afirma no percibirlos. Si los esquiva como si fuesen obstáculos ha de haber percepción de los mismos, aunque el sujeto no se aperciba de ello, como si la percepción de los obstáculos permaneciese al margen del yo por enfermedad (para más detalles, puede verse, por ejemplo, el artículo *Ciegos con visión*, de Beatrice de Gelder, publicado en *Investigación y ciencia* en julio de 2.010, donde explica que no sólo se reconocen y esquivan obstáculos, sino que también se reconocen y se reacciona de manera congruente ante colores, movimientos, formas sencillas y expresiones faciales de emotividad).

¿Puede haber subjetividad sin conciencia?

Cuando emerge la propiedad mental de la subjetividad, tanto la propiedad de la subjetividad como la de la conciencia deberán ser efectivas a la vez en esa red para que la propiedad de la subjetividad sea efectiva, como cuando el sujeto retoma el control del volante del coche, o como cuando uno percibe en forma de yo consciente los obstáculos que esquiva congruentemente. Así que no parece que pueda haber subjetividad sin conciencia. No tendría sentido hablar de un sujeto inconsciente, sólo habría un sí-sujeto consciente o un no-sujeto consciente, pero difícilmente un sujeto inconsciente.

¿Son conciencia y subjetividad lo mismo?

Que la subjetividad dependa de la conciencia no quiere

decir que sean la misma propiedad, ni que la conciencia sea la causa de la subjetividad.

Al término conciencia se le aplican con frecuencia varias acepciones incompatibles con la idea que aquí se presenta: cuando uno se da cuenta de las cosas como sujeto, el que la realidad resulte patente "para uno mismo" en la forma de yo consciente, no se debería a la emergencia de su conciencia solamente, sino a la emergencia por un lado de la propiedad de la conciencia en ese cerebro, y por otro a la emergencia de la propiedad de la subjetividad también, a la vez en ese caso. No hay que confundir una con otra porque probablemente la subjetividad sólo puede ser efectiva cuando ambas lo sean a la vez (mientras que probablemente la conciencia puede ser efectiva aunque no lo sea la subjetividad).

Otros autores que también han llegado a la conclusión de que conciencia y subjetividad no son lo mismo son, por ejemplo, Orozco, Scott, Grailing o Franklin.

¿Perciben las sensaciones de manera igual todos los seres conscientes con capacidad de percepción?

A priori, es de suponer que, dadas las similitudes entre las neuronas y los cerebros de los miembros de una misma especie, casi todos percibirán la luz o los sonidos de manera parecida, por no decir igual.

El ser humano es incapaz de ver la luz ultravioleta, tampoco ve la luz polarizada; la abeja sí las ve. Especies distintas se ven obligadas a ver una parte de la realidad distinta por las diferencias en sus órganos.

El cerebro humano basa su capacidad de detección sensorial de la realidad en los límites marcados por las posibilidades de sus órganos de los sentidos.

¿Qué tienen de enigmático las neuronas?

Resulta enigmático que una multiplicidad microscópica de neuronas sea patente a simple vista como una sola cosa indivisible, el sujeto, una cosa única e individual que además no se parece a esa multiplicidad microscópica fundamental correlativa, pues, por ejemplo, un dolor de muelas no se parece a un grupo de neuronas funcionando de manera integrada.

Lo enigmático no es sólo que sea patente el fenómeno, porque la patencia no es el principal enigma acerca de la subjetividad, ya que la realidad es patente por definición, así que el enigma de la patencia incluiría a toda la realidad, no sólo a la subjetividad. Lo enigmático en el caso particular de la subjetividad es sobre todo que un sistema formado por un montón de neuronas desarrollando un proceso meramente biológico, un proceso físico sistemático peculiar consistente en la generación, conducción, transmisión y procesamiento de descargas bioeléctricas, un fenómeno cuantitativo, sea patente a ciertos efectos en la práctica como la experiencia consciente subjetiva de un sujeto, un fenómeno cualitativo, el yo consciente.

¿Es necesario el carácter abstracto de la información mental?

Los rangos de frecuencias de los fotones, del orden de miles de Hz (ciclos por segundo), son distintos a los rangos de frecuencias de descarga de potenciales de acción por las neuronas, en el orden de las docenas de Hz.

Dichas frecuencias son entonces efectivas en escalas distintas, por lo que la señal sensorial entrante lógicamente deberá ser codificada si indisolublemente se ha de cumplir que la transducción sea una parte del procesamiento de dicha información de un modo exitoso para la supervivencia en general, y para la integración de comportamientos congruentes en particular. Dicho de otro modo: una neurona no puede descargar a la misma frecuencia que un fotón para representarlo isomórficamente pico de onda a pico de onda, así que debe formar un código que represente a dicho fotón, dentro de las posibilidades de la neurona. Ésto supone, casi obliga inevitablemente, aparte de a una codificación, a una abstracción del fotón transducido, para que este proceso computacional progrese tal como lo hace, de modo que el carácter abstracto de la información mental parece necesario.

¿A qué desventajas debe hacer frente la mente para ser eficaz como sistema computacional?

Es evidente que no parece fácil que un significado mental abstracto basado en una interpretación a escala macroscópica confinada de lo que ocurre en el entorno consiga ser congruente con lo que ocurre a simple vista. Va a favor de que sí sea posible el que el entorno también sea macroscópico al efecto de su interpretación en ese sentido (por ejemplo, para jugar al fútbol ayuda que la pelota sea macroscópica de hecho).

Pero el significado de dicho entorno macroscópico es captado (visualmente, por ejemplo) a partir de fotones ultramicroscópicos, no en forma de los objetos macroscópicos mediante los que se percibe de hecho, lo cual es una pega.

Otra pega es que la interpretación de esos fotones ultramicroscópicos como algo macroscópico se lleva a cabo mediante la interacción de neuronas también microscópicas.

¿Tiene lugar una descodificación de la información mental en el cerebro para que el sujeto entienda su significado?

Parece ser que la información en las computadoras se codifica, se procesa, se descodifica y es utilizada entonces (por ejemplo, para solucionar problemas). Por este motivo, algunas personas creen a pie juntillas que en el cerebro la información debe ser descodificada para que el sujeto la perciba. Ésto es algo que incluso se afirma en algún que otro libro de texto universitario de fisiología del sistema nervioso (pero no se va a decir en cuál –no es el de Guyton, ni el de Tresguerres, que son los dos que se citan en este ensayo-).

El sujeto que percibe es, en principio, el propio proceso de percepción, por tanto, el propio proceso de codificación. No es el sujeto una cosa concreta sobre la que "hacer diana" lanzándole datos, sino un proceso de computación de códigos que a lo largo del proceso además se vuelve subjetivo, así que en principio el sujeto no necesita que sea descodificada la información para que le llegue (en sentido figurado) y que sea efectiva la percepción de manera subjetiva, ya que el sujeto es ese proceso de codificación, pero con la propiedad de la subjetividad sobreañadida.

La información en la mente probablemente va codificada, por tanto, no va descodificada; si la información se descodificase, el pensamiento cesaría, pues el pensamiento debe de consistir en la asociación e integración de códigos neuronales, y es que un tren de potenciales de acción difícilmente podrá ser un no-código si ya es un código; una vez que la información abstracta codificada va siendo procesada en el cerebro ya está en la mente, pues es la mente, por lo que no hay que descodificarla para enviarla a la mente del sujeto, es decir, no hay que descodificarla para que la mente manifieste sus propiedades, como la de la subjetividad, o la capacidad de integrar respuestas motoras congruentes. Para que, en sentido figurado, llegue dicha información al sujeto, es decir, para que dicha información sea subjetiva, lo que debe de hacer falta es que emerja la propiedad de la subjetividad, y no la descodificación de la información mental.

¿Se puede percibir subjetivamente un todo y sus partes a la vez?

Según parece sólo se puede percibir el todo como todo, pero no sus partes al mismo tiempo; por ejemplo, si uno observa el agua puede percibir la masa fluida de agua, pero no cada molécula de agua, a pesar de que lo que uno está observando son, de hecho, moléculas. O, por ejemplo, si se contempla una manzana sólo se puede percibir un objeto único e individual, dicha manzana, por la integración en la mente de sus partes (información sensorial sobre forma, color, brillo, movimiento, etc.) pero no se pueden percibir simultáneamente dichas partes separadamente; si se contempla una manzana no se pueden percibir varios objetos a la vez, objeto brillo, objeto color, etc. sino sólo un solo objeto individual, la manzana. Y por supuesto, cuando uno percibe, por ejemplo, el calor del agua caliente, no percibe las neuronas que están codificando dicha información. Ésto tiene que ver con el hecho de que la subjetividad sea experimentada como algo único e individual, como si hubiera un solo sujeto o un solo yo indivisible por mente.

¿Es el sujeto un objeto abstracto?

El sujeto probablemente no es un objeto concreto a todos los efectos, sino sólo a ciertos efectos a escala macroscópica confinada, y con un error despreciable en la práctica. De hecho, al hablar de sujeto se está "cosificando" a un proceso físico sistemático que ocurre en el cerebro con unas características peculiares, y que consiste en la percepción consciente subjetiva. Dicho de otro modo, se está dando por hecho que durante ese proceso de percepción consciente subjetiva hay ahí un yo consciente concreto al ser éso lo que se intuye de manera natural a simple vista.

La percepción subjetiva consiste en la práctica, por tanto, y dentro de un margen de error aceptable, en la percepción en forma de ente consciente concreto, único e individual, que es por lo que parece que se caracteriza este tipo de percepción, lo cual no quiere decir que en ese cerebro haya un objeto concreto al que llamar sujeto, o yo, del mismo modo que al formarse la imagen de una manzana y percibir una manzana ésto no implica que haya un fruto (único en individual) dentro del cerebro. La concreción del yo no es más que una ilusión suficientemente convincente (y conveniente), con un error despreciable en la práctica y en determinada escala.

¿Habrá diversas maneras de que tenga lugar la percepción subjetiva?

Parece difícil imaginar un cerebro con percepción subjetiva si la información mental no se integra en un objeto que sea único e individual, dado que ésto parece definir a la subjetividad (y por tanto al sujeto, al yo): la unicidad e individualidad de la experiencia mental consciente subjetiva, la unicidad e indivisibilidad de, en sentido figurado, el yo. Se dice en sentido figurado porque el yo es ilusorio... y sin embargo es un yo consciente concreto lo que cada uno cree que es en sí, paradójicamente... pero también creían los antiguos (y algunos modernos) que es el sol el que gira alrededor de la tierra. De todos modos, por conveniencia evolutiva parece necesario que cada uno se tome a sí mismo por sí mismo dentro de un margen de error, dado que de hecho hay manzanas y tigres en la práctica, a ciertos efectos, y no digamos egos.

¿Es la subjetividad necesaria?

La subjetividad podría ser algo necesario como propiedad posible del sistema nervioso a lo largo de su evolución. Si el cerebro, tras evolucionar en este sentido, es capaz de integrar la información de manera que tal propiedad sea efectiva, habrá subjetividad, y en caso contrario, no.

¿Cómo se explicaría que la subjetividad pueda llegar a ser una propiedad necesaria?

Para entender la presencia de la subjetividad como posible propiedad del cerebro lo que habría que hacer es describir qué hace el cerebro en ese momento, y tratar de usar esa descripción para llegar a una explicación comprobable de dicho modelo descriptivo hipotético. Dicho de otro modo: se trataría de averiguar qué tipo de procesamiento neural peculiar explicaría la particular emergencia de la subjetividad, y cómo, mediante una explicación que fuese compatible para ambas escalas, la microscópica y la macroscópica. Y dado que dicho procesamiento neural peculiar no se conoce, habrá que predecirlo al menos.

¿Qué importancia tiene la equifinalidad, en el caso del proceso mental?

En el cerebro entra una información heterogénea desde el ojo, por ejemplo: roja, verde y azul, y éste es uno de los factores que explicarían que se pueda recrear una imagen heterogénea de la heterogénea realidad externa, algo que parece necesario para integrar comportamientos congruentes con dicha realidad.

Entra información heterogénea en un cerebro homogéneo, que así se va volviendo también menos homogéneo, y más caótico, por este creciente aumento de la complejidad a base de un aumento de su heterogeneidad.

La equifinalidad consiste en que en un sistema se obtenga un mismo resultado final a pesar de ser diferentes las condiciones iniciales.

En los sistemas abiertos, como el cerebro, el resultado final no depende de las condiciones iniciales (un sistema termodinámico abierto es aquél que intercambia materia y energía con el exterior).

Una de las posibilidades funcionales de la masa neuronal cerebral como sistema vivo, la equifinalidad, no parece incompatible con esta complejidad creciente basada en la heterogeneidad, dado que dicha heterogeneidad no es incompatible con la evolución morfofuncional, en cierta medida ordenada, del sistema.

¿Es abstracta toda la información del cerebro?

No toda la información que el sistema nervioso procesa

tiene carácter abstracto, no todo lo que el sistema nervioso hace es parte del proceso mental. Por ejemplo: un electrón que gira (o algo así) alrededor de un núcleo atómico en una molécula de agua que forma parte de la sangre que nutre a las células cerebrales no está abstrayendo la realidad para dar lugar a una mente pensante, no significa manzana, ni tampoco el brillo de una manzana. Y dicha molécula de agua, en la sangre que circula por el cerebro, aun cuando no es parte de la mente, sí es parte del cerebro, pues el cerebro es todo el órgano, sangre incluida, y que se sepa la sangre no piensa conscientemente, ningún hecho lleva a concluirlo, ni piensa la glucosa que se oxida en el interior de las neuronas, ni los cromosomas de una neurona, ni los microtúbulos de las neuronas.

¿Cuántas neuronas hacen falta para que haya una mente?

Como la mente es un proceso, y dadas las características biológicas de las neuronas, posiblemente haga falta como mínimo un circuito de al menos dos neuronas para que el proceso mental sea efectivo, para que entre ellas se transmita y procese un mínimo de información abstracta, y que haya mente.

¿Poseen una mente todos los animales con sistema nervioso?

Hay animales con neuronas pero sin circuitos neuronales, como las esponjas, así que tal vez estén en la antesala evolutiva del fenómeno mental y de la propiedad de la conciencia, y por tanto tal vez carezcan de mente y conciencia, a pesar de tener ya neuronas. Por otro lado, animales con circuitos, las hormigas, por ejemplo, posiblemente ya sean conscientes, aunque se desconoce si poseen la capacidad de constituirse en un yo consciente.

¿Puede tener concreción la conciencia?

La conciencia se considera aquí, en este ensayo, que es una propiedad de la mente, no la mente, del mismo modo que la liquidez es una propiedad del agua que fluye, no el líquido que fluye: el agua se caracteriza por ser líquida (a temperatura ambiente), y la mente por ser consciente (a temperatura ambiente).

La conciencia, como la vida, es una abstracción: como no hay vida, sino seres vivos, no hay conciencia, sino información consciente. La conciencia es un concepto abstracto. Pretender que la conciencia tuviera existencia concreta y continua posiblemente sería como pretender que un pez de diez centímetros que nadase un metro fuese un pez de un metro.

De modo que el cerebro no produce conciencia, las neuronas no secretan conciencia, sino neurotransmisores.

La conciencia no parece que sea un ente concreto, no se puede extraer del sistema nervioso y depositar sobre una mesa, como sí se puede hacer con los neurotransmisores… con el equipo científico adecuado. Es una propiedad, una característica, una cualidad peculiar de un sistema, que lo define, que lo distingue de otros sistemas, propiedad que a su vez es una abstracción que el observador hace a partir del comportamiento diferenciado de un sistema dado.

¿Puede otorgar la conciencia concreción a los abstractos objetos mentales a algún efecto al menos?

Por la propiedad de la conciencia, los objetos mentales abstractos que conforman la mente parecen no idénticos a su sustrato, a las neuronas que los codifican, de modo que, por ejemplo, cuando se produce la percepción consciente y subjetiva de una manzana, cada uno que lo haga puede comprobar que dicha percepción consiste en la efectividad de la imagen de la manzana solamente, no de la manzana y de las neuronas que probablemente la codifican. De este modo, esa imagen mental de una manzana parece tener concreción, entidad de por sí, patencia de por sí, como si la manzana no fuese reducible a partes menores, al efecto al menos de la efectividad de la percepción de dicha manzana como algo concreto. Ésto es lo que a mí me parece que define a la propiedad de la conciencia, el que un objeto representado no parezca idéntico a su sustrato, a su soporte.

Aunque se trate de algo ilusorio, el que un objeto mental no sea idéntico a su sustrato, dado que las neuronas están ahí aunque no se perciban, el hecho de percibir las cosas así parece lo más conveniente desde un punto de vista evolutivo, pues para sobrevivir parece más conveniente tomar a la imagen de una manzana por manzana, o al tigre por tigre, que por neuronas, así que el hecho de que la mente se fundamente en un error, en una interpretación ilusoria de la realidad, ha resultado ser lo más conveniente para que el cerebro resulte útil para la supervivencia de una especie, dado que la percepción sí tiene sentido a escala macroscópica, que es la misma escala en la que tiene sentido hablar de supervivencia, de tigres, de manzanas, de comer y no ser comido, etc.

Para que la imagen de un árbol en una fotografía fuese

consciente, para que la fotografía fuese un ser consciente como ocurre con el cerebro, sería preciso que de algún modo no se viese el papel fotográfico sobre el que está representado el árbol, como si el árbol, su imagen, tuviese entidad propia de por sí, concreción a determinada escala (la macroscópica, en este caso).

Dada esta ilusoria pero convincente y conveniente concreción a escala en la práctica, a continuación es posible que tenga lugar la recreación de una interacción sistemática con otros objetos similares. Por ejemplo, es posible que los objetos mentales, concretos a ciertos efectos, que consituyan las letras, formen palabras como resultado de su interacción, palabras que serán también concretas a ciertos efectos, y las palabras frases, y es posible que objetos mentales como brillo, forma, etc. interactúen a escala también (o representen dicha interacción con un error despreciable en la práctica a ciertos efectos) para formar un todo y recrear la imagen mental de una manzana, por ejemplo.

¿Son la conciencia y la autoconciencia lo mismo?

Autoconciencia quiere decir que uno sea consciente del yo, así que, más que una propiedad, la autoconciencia es el significado de un contenido simbólico dado en la mente, es una cuestión semántica. Dicho significado es el de la autorreferencia, que se diría que facilita además la reflexividad, o capacidad de reflexionar, o lo que es lo mismo, el que un sujeto, en la práctica (y aunque sea de manera ilusoria), no sólo se dé cuenta de las cosas, sino que se dé cuenta de que se da cuenta de las cosas.

El significado yo, dada la concreción de los objetos mentales a ciertos efectos en la práctica, fácilmente se puede tomar por un yo consciente concreto en la práctica, y de hecho éso es lo que ilusoriamente cualquiera de nosotros creemos ser en esencia y en concreto.

En la esquizofrenia parece ser que se pierde esa capacidad para poder concebir la propia existencia como la de un ente consciente único e individual, un yo, y, mira por dónde, curiosamente, al final van a ser los que padecen una esquizofrenia, los que supuestamente tienen dificultad para percibir correctamente la realidad, los que van a estar a fin de cuentas más cerca de la verdad sobre el yo: que su concreción es ilusoria en el fondo.

¿Por qué es continuo el pensamiento, si las sinapsis son discontinuas?

La experiencia mental consciente y subjetiva de cada uno es efectiva a simple vista como una experiencia continua (salvo cuando uno se duerme profundamente, como es evidente). Del mismo modo se percibe que la vida es algo continuo, ya que los seres vivos que nacen van sustituyendo a los que mueren antes de que mueran todos. La subjetividad posiblemente se experimenta como algo continuo, entre otras cosas, quizá porque cuando las neuronas correlativas con la subjetividad en un momento dado se van desintegrando al cabo del tiempo del grupo neural correlativo con la subjetividad y regresando a la actividad neural no subjetiva, van siendo sustituidas por otras que se van incorporando "a la subjetividad". Y quizá también por la falta de resolución con el cambio de escala (al pasar de la neurona como unidad funcional efectiva a la red como unidad funcional efectiva) que impide percibir conscientemente a simple vista el carácter cuantificado de dicho proceso de integración y desintegración de partes al todo a escala microscópica, a escala neuronal, del mismo modo que la falta de resolución impide percibir el salto de fotogramas individuales en el cine, por lo que el movimiento de la figura en la pantalla de cine se percibe como continuo, no a saltos.

¿Son el símbolo YO y el sujeto lo mismo?

Si en un momento dado, al tener autoconciencia, el contenido de la mente es autorreferencial, se refiere al propio yo y lo significa, entonces, al ser ese contenido información consciente, el sujeto se puede identificar intuitivamente con esa idea de significado autorreferencial, y llegar a la convicción ilusoria según la cual el sujeto es un yo consciente, un ente concreto único e indivisible, simbolizado, por ejemplo, por el símbolo YO, en vez de llegar a otra convicción más lógica, pero menos práctica, según la cual el sujeto es una multiplicidad de neuronas que se integran en una red macroscópica, dando lugar a simple vista por el cambio de escala a esta ilusión de la concreción del yo por la falta de resolución del sistema a escala macroscópica, que probablemente sería la conclusión correcta en este caso, aunque difícil de alcanzar mediante una intuición basada en el mero sentido común, quizá por ser lo microscópico, las neuronas, imperceptible a simple vista.

¿Son la idea de una manzana y el sujeto lo mismo?

Si el contenido de la mente, aquéllo sobre lo que se piensa, fuese una manzana (simbólica), en vez del símbolo YO, en tal caso, por costumbre, sentido común, y de modo intuitivamente natural, no se identificará al sujeto con la manzana en caso de que dicho pensamiento se vuelva subjetivo, y no se tendrá la convicción de que un sujeto es una manzana consciente, en vez de un yo consciente. Ésto, que parece obvio, es paradójico, sin embargo, porque del mismo modo que al concebir conscientemente el significado del yo a partir del símbolo YO u otro símbolo autorreferencial equivalente el sujeto se puede identificar a sí mismo con dicho significado autorreferencial, entonces al concebir el significado manzana a partir de la simbólica representación mental de una manzana el sujeto debería poder identificarse también con una manzana, en vez de con un yo, la idea de manzana también podría ser autorreferencial al volverse subjetiva. Es más, si se piensa en yo y en manzana a la vez de manera subjetiva, por sistema se tenderá a concebir que lo que está ocurriendo es que un yo percibe una manzana, cuando tranquilamente se debería poder concebir también que se trata de una manzana que percibe un yo. Y sin embargo la intuición de la que disponemos por sentido común nos impide que tal paradoja se produzca, tal vez por una mezcla entre la tendencia natural innata en ese sentido (que incluye algo fácil de aprender y aprehender: la manzana no forma parte de uno, está ahí fuera y puede pasar dentro de uno al comerla) y el entrenamiento cultural recibido.

Evidentemente es conveniente que nos comportemos así, porque es lo congruente con la realidad macroscópica que un yo decida comerse una manzana y no que una manzana decida comerse un yo.

¿Cómo se consigue concreción a ciertos efectos durante la percepción subjetiva?

Dicha concreción de la idea de yo, o de manzana, o de lo que sea, es ilusoria, pero efectiva a ciertos efectos, gracias, entre otras cosas, a que dicha percepción, aunque inconcreta, es de todos modos real (efectiva, patente, detectable) al emerger con efectividad, con patencia, con detectabilidad.

También ayuda el que quede confinada a gran escala (que sea patente sólo a escala macroscópica), lo cual no sólo no impide que el yo siga siendo una experiencia consciente, es decir, no idéntica a su sustrato, las neuronas, sino que además logra ahora, por la falta de resolución a escala macroscópica que hace que las partes (las neuronas) sean en la práctica un todo (el yo), que el yo sea una experiencia única e irreducible (individual, indivisible), es decir, emerge con un aspecto ilusorio pero efectivo de concreción, de ente con entidad de por sí: el yo. El yo emerge pareciendo que es lo que es, que es eso que es solamente, y que no es reducible a otra cosa, tanto por su patencia, como por su falta de identidad con su soporte y por su aspecto único e irreducible (individual), todo ello además fácilmente representable por un símbolo con significado autorreferencial, como es YO.

El carácter ilusorio de la concreción del objeto mental emergente es indiscriminable por la falta de resolución del sistema en ese sentido, debido al cambio de escala y al confinamiento en dicha escala, que impide al todo (el yo) ser a la vez partes (neuronas) a simple vista, o una cosa, u otra, pero no las dos a la vez.

¿Son patencia y conciencia lo mismo?

Una representación mental consciente es real, es decir, por ejemplo, la percepción consciente y subjetiva de una parte de la realidad, una manzana, por ejemplo, es patente para un sujeto dado, que probablemente responderá afirmativamente si se le pregunta si percibe una manzana que tiene ante sí. Aunque sea ilusoriamente, para ese sujeto será patente que está percibiendo una manzana. Pero es que todo lo real es real, así que el problema con la explicación de la propiedad de la conciencia no es que la experiencia consciente sea real, sino que sea consciente, que sea real conscientemente, es decir, sin identidad, por ejemplo para un sujeto, entre lo patente y su sustrato, entre un objeto mental abstracto, como la imagen mental de una manzana y las neuronas que representan dicha imagen mediante su integración en una red neural dada que codifica dicha información, pues el sujeto afirmará que percibe la manzana, no la manzana y las neuronas que la codifican en su cerebro.

Una silla también es real, se apoya en el suelo y de ahí no pasa, pero inconscientemente para el suelo y la silla. No hay que confundir la efectividad (patencia, realidad, detectabilidad, el hecho de que algo tenga lugar) de la mente con el hecho de que la mente posea la propiedad de la conciencia (la propiedad de que los objetos mentales no sólo sean efectivos, sino que además lo sean pareciendo ser efectivos de por sí a escala, con entidad propia, con concreción, como si a simple vista fuesen irreducibles).

Por tanto, la conciencia no debería ser lo que otorga efectividad a la mente, pues efectiva ya se supone que es, en general y por definición, como también se supone de todo lo que forme parte de la realidad.

Por la conciencia lo que ocurre es que la efectividad de los objetos mentales parecerá suya de por sí, es decir, que los objetos mentales parecerán lo que parecen ser y no otra cosa, como si fuesen concretos, y por tanto no reducibles a partes menores (y desde el punto de vista evolutivo parece lo más conveniente, tomar a los objetos mentales por concretos de por sí, no como abstracciones en el cerebro, y, así, al tomarlos por concretos se interpretarán como tales, y se podrán integrar comportamientos congruentes dirigidos a una realidad tomada como algo concreto "ahí fuera", y a escala, en la práctica).

Por esta propiedad las interacciones entre objetos mentales también conseguirán parecer interacciones entre objetos mentales concretos, como si los objetos mentales fuesen a su vez los elementos de un sistema (como las letras al formar palabras), y no lo que está ocurriendo fundamentalmente en el cerebro (a escala microscópica en este caso, al ser la neurona la unidad funcional fundamental del sistema nervioso), que es la interacción sistemática entre neuronas.

¿Qué es la abstracción?

Un objeto mental, como la imagen mental, por ejemplo, visual, de una manzana, no es esa parte de la realidad que representa, una manzana, sino su representación, su trasunto, su abstracción, pues éso quiere decir abstracción: un objeto abstracto es un objeto que representa a otro a ciertos efectos, pero sin ser ese otro objeto, de manera que ambos objetos no se identifican, no son idénticos, no coexisten en un solo ente, son dos cosas, no una cosa, uno identifica al otro, pero no se identifican.

El objeto mental manzana es abstracto por partida doble, por un lado no es idéntico a la manzana sobre la mesa, y, además, por ser consciente, tampoco es idéntico a su sustrato, las neuronas que conforman o recrean la manzana mental.

¿Es conveniente la conciencia desde el punto de vista evolutivo?

La imagen mental de la manzana posiblemente sea conveniente tal como se configura, conscientemente, pues a un individuo seguramente le conviene pensar sobre las manzanas que le interesa comer, no sobre lo que hacen sus neuronas. De este modo el comportamiento del individuo se puede dirigir hacia la manzana sobre la mesa, que es lo conveniente. Y no digamos si lo que se acerca es un tigre.

Al lograr que la imagen mental posea esa concreción de por sí al ser consciente, también en consecuencia se toma por algo concreto a la manzana sobre la mesa, se piensa sobre las cosas como si fuesen concretas, y de ese modo se puede obrar congruentemente en consecuencia con una realidad macroscópica que precisamente es concreta a ciertos efectos a escala macroscópica, por ejemplo, al efecto de actuar con adaptabilidad en pro de la supervivencia.

Tal vez por selección natural se hayan visto favorecidas estas tendencias. Quizá por éso la conciencia haya sido una propiedad con éxito evolutivo, pues permite interactuar con el entorno no sólo con rapidez, que como se ha visto es una ventaja del sistema nervioso frente al sistema hormonal para algunas funciones, sino además como si el entorno estuviera ahí de manera concreta a gran escala, que es lo conveniente, dado que en la práctica, dentro de un margen de error aceptable, así es a simple vista, pues a simple vista tiene sentido, desde el punto de vista de la evolución, de la selección natural, de la adaptabilidad y de la mera supervivencia, que un herbívoro huya de un tigre, y que un tigre dé caza a un herbívoro, por lo que tiene sentido que se perciban así las cosas, aunque en el fondo todo éso no sea lo que está ocurriendo ahí.

¿Cómo surgen por intuición las ideas del dualismo y del solipsismo?

Un sujeto consciente, por la propiedad de la conciencia, creerá ilusoriamente que la manzana que percibe es la manzana que contempla, no su representación en su cerebro, la percibirá y localizará fuera de sí, no dentro de su cabeza (por supuesto que dicha ilusión es además lo más conveniente desde el punto de vista evolutivo, para ese individuo como ente macroscópico, a ciertos efectos).

Además, el sujeto, por la propiedad de la subjetividad, creerá ilusoriamente que él mismo no es esa imagen mental que cree percibir, sino un ente subjetivo concreto y capaz de percibir dicha imagen mental. De ésto quizá provenga la intuición posiblemente errónea sobre la dualidad mente-cerebro, y también la idea del solipsismo.

¿Qué ventaja supondría la subjetividad desde el punto de vista evolutivo?

Se diría que el control subjetivo del comportamiento parece aportar mayor finura a algunos movimientos. Por ejemplo, si uno intenta abrir una puerta con una llave sin control subjetivo, de modo automático mientras uno piensa en otra cosa, encontrará que tardará más que si lo hace procurando que el yo "tome el control" (en sentido figurado), o que incluso no será capaz por torpeza. De modo que la subjetividad podría tener algunas ventajas también en algunos casos, al permitir integrar ciertos tipos de comportamientos, que quizá le resultarían inútiles a una mosca, o a una hormiga, pero que posiblemente marcarán la diferencia en el caso del ser humano u otros tipos de animales similares.

También ocurre lo contrario: cuando el yo "toma el control" de algunos comportamientos éstos se llevan a cabo peor. Por ejemplo, si un surfista tuviese que esperar a que "su yo" decidiese cada movimiento de su cuerpo para permanecer en equilibrio sobre la tabla de *surf* en la cresta de una ola, se caería mucho antes que si lo hiciera "dejándose llevar por su instinto" y reservando al yo sólo para "disfrutar del momento" (que tampoco parece una mala forma de aprovechar el yo). Parece haber un lugar y un momento para cada cosa, en una realidad tan compleja y con tantas posibilidades.

¿Son el sujeto y el objeto mental una sola cosa?

Nótese que en el caso del sujeto sí parece haber coexistencia en un solo ente del sujeto tomado objetivamente como ente y del objeto mental que en un momento dado es objeto de la percepción subjetiva. Por ejemplo, si tiene lugar la percepción de una manzana, el sujeto es ese proceso de percepción subjetiva de una manzana, es ese pensamiento, y por tanto, es ese proceso de formación de la idea mental de una manzana, dicho de otro modo, es esa "manzana mental".

Desde este punto de vista, y tal como dejó escrito Schrödinger en su libro *Mente y materia*: "Sujeto y objeto (mental) son una sola cosa", que sería como decir que la observación (en sentido figurado: el observador) y el contenido mental de dicha observación son una sola cosa. De modo que si se está dando, por ejemplo, la percepción subjetiva del objeto mental manzana, el sujeto y el objeto manzana probablemente sí son idénticos, una sola cosa, y en tal caso el dualismo cartesiano y el solipsismo carecerían de sentido.

Antes que Schrödinger, Hegel ya había dicho que la realidad es un proceso, que el conocimiento se basa en la relación entre sujeto y objeto, y que ambos se identifican al reconvertirse el objeto en sujeto, idea que reexpresó diciendo: "Todo lo real es racional y todo lo racional es real". Para Hegel el sujeto es un "espíritu absoluto" que es a la vez conciencia y su objeto, una razón que comprende la realidad.

¿Por qué cuesta entender que sujeto y objeto puedan ser una sola cosa?

La intuición no permite interpretar así las cosas por sentido común: cualquier sujeto cree ser algo así como un yo único e individual, concreto, un espectador u observador independiente de la realidad, no un yo-manzana, y mucho menos aun creerá una persona que es una manzana-observador o una manzana-yo. Por éso resulta difícil aprehender esta idea sobre la identificación entre sujeto y objeto mental.

Precisamente debe de ser la propiedad de la conciencia, que posiblemente se define por ser la propiedad que impide la identificación entre mente y sustrato, y la de la subjetividad, que permite tomar al objeto mental por un todo único e individual, lo que dificulta la identificación entre sujeto y objeto, pues al localizar intuitivamente al objeto mental, la manzana, por su concreción aparente (y conveniente, por otro lado), fuera de uno mismo, y al ser efectivo el fenómeno consciente como ente único e individual por la propiedad de la subjetividad, se establece una dicotomía entre lo externo y lo interno en el terreno de la abstracción, idealizando lo interno en forma de yo-observador sin contenido (algo absurdo), y distinto a lo observado con contenido, y ambos con aparente concreción, algo conveniente para obrar en consecuencia hacia lo observado (para comer la manzana), pero ilusorio, y con tendencia a relacionarse con el desarrollo de un concepto dualista de la mente.

Resulta difícil aprehender esta idea sobre la identificación de sujeto y objeto mental porque cualquier persona cree en la aparente concreción de su yo como algo verdadero. Pero el sujeto, en tanto que objeto concreto, en tanto que ente, es un objeto cuya entidad es recreada en el terreno de la abstracción, no es concreto en esencia (como pueda serlo, tal vez, un fermión). No hay un sujeto de manera concreta a todos los efectos, sino un proceso de percepción subjetiva que aparenta ser un yo concreto a simple vista a ciertos efectos, y con un error despreciable en la práctica, y no a todos los efectos, y por tanto, si no hay sujeto a todos los efectos, no lo hay, sólo lo parece, como no hay gente en una pantalla de cine, sólo lo parece.

En la realidad "externa al cine", en la "pantalla de cine de la realidad en la que vivimos", son cuatro las dimensiones y todo es más complejo e impredecible, y todo tiene la posibilidad de no haber sido filmado previamente, y por ello parece más... real... que lo que se ve en una pantalla de cine plana, pero la "cantidad de realidad", de efectividad, es la misma, si se piensa en ello, más allá de los convencionalismos al respecto (según los cuales lo que ocurre en el cine no se consideraría tan real como la "vida misma", por ser ficción; pero que sea ficción no le resta ni un ápice de efectividad, ni se la otorga a la "vida misma").

¿Es el sujeto como una partícula?

La mente subjetiva se diría que es, fundamentalmente, un proceso de integración en función del tiempo de la actividad de una multiplicidad neural, logrando en la práctica la efectividad en determinada escala (a simple vista, o escala macroscópica confinada) del mensaje mental como ente particular (con aspecto de partícula, de cosa única e indivisible, puntiforme, adimensional y sin rotación) en un instante dado, en cada instante en que tal propiedad sea efectiva de hecho con un error despreciable en la práctica, como si hubiese, en cada instante, un solo sujeto individual consciente por cerebro observando la realidad macroscópica a su alcance.

¿Es real lo abstracto, o es irreal?

Un objeto abstracto es real, pues es detectable, aunque sea abstracto. Por ejemplo, la representación de una manzana en el cerebro es real, pues el sujeto individual realmente percibe visualmente como sujeto la patente presencia como parte de la realidad de dicho objeto mental.

Aunque real y objetivo, el objeto mental, presente de manera patente durante la percepción del mismo, es abstracto. Dicho objeto abstracto es la representación en el cerebro de una manzana, dicho de otro modo, no es la manzana lo que está en el encéfalo, sino su representación, su abstracción.

La manzana representada en el cerebro es un objeto abstracto, y es real, pero no es una manzana comestible, sino una representación, una abstracción, una manzana real, pero falsa, ficticia, pues se tratará, como mucho, y en primer lugar, de un código que configurará una manzana, que la recreará mediante la integración de una red de neuronas con ese significado. Dicho objeto mental será, en definitiva, una forma pasajera o transitoria adoptada por ese sistema morfofuncional de neuronas mediante su cambio de estado, una forma de esa materia (y "forma de la materia" es otra manera de denominar a la información).

La "manzana mental" emergerá conforme cambie la forma del cerebro en ese sentido, como emerge una forma reconocible en la pantalla de un ordenador conforme la disposición de los *pixels* va siendo la correcta.

En segundo lugar, el objeto mental manzana es abstracto porque no es un objeto concreto de por sí, aunque al sujeto se lo parezca ilusoriamente, y no lo es al ser reducible a la partes que interaccionan para configurarlo, que son las neuronas implicadas.

Es decir, el objeto mental manzana es abstracto porque no es una manzana aunque lo parezca, y porque no es un objeto concreto aunque sea un objeto que parece concreto en determinada escala, sino que es un conjunto de neuronas interaccionando.

¿Qué es la "reabstracción"?

De modo que el objeto mental manzana es abstracto por partida doble.

Y aun habría un tercer nivel de abstracción en la mente, que consistiría en la "reabstracción" de un objeto mental abstracto al simbolizarlo con otro objeto mental nuevo. Por ejemplo, si el objeto mental manzana, constituido por sensaciones visuales, olfativas, etc., es simbolizado por el objeto mental denominado "la palabra MANZANA", pues dicha palabra, que será información consciente también, en cierto modo reabstraerá al anterior objeto mental, el objeto mental manzana.

¿Es virtual la mente?

La palabra MANZANA, aunque abstracta, es real, como todo lo real, es decir, es patente, detectable, efectiva, y por tanto no es irreal ni virtual.

Es esta evidente detectabilidad, esta innegable patencia de la experiencia mental de cada uno en lo que al yo concierne, lo que tal vez lleve fácilmente a confundir intuitivamente los conceptos de realidad de la mente (presencia patente del objeto mental), y concreción de la mente (que un objeto mental a ciertos efectos pase por irreducible a determinada escala con un error despreciable en la práctica).

El que los objetos mentales sean efectivos como concretos en la práctica, el que la idea de una manzana sea para el sujeto esa idea y no la idea y las neuronas que la conforman, se diría que es lo que define a la propiedad de la conciencia, como característica, y no la patencia de lo mental, pues la patencia es algo propio de todo lo real, no sólo de la mente. Y no hay que olvidar que lo abstracto es objetivamente real, aunque no sea verdadero en su concreción a todos los efectos (a cualquier escala), a diferencia de las partículas elementales (que se sepa).

¿Cómo se detecta lo real?

Todo lo real es real, en general, que se sepa, es detectable, y es detectable mediante una interacción, por una medición, un cambio en la magnitud de algún parámetro de un sistema como resultado de esa interacción con el sistema utilizado como aparato de medida y el cambio de estado consecuente en el aparato. Por ejemplo, cuando se detecta un electrón no se detecta directamente la partícula, sino el cambio de estado en el sistema tras la supuesta interacción de dicha partícula con otras partes del sistema (por ejemplo, la presencia de un electrón se puede hacer patente tal vez con un voltímetro en un tubo de rayos catódicos, pero no por la contemplación directa de dicha partícula, de forma que todo lo real lo es supuestamente, y a partir de la evidencia disponible).

¿Si la efectividad depende de la interacción, cómo es posible la percepción consciente subjetiva sin una dualidad mente y cerebro para que haya una interacción entre ambos?

Si se dice que no hay dualidad sujeto-objeto en la mente, ¿con qué interaccionarían entonces los objetos mentales para ser conscientemente patentes para un sujeto; si no podrían interactuar con el sujeto, cómo se explicaría la presencia de la conciencia como propiedad efectiva de hecho durante el proceso mental subjetivo? Posiblemente la interacción que tiene lugar es la que se verifica entre unos objetos mentales y otros, precisamente gracias a la propiedad de la conciencia, por la que los objetos consiguen ser efectivos como si fuesen efectivos de por sí a escala, como si fuesen concretos de hecho, con un error despreciable en la práctica. Este hecho, sumado a la propiedad de la subjetividad, por la que el objeto mental adquiere unicidad e individualidad, hace posible la ilusión según la cual la patencia del proceso mental tiene lugar como si hubiese un sujeto concreto percibiendo la escena, cuando de lo que probablemente se trata es de que el proceso mental patente es consciente y subjetivo, que suena parecido pero no es lo mismo, de tal manera que lo patente cuando es patente con conciencia y subjetividad parece concreto, con entidad de por sí, y además dicha entidad posee carácter único e individual, como si hubiese ahí un ente individual dándose cuenta de las cosas conscientemente, lo cual, a ciertos efectos, así ocurre en la práctica con un error despreciable, pues cada uno de nosotros creemos ser un sujeto, un individuo único con una percepción consciente de lo que nos rodea, pero la concreción de dicho yo consciente es ilusoria, como lo es la de la figura que parece moverse con aparente unicidad e individualidad en una pantalla de cine.

¿Es la vida lo mismo que la conciencia?

A veces es preciso andarse con rodeos para describir alguna propiedad biológica. Sin ir más lejos, para describir la propiedad biológica de la vida es preciso andarse con rodeos, porque con la propiedad de la vida ocurre lo mismo que con la de la conciencia: es una abstracción. No se puede extirpar de un ser vivo la vida para colocarla sobre una mesa y ver en qué consiste en concreto para captar su esencia. Dicho de otro modo: no existe la vida, sino los seres vivos, como suelen decir los biólogos.

Con la conciencia ocurre lo mismo: no existe la conciencia, sino los seres conscientes, y siendo más precisos, la información consciente.

Para definir la propiedad de la vida no se puede llevar a cabo una descripción concreta de la vida, sino que hay que hacer referencia a las propiedades o características o cualidades propias de los seres vivos, por ejemplo: los seres vivos son aquéllos que nacen, crecen, se reproducen, mueren, etc.

Hay diversas definiciones de la vida, y en general se suele considerar a la vida como aquella propiedad peculiar de los seres vivos, que son los que se caracterizan por presentar, por ejemplo, reproducción, nutrición, organización, crecimiento, propósito específico, excitabilidad, motilidad y adaptabilidad.

Habiendo visto cómo se define la vida, parece claro que la conciencia podría definirse como una propiedad de un sistema con ciertas características. Con la conciencia hay que llevar a cabo el mismo ejercicio, dado que tampoco se puede extirpar del cerebro para colocarla sobre la mesa de exploración para una descripción concreta.

La conciencia se debería describir a partir del grupo de características o propiedades (cualidades propias o peculiares) que definirían a la información procesada en el tejido nervioso, de tal manera que dicha información pueda ser categorizable como consciente, o dicho de otro modo, de tal manera que la mente disfrute de la propiedad de la conciencia, y otro sistema sin estas cualidades, no.

¿Es la efectividad una cualidad necesaria para que un sistema sea consciente?

Para que la conciencia sea posible, probablemente sea necesario que la mente sea efectiva, como característica primera. Ésto podría parecer una perogrullada, ya que es evidente la patencia de la experiencia consciente desde el punto de vista del yo, y se presupone, pero es que la experiencia consciente forma parte de la realidad, y la realidad, con o sin conciencia, se caracteriza precisamente, y por definición, por la patencia, por lo patente de su presencia (lo cual aunque no sea una perogrullada, no deja de ser una tautología, pero es que lo de la patencia de lo patente no es un asunto que haya quedado resuelto).

La mente es información abstracta, pero es patente porque lo abstracto también forma parte de la realidad.

Por efectividad de la mente se entiende la detectabilidad de la información abstracta, pues efectivo significa real, detectable, patente, que tiene lugar, que tiene efecto (y no hay que confundir "tener efecto" con "hacer efecto", por ejemplo, si uno está enfermo, toma un medicamento y se cura, lo que hace efecto es el medicamento, y lo que tiene efecto es la curación).

Efectivo es lo contrario de irreal, indetectable, virtual, latente.

¿Significa efectivo lo mismo que eficaz?

No hay que confundir la palabra efectivo con la palabra eficaz; un fármaco, si cura, es eficaz, no efectivo. Lo que sería efectivo, en el caso de la curación, sería la curación; lo eficaz es lo que hace efecto, el fármaco; lo efectivo es lo que tiene efecto, la curación. Lo real es lo que tiene efecto, lo que tiene lugar, lo que ocurre, lo efectivo, lo detectable, lo patente.

¿Es la mente una realidad virtual?

Lo que no ocurre no es detectable, así que no es real. Al no ser detectable se lo denomina irreal, o virtual, o latente. Por esto mismo, cuando se denomina realidad virtual a las imágenes por ordenador, se comete un error similar al de calificar como efectivo a un fármaco que cura; se trata de errores que llevan a la confusión, y, por tanto, a la dificultad en la transmisión de un mensaje, o a conclusiones equivocadas. Ha de quedar claro que las imágenes por ordenador en sentido estricto no son virtuales (aunque sí en sentido figurado), ni tampoco las imágenes mentales son virtuales, ya que dichas imágenes mentales son detectables, son reales, son patentes, por ejemplo, son perceptibles de manera evidentemente patente. La expresión realidad virtual es, de hecho, contradictoria y absurda, aunque se utilice en sentido figurado y como oxímoron, al hacer referencia a las imágenes generadas con un ordenador, por ejemplo.

¿Es real, detectable, toda la realidad?

La realidad conocida, lo detectado hasta ahora, parece formado esencialmente por partículas elementales (descritas mediante la mecánica cuántica) y sus interacciones. Las propias partículas elementales son elusivas a la hora de tratar de comprenderlas desde la ontología, pues no se detectan por ellas mismas, sino por los efectos en los sistemas de medición que producen las interacciones de dichas supuestas partículas.

La realidad es fundamentalmente incomprensible desde un punto de vista intuitivo hasta el momento, por su carácter contraintuitivo. Las partículas elementales son incomprensibles de manera racional, son inimaginables. Su naturaleza y comportamiento son extraños, a pesar de ser lo que seríamos en esencia, de acuerdo con lo comprobado hasta ahora.

Algunas partículas elementales son tan elusivas a la detección que se denominan, de hecho, virtuales. Por ejemplo, los fotones que intercambian las moléculas orgánicas en una "cascada" de reacciones bioquímicas, en una célula, pueden ser virtuales o indetectables, si los campos electromagnéticos que intercambian los fotones están superpuestos, si es acertada la descripción del mecanismo de transferencia de Förster (un campo y una partícula parece ser que son lo mismo, y ésta sería la justificación de esta rareza, en este caso).

Y éste es sólo un ejemplo de los problemas a la hora de definir qué es la realidad, de manera que el propio concepto de realidad está en permanente revisión.

¿Es necesaria la capacidad de abstracción para que un sistema se pueda considerar consciente?

Por abstracción se entiende aquí a la referencia al carácter representativo, o inconcreto, de la información consciente. Lo concreto es aquéllo que es lo que es y no es otra cosa, aquello que es de por sí. Lo concreto no es, por tanto, reducible a otra cosa a todos los efectos. Cuando se percibe una manzana se toma por concreta en la práctica, pero sólo al efecto de su percepción a simple vista, ya que por lo demás, dicha percepción objetiva carece de concreción, pues, por ejemplo, es reducible a un procesamiento neural basado en la complejidad y la multiplicidad, de modo que dicha manzana mental no sería concreta desde cualquier punto de vista, es decir, en cualquier escala, a diferencia de lo verdaderamente irreducible, como las partículas elementales, que sí parecen ser concretas a cualquier efecto.

Tanto los fermiones, o electrones, neutrinos y quarks, como sus bosones y sus interacciones son irreducibles a otra cosa, que se sepa, como aclara Ynduráin en su libro *Electrones, neutrinos y quarks.*

De modo que la concreción de la manzana a simple vista es real, pero no lo es a todos los efectos, así que no lo es, sólo lo parece a simple vista (una digresión lógica y evidente a partir de esta afirmación sería que por tanto tal vez no sería preciso ser concreto para existir; pero la contra-argumentación también lógica subsiguiente sería: si algo inconcreto existe, será contingente, y por tanto, ¿se puede considerar que existe algo que es contingente y que en consecuencia no es eterno? Ésto llevaría al concepto de eternidad como necesidad lógica de algún modo, dado que se diría que de hecho, y también de algún modo, existimos, o llevaría al menos a la idea actual de algunos físicos según la cual podría tener lugar el "plegamiento de dimensiones", tal vez incluida la del tiempo, lo cual quizá haría posible la existencia al margen del tiempo y sin que nada físico ocurra por tanto... pero todo ésto ya es excesivamente especulativo, inimaginable e incomprensible, así que volvamos con el cerebro, acerca del cual, dentro de nuestros límites, poseemos bastante certeza sobre su existencia en el interior del cráneo de la mayoría de las personas).

¿Es necesaria la sensibilidad para que un sistema sea consciente?

Por sensibilidad se entiende que el sistema que ha de procesar información consciente en representación de algo tiene necesariamente que reaccionar ante ese algo cuando lo tenga delante, y al menos en un número significativo de ocasiones.

La sensibilidad, evidentemente, depende de dos factores fundamentales: los órganos de los sentidos, y la excitabilidad celular. La sensibilidad depende de la propia vitalidad, y de la forma en que los seres vivos han evolucionado. Así que sin vida, sin actividad bioquímica, y sin una evolución natural de ciertas formas orgánicas en particular, formas de órganos de los sentidos en concreto, y por tanto con receptores sensoriales, difícilmente se podría estar hablando aquí de la conciencia como propiedad de la mente, posiblemente.

¿Es necesaria la especificidad para que un sistema sea consciente?

Otra propiedad característica de la mente para que haya conciencia debería ser la especificidad. Por especificidad se entiende que el sistema nervioso ha de dar cuenta de lo que da cuenta, y viceversa, no ha de dar cuenta de lo que no da cuenta, así que debe conocer lo que conoce y como lo conoce, sin confundirse. Ésto es fácil de entender también: los ojos, por ejemplo, responden a la luz específicamente, y los oídos a los sonidos, no a otra cosa, etc.

¿Es necesaria una cuantificación de la información abstracta para que haya conciencia?

Por cuantificación se hace referencia a que la información abstracta que se procesa en el cerebro es medible físicamente, cuantificable. No puede ser de otro modo, ya que lo que el cerebro genera, conduce, transmite y comunica son impulsos nerviosos bioeléctricos que pasan de una neurona a otra, es decir, pasan de uno en uno, de manera cuantificada, potencial de acción a potencial de acción (ésto da pie a que la información pueda ir codificada, por otro lado).

La cuantificación de la información mental posiblemente se produzca de diversas maneras, y en diversas escalas, no sólo mediante la transmisión de la información potencial a potencial en cada sinapsis. Por ejemplo, se ha comunicado la posibilidad de la existencia de un cuanto de conciencia de 12,5 ms, por debajo del cual no sería posible discriminar dos objetos auditivos como distintos. La fuente bibliográfica para este dato es la siguiente: *Kristofferson A.B. Quantal and deterministic timing in human duration discrimination. Ann*

197

N.Y. Acad. Sci. 1.984; 423: 3-15.

¿Es necesaria la codificación para que un sistema sea consciente?

Con codificación se quiere decir que dicha información mental, por estar cuantificada, puede organizarse en forma de código y así disponer de símbolos a los que adjudicar, de manera innata, adquirida, o ambas, un significado, como el de manzana.

Dicho código puede formarse, evidentemente, gracias la estabilidad del sistema, dado que cada neurona disparará de un momento a otro un tren de potenciales de manera igual, dentro de un margen de error aceptable, a como lo había hecho previamente.

El pensamiento es la computación de símbolos, y éso es lo que hace el cerebro, computar símbolos.

¿Es el ismorfismo necesario para que haya conciencia?

Isomorfismo quiere decir que un objeto mental con un significado es isomórfico con el objeto concreto al que representa, que tiene su misma forma. Ésto no es del todo cierto, pero, al establecerse un significado, se da por cierto en la práctica... e incluso hasta cierto punto ésto es literalmente cierto en algunos casos, como se sabe por la forma del homúnculo de Penfield. En otros casos lo de la misma forma se referirá no a una igualdad literal entre la forma de un objeto y la de su representación en el cerebro, sino a que la representación en el cerebro será constante, la misma (el mismo código), y por tanto igual para ese objeto de un momento a otro, y compatible.

¿Qué es el isomorfismo?

El isomorfismo, en su definición matemática, consiste en la correspondencia biunívoca entre dos conjuntos de cosas. El concepto de isomorfismo indica que, dados dos conjuntos, 1 y 2, entre sus elementos se establece una correspondencia biunívoca, lo cual quiere decir que a un elemento A, del conjunto 1, le corresponderá el elemento B, del conjunto 2, y no otro, lo cual implica una interacción peculiar, sistemática, entre 1 y 2. Habrá un isomorfismo, entre 1 y 2, si al evolucionar 1, por ejemplo, si en 1 tiene lugar una interacción entre A y $A´$, entonces, al observar 2, se comprobará que a la vez habrá tenido lugar en 2 una interacción entre B y $B´$ con correspondencia biunívoca. En tal caso, 1 y 2 serán isomórficos.

¿Es posible el isomorfismo para el sistema nervioso?

En la práctica existe la posibilidad del isomorfismo entre sistemas, en general, y el cerebro en particular es un sistema capaz de lograr dicho isomorfismo en la práctica con un error despreciable en la escala en la que dicho isomorfismo sea efectivo (detectable). Por ejemplo: cuando un objeto cae por su peso, se percibirá que cae, en condiciones normales, y en ausencia de algo que lo impida, y, así, el comportamiento subsiguiente será congruente con la realidad tal como está ocurriendo y como se percibe que está ocurriendo: que un objeto está cayendo, en este caso.

¿Es la posible capacidad para el isomorfismo del sistema nervioso una analogía sin sentido?

Bertalanffy trata el asunto de los isomorfismos en la naturaleza en su *Teoría general de sistemas*, donde previene contra la confusión entre los isomorfismos y las "analogías sin sentido". En este ensayo se podrían estar planteando analogías sin sentido que podrían estar pasando desapercibidas, por ejemplo: ¿tiene que ver el carácter particular de la subjetividad, al que se ha hecho mención previamente, y por tanto su aspecto a simple vista de objeto mental con carácter único e individual (irreducible), con el carácter también particular (irreducible) de las partículas elementales, o se trata de una mera analogía sin sentido?

Esa capacidad del cerebro para establecer un isomorfismo efectivo como tal a simple vista con un error despreciable en la práctica, sea o no una analogía sin sentido, posiblemente sea un rasgo útil desde el punto de vista evolutivo, y posiblemente sea una de las razones por las que el sistema nervioso ha sido seleccionado como sistema para controlar el comportamiento motor en animales con capacidad de movimiento motriz autónomo (que son los animales que necesitan sistema nervioso) mediante el recurso a información consciente.

¿Es necesaria la coherencia para tener conciencia?

La coherencia, entendida en esta ocasión como congruencia, o ausencia de contradicción, es también importante, pues entre otras cosas hace posible que un significado sea el adecuado al objeto del entorno (a la parte de la realidad del entorno que se toma por objetiva) representado. Por ejemplo, si el cerebro otorgase el significado pera al objeto mental manzana, el resultado probablemente terminaría por no ser conveniente a ciertos efectos… y no digamos si confundimos manzana y tigre.

¿Es necesaria la compatibilidad para que un sistema manifieste la propiedad de la conciencia?

La compatibilidad tiene que ver con la coherencia/congruencia, y tiene que ver con que el objeto mental no sólo ha de ser coherente con el objeto representado: no sólo el cerebro ha de pensar en una manzana si se ve una manzana, sino que además ha de ser compatible, ha de pensarse en una manzana no sólo si se trata de una manzana, sino además cuando se trate de una manzana, ambos objetos han de ser coherentes entre sí para ser compatibles.

¿Se pueden hacer predicciones correctas sobre un sistema conociendo sus propiedades de manera correcta?

La conciencia y la subjetividad son propiedades del sistema nervioso, como la suma es una propiedad de la aritmética. Si un sistema está organizado y es suficientemente estable, resultará posible encontrar patrones de comportamiento constantes a partir de los cuales abstraer sus propiedades, y predecir resultados en mediciones sobre el sistema con un error despreciable. Por ejemplo: se puede predecir que 1+1 será mayor que 1 en el sistema aritmético, y se puede predecir, por la propiedad de la conciencia, que, si un individuo consciente pone una mano sobre la llama de una vela, apartará la mano.

¿Puede tener percepción subjetiva una hormiga?

La información consciente transmitida entre neuronas a escala microscópica no debería ser considerada subjetiva, pues la subjetividad parece una propiedad emergente, dado que sólo tenemos percepción subjetiva a simple vista, a escala macroscópica (confinada), y por tanto la subjetividad parece depender de cierta complejidad para emerger, para volverse algo detectable, amén de cierta estructuración morfofuncional probablemente específica, y de la efectividad de cierta escala (macroscópica, dado que no somos capaces de percibir a simple vista lo microscópico). Dicha complejidad y peculiaridad una sola sinapsis probablemente no la aportará.

Un sistema nervioso con cierta complejidad, como el de una hormiga, también procesa información, y posiblemente consciente, como revela su comportamiento, así que su comportamiento habrá de ser considerado consciente, aunque rudimentario en comparación con otros. Sin embargo, es dudoso que una hormiga perciba la realidad como sujeto. En caso de que no, sólo su comportamiento sería consciente. Es posible que una hormiga no posea una mente subjetiva, y por tanto difícilmente tendrá, por ejemplo, sentimientos, o algo así como un yo consciente de sus emociones y que sufra por ello... y menos aun empatía y que por tanto sufra por sus congéneres, o quizá sí, ¿quién sabe? Para saberlo habría que comprobarlo, y para comprobarlo habría que saber qué comprobar (entre otras cosas, y posiblemente, una sincronización de fase transitoria entre señales neuronales simples, como se ha dicho en la introducción y se dirá más adelante en este ensayo).

Puede ser consciente un protozoo?

Un protozoo, un ser vivo unicelular, se comporta como un ser vivo individual pero sin sistema nervioso, un ser vivo que no procesa información abstracta. ¿Será al menos consciente el comportamiento de un protozoo, como quizá ocurre con el de una hormiga?

Un protozoo, como ente, también se basa en la autoorganización, y su comportamiento se puede considerar por tanto propositivo, pero no parece que integre su comportamiento integrando información abstracta, por lo que no debería poder ser considerado consciente.

Mírese más de cerca un protozoo, un "globito gelatinoso" al microscopio óptico, hasta distinguir los objetos que lo componen: un gran montón de moléculas (estados ligados de átomos), un montón de objetos proteiformes que chocan entre sí millones de veces por segundo en función de su afinidad, avidez y cohesión. Algunas de las moléculas de la membrana del protozoo actúan como receptores de los estímulos del medio externo al protozoo, el charco en el que flota y vive, por ejemplo. Si un receptor de la membrana del protozoo responde a un estímulo específico, dicho receptor cambiará de estado, pero dicho cambio de estado, a diferencia de lo que hacen las sinapsis, y, aunque el cambio de estado en el protozoo también suponga una comunicación de información que preludia un posible comportamiento propositivo (propositivo, pero no consciente), el cambio de estado en el protozoo no supone una abstracción del entorno, y por tanto no supone una toma de conciencia del medio.

Cuando colisionan las moléculas que configuran el proceso físico sistemático llamado protozoo (vivo), la cadena de cambios moleculares mantienen al protozoo comunicado con el medio, pero el protozoo no se abstrae del entorno, se continúa con él, y sin abstracción no parece que pueda haber conciencia (y tampoco subjetividad, entonces).

¿Por qué el proceso vital de un protozoo no supone una abstracción de la realidad que le rodea?

Supongamos que un estímulo (por ejemplo, una molécula de alimento flotando en una charca), al que se podría llamar E1, choca con la molécula P1 de la membrana del protozoo, receptora específica de E1. P1 cambiará a un nuevo estado conformacional, el estado P2. P2 ahora choca con otra molécula dentro del protozoo, con Q1, específica a su vez para la interacción con P2. La información que P2 comunica a Q1 no es información codificada que abstrae a P1, sino que únicamente comunica a Q1 información sobre el estado de P2. Para Q1, P1 es un desconocido ya, no ha sido codificado por el sistema y por tanto no hay ya un símbolo representativo de P1 y con ese significado, y también E1 será ya un desconocido. Aunque P2 es P1 en otro estado, no es P1, por lo que Q1 no va a poder dar cuenta de P1 a la siguiente molécula de la cadena con la que Q1 se encuentre a continuación. Q1 tampoco será E1, ni su representación, sino el siguiente eslabón de una cadena de información concreta: E1-P1-P2-Q1-etc.

La secuencia de comunicación de información que empieza en el medio continúa en el protozoo, y dicho proceso informativo hace posible la integración de un comportamiento propositivo, por la congruencia de todo el sistema, por evolución filogenética y ontogenética en ese sentido de las piezas en juego (por conveniencia evolutiva), pero dicha información difícilmente se podrá considerar consciente, pues, de entrada, no abstrae el entorno, se continúa con él, de modo que el comportamiento, aunque se ajusta al entorno de un modo categorizable a usos prácticos como propositivo, lo hace inconscientemente, de manera mecánica y ajustada mediante diversos sistemas de regulación, pero de manera incontrolada, es decir, inconsciente (ni siquiera de manera refleja).

El protozoo es un eslabón en una cadena, no forma una cadena paralela que representa a otra cadena de manera real, sensible, específica, cuantificada, codificada, abstracta, isomórfica, coherente, compatible, etc., es decir, el protozoo es información, como todo, pero no conoce su entorno, y por tanto no usa ese conocimiento para ajustar su comportamiento procesando dicho conocimiento en paralelo para integrarlo con el resto de las piezas en el resultado final, el comportamiento.

El protozoo procesa información con algunas de las características necesarias para que su comportamiento se pueda considerar propositivo (que es una característica de los seres vivos en general, seres con capacidad para la autoorganización, no una caracaterística de los seres conscientes en particular), y por tanto el protozoo está vivo, pero sus características no son suficientes como para que, además de propositivo, su comportamiento se pueda considerar consciente, o basado en el procesamiento de información consciente como parte del proceso de integración de ese comportamiento.

¿Es el ser humano siendo consciente de la realidad lo mismo que el universo siendo consciente de sí mismo?

Esta idea es un tópico en los relatos de ciencia ficción. Aunque el universo sea información, es dudoso que sea conciencia, dadas las posibles características que un sistema precisaría para ser considerado consciente, estando el fenómeno de la conciencia posiblemente limitado en principio a los sistemas nerviosos formados por, al menos, circuitos, como grado mínimo de complejidad (hay sistemas nerviosos sin circuitos, parece ser, como los de las esponjas, que, por tanto, tal vez carecerían de conciencia).

Como la conciencia es la propiedad de un sistema dado, hablar de "conciencia universal" o "cósmica" sería como hablar de "liquidez universal", o de "rojez universal", sería absurdo, por intuitivo que le pareciera a algunos. Por éso un ser humano no debería ser considerado como el universo siendo consciente de sí mismo. Sería como decir que una rosa roja sería el universo siendo rojo, o que un río sería "liquidez cósmica", o incluso que habría una "liquidez cósmica" al margen de los ríos.

Y además, no sólo un ser humano no es todo el universo, sino que ni siquiera ese ser humano será consciente de todo el universo, sino sólo de una parte, por lo que por esta otra razón tampoco parece tener sentido esa afirmación propuesta por los autores de ciencia ficción y que tanto juego da a veces.

¿Es la mente del calamar como la del hombre?

Ramón y Cajal dejó escrito, en 1.899, en su *Manual de Histología normal* (página 620) que el tamaño y disposición de las células nerviosas, así como de sus expansiones, no parece referirse de un modo bien evidente con determinada modalidad funcional.

Hay tipos diversos de neuronas en el cerebro que se pueden clasificar en tipos diversos, dependiendo del criterio utilizado, incluso en cientos de tipos. Pero a pesar de su diversidad no son muy distintas entre sí al microscopio. En ésto se distingue, parece ser, el cerebro humano del cerebro de otro grupo de animales no mamíferos que también lo tienen relativamente grande: los cefalópodos; así que tal vez los cefalópodos, a pesar de la inteligencia que demuestran los pulpos, tengan una mente ajena a la humana, o tal vez no.

¿Qué quiere decir que la experiencia subjetiva sea, además de macroscópica, confinada?

La experiencia mental consciente y subjetiva es macroscópica, pues lo que se percibe a simple vista no es microscópico. Además, dicha percepción macroscópica está confinada en dicha escala macroscópica, pues no es posible percibir lo microscópico en ningún caso a simple vista, ya que cae fuera de la capacidad de resolución de la percepción. Por ejemplo, el confinamiento es lo que impide a un sujeto contar en milésimas de segundo, a simple vista, siendo capaz de llegar sólo hasta las décimas de segundo (aproximadamente), cuando, precisamente, las neuronas funcionan en el rango de las milésimas de segundo, que es la escala en la que son medibles los potenciales de acción (algo que por otro lado no deja de ser hasta cierto punto una prueba del cambio de escala de medición en el terreno de la abstracción en el cerebro que posiblemente se debe de verificar durante la emergencia de la percepción subjetiva).

¿Tiene sentido la expresión popular tener la mente en blanco?

Para que sea efectiva la experiencia consciente subjetiva posiblemente hay que ser consciente de algo, como anticiparon Epicuro y Locke entre otros.

En palabras de Zeki, extraídas de su artículo *La imagen visual en la mente y en el cerebro*, publicado en *Investigación y ciencia* en 1.992: "... no hay razón para separar de la conciencia la adquisición de conocimiento visual".

Dicho de otro modo: sin objeto (mental) probablemente no hay sujeto (que es otra forma de decir que sujeto y objeto son una sola cosa, porque el sujeto es un objeto).

¿Qué es la inconsciencia?

La inconsciencia, de acuerdo con la experiencia clínica, por ejemplo, observando cómo hacen su efecto los anestésicos, supone, básicamente el cese de la secreción de neurotransimores en las sinapsis, y por tanto el cese de la transmisión sináptica.

Por supuesto que si las neuronas mueren la inconsciencia será irreversible.

El proceso mental y su correlato neural

¿Es lo mismo el funcionamiento en red que la localización de funciones en diferentes áreas cerebrales?

La lesión de zonas cerebrales específicas se asocia a una pérdida funcional específica. Sin embargo, en la práctica, en el cerebro vivo no lesionado, dichas regiones no funcionan exactamente como las piezas de un mecanismo, por ejemplo, las regiones no funcionan como piezas independientemente, sino sólo si se conectan, de modo que lo que importa es el todo, la red, que es cambiante, no dónde se localice una función. O dicho de otro modo, se trata de algo así como un mecanismo pero sin piezas fijas. En el cerebro en funcionamiento no es suficiente con que haya una región con una función específica, sino que dicha función esté ubicada temporoespacialmente en el lugar y momento adecuados, conectada en el momento adecuado con otras regiones y activa, de lo contrario, la consideración de la especificidad funcional de dicha región carecería de sentido. La especificidad funcional de una región sólo tiene valor si dicha región se imbrica como eslabón efectivo en una cadena dinámica en un momento dado. Dicho de otro modo: en el cerebro sólo cuenta lo que está ocurriendo, una región sólo es una región si está funcionando como región, lo cual sólo es posible si ocurren dos cosas: si dicha región está funcionando, y si lo está haciendo en red con el resto de las regiones que le dan sentido a su efectividad como región con especificidad funcional.

Es importante tener esta concepción del cerebro como algo dinámico, cambiante, en red, y no hay que olvidar que hablar de la mente sólo tiene sentido si se hace en referencia a su carácter morfofuncional: la mente no es la posibilidad de pensar, sino el proceso del pensamiento en su curso efectivo, en gerundio.

Al hacer referencia a regiones que actúan en red, que constituyen un entramado que actúa como un todo en la práctica, a pesar de ser reducible a varias regiones distintas, hay que tener en cuenta que además dicha red está constituida por alguna región funcional que puede estar dispersa por diferentes regiones espaciales del cerebro.

¿Es importante la sincronización neuronal para el funcionamiento en red?

Damasio, en su libro *El error de Descartes*, cuenta que la actividad simultánea en distintos lugares conecta las partes de la mente separadas. Se sobreentiende que quiere decir que las conecta en un todo.

Damasio también dice: "... (la) integración mental se crea a partir de la acción concertada de sistemas a gran escala mediante conjuntos sincronizados de actividad neural en regiones separadas del cerebro".

El propio Damasio aclara: "... la sincronización es una parte importante del mecanismo... de ligazón... de las partes de la mente que se integran... pero la sincronización (no trata de ser la)... explicación (última de esta ligazón)". La sincronización, como la reentrada, debe de formar parte de dicha simultaneidad en parte, pero la clave de la formación de redes en el cerebro, en el caso de ese todo que es lo subjetivo, no parece que puedan ser sólo la sincronización y la reentrada, por una serie de razones.

¿Son las neuronas osciladores acoplados?

Ya desde los trabajos de Sherrington sobre la integración de la función visual se le otorgó su posible importancia a la sincronización neuronal, a la "concurrencia temporal" de la actividad neuronal, a la descarga de los potenciales de acción de neuronas distintas a la vez, para explicar de algún modo la simultaneidad de la diversa experiencia sensorial, y que, por ejemplo, se puedan percibir de una vez todas las partes de una imagen visual.

Sherrington trataba de averiguar, en particular (entre otras cosas) cómo es que usamos dos ojos para ver pero percibimos una sola imagen (supuestamente como resultado de la fusión o integración de las imágenes captadas por los dos ojos en una, dado que la imagen final contiene características que suponen la suma de ambas, como el carácter estereoscópico de la imagen del que carece la percepción monocular).

Según Strogatz y Mirollo (1.989), cualquier sistema de osciladores acoplados (sistemas de osciladores interconectados y con frecuencias características) como parece el caso de las neuronas, se autoorganizan espontáneamente.

En cierto modo se estaba proponiendo a la sincronía como oposición natural al caos.

Poincaré fue un precursor en el desarrollo de este tipo de ideas.

¿Hay un algoritmo cortical básico?

Las neuronas, a pesar de su diversidad, hacen más o menos lo mismo básicamente: generar, conducir y transmitir potenciales de acción en trenes, ya sea en respuesta a estímulos, o bajo la modulación por estímulos.

Según Mountcastle (1.978), la estructura de la corteza cerebral es uniforme en todas las regiones, grosso modo. Las variaciones no son tantas como para justificar la versatilidad funcional del cerebro a partir de las diferencias locales. Este hecho llamó la atención de Hawkins, que le dedicó al asunto un libro hecho a medias con Blakeslee, titulado *Sobre la inteligencia* (2.005). Según Hawkins, en todas las partes de la corteza se ejecutan las mismas operaciones, el algoritmo cortical básico es el mismo: mover patrones (de trenes de potenciales de acción). De modo que la heterogeneidad de la mente ha de estar en los códigos, no en las operaciones que los mueven.

Para que los códigos sean distintos la clave, me parece a mí, debe de estar en parte en las condiciones iniciales del proceso, en el hecho de ser las entradas de información en el sistema distintas: los receptores sensoriales son distintos, y de ahí debe de proceder o ahí debe de comenzar la riqueza y complejidad de la mente.

A simple vista es posible distinguir en un ramo de rosas blancas una rosa roja por su color, y también es posible en un concierto distinguir al oboe por su timbre, y no hay motivo para pensar que en la corteza haya neuronas que de modo innato (genético) sepan tomar conciencia de un oboe.

Lo que esta idea del algoritmo cortical básico conlleva entonces es que la corteza es más o menos la misma por todas partes, por lo que si una región es capaz, con años de aprendizaje a partir del nacimiento, de identificar a un oboe, mientras que otra región es capaz de identificar a la rosa roja entre las rosas blancas de un ramo, ello debe depender de la configuración específica de las redes implicadas en cada caso, de la conformación circunstancial de estados sinápticos relativos, de cada código *ad hoc*.

Que el algoritmo cortical básico sea el mismo se diría que hace posible que el cerebro sea, precisamente, un sistema adaptable a la cambiante realidad; él mismo es cambiante (es parte de la realidad también). Su complejidad es relativamente grande, de ahí que si se logra un equilibrio entre complejidad y adaptabilidad, también podría acabar siendo adaptable en la práctica, con presumibles ventajas en lo que a la conveniencia evolutiva se refiere, como así se observa que está ocurriendo.

¿Qué es un sistema integral?

Las redes neurales parecen comportarse como grupos neurales integrales.

Un sistema integral es aquél que persiste como un todo aun a falta de algunas de sus partes en la suma.

Por ejemplo, la vida es un fenómeno integral porque aunque mueren seres los que nacen los sustituyen en ese todo que es el fenómeno vital.

Lo mismo ocurre con la subjetividad: como las correspondientes neuronas correlativas se van desintegrando del grupo e integrándose al irse deshaciendo y formando redes, el sujeto sigue teniendo a simple vista aspecto integral, persiste en la práctica como un todo, por ejemplo, como un observador consciente único e individual.

¿Es la subjetividad una propiedad emergente?

Crick, tras terminar de investigar el A.D.N., se volcó en la búsqueda del correlato neural de la experiencia consciente personal. Su idea básica era la siguiente: la conciencia es una propiedad emergente del cerebro. Se quiere sobreentender aquí que se estaba refiriendo a la experiencia consciente y subjetiva en particular, a la emergencia de la propiedad de la subjetividad por tanto, a la emergencia del yo consciente. Si es así, hay que estar de acuerdo, en principio.

Si el yo consciente es un objeto emergente, hay que tener en cuenta que la propiedad de la subjetividad ha de emerger al integrarse cierta información abstracta en el cerebro de cierta manera peculiar, propia de este sistema en particular (de ahí que dicha propiedad aparezca en este sistema y no en otros), y que por tanto debe de consistir en algún tipo de actividad neural integral peculiar, lógicamente.

Al emerger la propiedad de la subjetividad, al emerger el sujeto consciente como un todo, de tal manera que resulte patente como ente consciente concreto, único e individual, con un error despreciable en la práctica a ese efecto a escala macroscópica (al efecto de la patencia del yo consciente), cierta información cerebral abstracta debe de estarse pergeñando, e integrándose o al menos correlacionándose de algún modo peculiar las neuronas implicadas, de tal manera que se formen redes macroscópicas efectivas como un todo caracterizado por poseer entidad única e individual a simple vista, y dentro de un margen de error aceptable para que tenga lugar dicho efecto en la práctica.

¿Cómo tiene lugar la integración neuronal?

Los mecanismos de integración neuronal conocidos son diversos.

Véase algún ejemplo de cómo se integra o suma la actividad neuronal en el cerebro: en la escala neuronal, cuando la actividad de, por ejemplo, dos neuronas, converge en una tercera, es decir, si dos neuronas A y B hacen sinapsis en una tercera neurona C, entonces C integra la actividad de A y B. De este modo, habrá circuitos convergentes, divergentes, etc., con distintas funciones posibles en el sistema nervioso en cada caso, como pueda ser la de aumentar el contraste de la señal sensorial en el primer caso, o la de aumentar la intensidad de la señal sensorial, por reclutamiento neuronal, en el segundo caso, etc.

Otro ejemplo de un mecanismo de integración básico en el sistema nervioso: en un circuito A-B-C (obsérvese la notación empleada), la neurona B actúa como neurona intermediaria, o intercalar, o internuncial, entre A y C, así, B integra o suma la actividad de A y C al formarse circuitos (aparte de participar en la dotación de coherencia o congruencia a los circuitos).

El sistema nervioso se conecta con el resto del cuerpo, básicamente, e integra en un todo el funcionamiento del organismo, sobre todo en lo referente a la homeostasis y el comportamiento.

¿Son importantes las neuronas internunciales?

El asunto de las neuronas internunciales (o intercalares, o intermediarias, como es el caso de la neurona B en el circuito A-B-C) es más importante de lo que parece: resulta que en los sistemas nerviosos más primitivos no había neuronas internunciales. Por ejemplo, algunos de los primeros animales con neuronas, los espongiarios (esponjas de mar), parece ser que no tenían circuitos neuronales, sino que las neuronas conectaban (y conectan) directamente al estímulo con la respuesta (muscular), sin intermediarios. Conforme la evolución avanzó y el sistema nervioso se fue haciendo más complejo, aparecieron los circuitos, "entrometiéndose" neuronas intermediarias o internunciales entre estímulo y respuesta, como es el caso de B en el ejemplo idealizado A-B-C.

La presencia de neuronas intermediarias dota de versatilidad a las respuestas, lo cual aparentemente podría haber supuesto una ventaja para la supervivencia, por lo que, aunque no hayan desaparecido las esponjas (aún existen) ello no ha impedido la aparición de otras líneas animales con otras características, por ejemplo, animales con neuronas intercalares y que terminen teniendo un gran cerebro.

¿Qué tiene que ver el cerebro con las neuronas internunciales?

El cerebro, a fin de cuentas, no es otra cosa que algo así como una gran masa de neuronas internunciales: la mente es una "gran pérdida de tiempo" entre estímulo y respuesta (como atestigua este ensayo), pérdida de tiempo que hasta el momento no termina de impedir la supervivencia de los seres afectados por esta peculiaridad evolutiva.

Ryle, en su libro *El concepto de lo mental,* afirmó que los procesos mentales son "disposiciones a la conducta", y según Hilary Putnam, la mente son las funciones que median entre la entrada sensorial y la salida motora. Para George H. Mead, el pensamiento (la inhibición temporal de la acción) es una preparación para la acción social.

¿Cuál es el estatus de las neuronas internunciales en el cerebro en la actualidad?

En la actualidad, de todos modos, oficialmente se denominan neuronas intermediarias en la corteza cerebral sólo al 20% de las neuronas: el 80% son neuronas piramidales y el 20% internunciales. Ese 20% consiste en pequeñas neuronas inhibitorias (las células piramidales son excitatorias) de acción local, mientras que los axones de las neuronas piramidales actúan a distancia en otras zonas del sistema nervioso más allá de la corteza.

Pero si uno lo piensa, casi todas las neuronas son internunciales, pues están intercaladas como intermediarias entre la célula que detecta el estímulo, como puedan ser las de la retina, y la célula que ejecuta la respuesta, neuronas piramidales incluidas, aunque ésta sea un forma de hablar poco académica en la actualidad, ya que oficialmente sólo se considera que son internunciales ciertos tipos de neuronas (las neuronas inhibitorias de acción local).

¿Cuál es la causa de la experiencia mental subjetiva?

En un circuito A-B-C, A no es la causa de C, sino el correlato. Por tanto, la secuencia A-B-C, que va de A a C, no es un teorema que demuestra C a partir de A según el principio de causalidad. La actividad de C no se explica a partir de la actividad de A, pues A no es la causa de C, sino su correlato, pues no se relacionan directamente, se correlacionan.

Extrapolando esta idea a la escala de las redes: en el caso de que una red [A-B-C] (obsérvese el tipo de notación empleada) fuese en un momento dado el correlato de la subjetividad, dicha red no sería tampoco la causa de la subjetividad, ni la demostración de la causa por la que la subjetividad es efectiva.

Volviendo con los circuitos: A-B-C es una demostración de C a partir de A en tanto que correlatos, pero no demuestra la causa de C. Lo único que se puede demostrar es que C es un correlato de A si cada paso de A-B-C es verdadero, que sería más o menos lo mismo que decir que en ese circuito en actividad se detectaría un potencial de acción en A, después en B y después en C. Por éso no interesa conocer la causa de la emergencia de la subjetividad al rebuscar en sus correlatos, porque no existe una causa, al ser un proceso, y el simple hecho de plantearlo es ilógico.

Lo que interesa es conocer el modo en el que el cerebro funciona correlativamente cuando la subjetividad es efectiva, porque sí es lógico pensar que ha de producirse un tipo peculiar de funcionamiento cerebral que se correlacione con algo tan distinto como la experiencia subjetiva. Lo que interesa es descubrir cómo A-B-C puede llegar a ser un todo subjetivo a escala macroscópica confinada al integrarse A, B y C, descubrir las piezas a que se reduce correlativamente ese todo subjetivo. Lo que habría que descubrir es cómo, de qué manera en particular, se integran durante la subjetividad esas neuronas. Interesa cuál es ese mecanismo de integración neuronal peculiar, si lo hay, o de correlación al menos, en el caso de la subjetividad, que haga posible el entrelazamiento de diversos objetos mentales en un solo objeto mental, patente a escala macroscópica como el sujeto, el yo consciente, por el mero hecho de la concurrencia temporal de esas neuronas, y que tal actividad neuronal peculiar correlativa, que hace posible que la experiencia consciente abstracta sea patente como integrada en un todo, el yo consciente, tenga lugar de algún modo que no consista sólo en la sincronización neuronal.

¿Qué significa verdadero?

Se acaba de decir que lo único que se puede demostrar es que C es un correlato de A si cada paso de A-B-C es verdadero. ¿Y qué se quiere decir aquí por verdadero? Verdadero es aquello posible en un sistema y que se verifica, que deja de ser una posibilidad con una probabilidad para constituir una prueba tras consumarse como suceso probado. Por ejemplo, una proposición verdadera es: $X=X$. En el caso de una red neural que sea el correlato de la subjetividad, serían verdaderos, verificables, todos los potenciales de acción que se descargasen durante un periodo de tiempo dado y conformasen dicha red en correlación con esa experiencia subjetiva dada, pues en tal caso se habría tratado de la efectividad comprobable de algo que era posible en el sistema (e incluso aunque dicha red codificase un delirio, una idea no verificable sobre la realidad).

¿Cómo determinar si algo es verdadero o falso?

De acuerdo con estas definiciones, que acotan las acepciones usadas en este ensayo, algo real puede ser verdadero o falso, dependiendo de la escala. Por ejemplo, durante un delirio un potencial de acción correlativo será verdadero, pero la interpretación de la realidad de acuerdo con dicho delirio conformado con esos potenciales de acción será falsa.

¿Es verdadero sinónimo de real?

Aunque algo verdadero a una escala puede ser considerado falso a otra escala, no puede ser irreal en ningún caso, una vez que se ha verificado su detectabilidad, por tanto, verdadero y real no son sinónimos.

Por todo ésto, expresiones contradictorias como "realidad virtual" (realidad irreal, detectabilidad indetectable) no se refieren a algo aceptable como correctamente enunciado, salvo en sentido figurado o en forma de oxímoron.

¿Es el ritmo gamma el correlato neural de la subjetividad?

Se ha propuesto que durante la percepción visual subjetiva la sincronización neuronal de las neuronas implicadas ocurre en una frecuencia peculiar, de 40 Hz, el llamado ritmo gamma, investigado por Wolf Singer y por Gray.

Fischbach revisó la investigación de Singer en el artículo *Mente y cerebro*, publicado en *Investigación y ciencia* en 1.992. Según Singer, la sincronización de emisiones de señales procedentes de neuronas espacialmente distintas, activándose sincrónicamente a 40 Hz, correspondería a las distintas características del objeto (movimiento, color, forma, etc.) que uno afirma percibir integradas en la forma de ese objeto único en un momento dado. Las oscilaciones a 40 Hz podrían sincronizar conjuntos de neuronas que por su especificidad espaciotemporal en un momento dado estuvieran especializadas en los distintos componentes perceptibles de una escena visual, y constituir, tal vez, un correlato directo de la percepción consciente subjetiva de lo que se ve (o al menos parte del correlato).

¿Cómo se sincronizan las neuronas?

En cuanto a los mecanismos neuronales responsables de la sincronización, han sido estudiados incluyendo modelos artificiales que posiblemente se parecen a los naturales. Lo que llama la atención del modo mediante el que probablemente se terminan sincronizando las neuronas que interaccionan retroactivamente es que los mecanismos de sincronización son simples: si se ponen dos neuronas descargando una cerca de la otra lo más probable es que acaben sincronizándose, acoplando sus descargas a lo largo del tiempo, por una sencilla razón: acabarán igualando su flujo de iones por mera proximidad y por estar "flotando" en un mismo medio iónico. Eurich ha dedicado sus esfuerzos a desentrañar estos mecanismos a priori enigmáticos pero simples una vez descritos, y la descripción se puede encontrar en su artículo *Sincronización neuronal*, publicado en *Mente y cerebro* (2.003).

Recuérdese también el trabajo de 1.989 de Strogatz y Mirollo, que les permitió afirmar que cualquier sistema de osciladores acoplados se autoorganiza espontáneamente, y cuyo resultado es la sincronización.

De todos modos, recientes trabajos desmienten que la sincronización de neuronas contiguas sea una necesidad inevitable, como han observado Renart y de la Rocha en un artículo de *Science* del 2.010, y también Ecker en otro trabajo distinto (2.010).

¿Hay varios tipos de reentrada?

Según Edelman y Tononi, redes paralelas interaccionan retroactivamente entre sí, sincronizándose de este modo.

Aparte de la reentrada corticocortical que postulan Edelman y Tononi, se ha hablado también de una reentrada talamocortical, que Llinás y su equipo han investigado durante años.

Se puede encontrar una descripción comprensible de la reentrada en un artículo de Zeki titulado: *La imagen visual en la mente y en el cerebro*, publicado en *Investigación y ciencia*, en 1.992.

Bart Kosko ha propuesto el teorema *B.A.M.*, de la memoria

asociativa bidireccional, según el cual las redes neuronales se unifican correlacionándose, lo cual se representa matemáticamente multiplicando partes unitarias de una red con las de la otra, de manera que la correlación de ambas redes ya no supone un "si A, entonces B", sino un "si X es A, entonces Y es B", cuyo resultado sería la activación sincrónica de ambas redes (estos patrones ordenados de activación de redes unificadas serían posibles a pesar del caos en el sistema).

¿Con qué se correlaciona la actividad mental subjetiva, de acuerdo con los conocimientos actuales?

La experiencia subjetiva se correlaciona por sistema, hasta donde los métodos actuales permiten determinar, con cierta actividad neuronal peculiar, lo que se suelen llamar correlatos neurales de la experiencia consciente subjetiva.

En trabajos dirigidos por Metzinger en el *M.I.T.*, en el año 2.000, tal vez se haya podido comprobar que los correlatos neurales se asocian en la práctica, empíricamente, en una primera aproximación grosera al desentrañamiento del enigma, sobre todo con la actividad de las áreas de asociación corticales.

La subjetividad se caracteriza por ser su efectividad comunicable de un sujeto a otro, y ése ha sido el modo que han tenido los investigadores del equipo de Metzinger para saber que la actividad de la corteza de asociación se correlaciona por sistema con la experiencia subjetiva.

¿Qué son las áreas de asociación corticales?

En la corteza hay áreas primarias, que se llaman primarias

porque en ellas se considera categóricamente que se inicia de manera primaria cierta actividad cortical. Por ejemplo, las áreas sensoriales primarias se llaman así porque en ellas hacen su primera sinapsis las neuronas sensoriales procedentes del tálamo en dirección a la corteza.

Las áreas primarias hacen sinapsis después en otras áreas de la corteza, donde la información sigue su procesamiento. Las áreas corticales primarias hacen sinapsis en las secundarias, y las secundarias en las de asociación, en una sucesión sistemática de hechos.

En las áreas de asociación confluye información variada procedente de lugares diversos, y se integra, y ahí parece ser que se interpreta la información. Parece ser que uno interpreta (o percibe, dado que no hay percepción hasta que se culmina esta fase de interpretación del proceso) subjetivamente algo cuando se activan precisamente las áreas de asociación.

Parece ser que la mayor parte de la corteza es corteza de asociación. De todos modos, el cerebro funciona como un todo. Aunque la corteza de asociación sea crucial para la efectividad de la subjetividad, todo el cerebro debe funcionar para que sea efectiva (y el corazón debe estar latiendo, la tierra girando alrededor del sol, etc.).

¿Con qué se conecta la corteza de asociación?

Un área de asociación se conecta con diversas zonas del cerebro, pero las conexiones de las áreas de asociación con el hipocampo, la circunvolución que actúa de directora de orquesta para la memoria inmediata, la que fija los datos entrantes nuevos, y con el sistema límbico, un subsistema dentro del cerebro que organiza las emociones y por tanto el pensamiento emocional, se consideran importantes.

Gerhard Roth considera que esta integración de las extensas áreas de asociación con el sistema límbico, el hipocampo, la formación reticular, etc., puede ser un sistema suficientemente complejo como para cruzar el umbral de complejidad que se adivina necesario para la emergencia de propiedades en el sistema.

¿Se debería observar un estado morfofuncional distinto en las neuronas correlativas con la subjetividad y en las que no lo son?

Por lo dicho hasta ahora, hay que suponer que, aunque todas las neuronas hagan aproximadamente lo mismo, posiblemente habrá alguna diferencia clave entre el estado morfofuncional del cerebro durante la subjetividad y el estado del cerebro en ausencia de subjetividad. Ésto significa que en caso de poderse predecir un hipotético correlato neural peculiar para la subjetividad, dicho correlato no sólo debería ser comprobable (se debería poder comprobar que es el que tiene lugar en correlación con la subjetividad), sino también falsable (se debería poder comprobar que no tiene lugar en ausencia de la subjetividad).

El objeto mental

¿Qué es un objeto?

El proceso mental posiblemente consiste en el procesamiento de la información mental. A su vez, se diría que el procesamiento de la información mental consiste en la asociación e integración de objetos mentales abstractos.

Un objeto es lo que un observador determina como objeto (ésto no es tan tautológico como parece, ya que los objetos, que se sepa, no se definen por sí mismos).

¿Qué querría decir que un objeto mental sea elemental?

Supóngase que la mente sea un proceso sistemático consistente en la interacción entre objetos mentales elementales.

Elementales quiere decir irreducibles, al menos, irreducibles a ciertos efectos en una escala dada (y con un error despreciable en la práctica), por ejemplo: dadas las palabras que se tienen en mente, que son objetos mentales abstractos, obsérvese que las palabras son reducibles, por ejemplo, a letras, así que las letras, desde el punto de vista de las palabras, desde la escala de las palabras, serían objetos mentales abstractos elementales, pues es a lo que se reducen las palabras, mientras que las letras, desde el punto de vista (escala) de las palabras, son irreducibles a otra cosa, pues lo que explica la formación de palabras son las interacciones entre letras únicamente.

¿Qué vinculación habría entre el proceso mental y el funcionamiento neural?

El procesamiento de las letras para formar palabras consiste en poner letras juntas y obtener palabras con el cambio de la escala de las letras a la escala de las palabras (al pasarse de redes neurales de menor tamaño que codifican letras a redes neurales de mayor tamaño que codifican palabras, que lógicamente deberían ser de mayor tamaño al ser conjuntos integrados por las anteriores), con la emergencia de estas últimas. De modo que el procesamiento consistiría en asociar e integrar objetos (integración se refiere a un proceso de integraciones y desintegraciones sucesivas), consistiría en la continuación del proceso evolutivo sistemático de la mente.

La mente, en tanto que sistema, consistiría en un conjunto de objetos sometidos a interacción y cambio, sometidos a la tendencia al aumento de la entropía del sistema, y de su complejidad, dicho de otro modo, al aumento de la cantidad de información en el sistema, de ahí que a partir de letras se formen palabras, y a partir de palabras frases, etc.

Desde el punto de vista de los objetos abstractos, como las letras, el procesamiento consiste en asociar e integrar letras para ir obteniendo palabras, y, con la integración posterior de las palabras (y del resto de lo que ocurre en el cerebro), ideas, conceptos, estrategias, suposiciones, creencias, sentimientos, etc.

Desde el punto de vista de las neuronas, la mente consiste, por ejemplo, en un funcionamiento neuronal correlativo con lo abstracto (y entre neuronas) de tal modo que tal cosa como el procesamiento de letras sea posible desde el punto de vista de las letras, que son objetos abstractos. Por tanto, la vinculación entre mente y neuronas categorizadas por separado posiblemente sea la de una correlación también.

¿En qué consiste la asociación de objetos mentales?

Asociar objetos consiste en producir sucesiones sistemáticas de ellos.

Que dichas sucesiones sean sistemáticas (al tratarse de un sistema) implica que habrá reglas, en función de las posibilidades del sistema, de modo que las interacciones entre los objetos mentales serán peculiares, habrá un límite en las maneras en las que puedan producirse, lo cual conllevará, entre otras cosas, la heterogeneidad de la información del sistema frente a los demás sistemas, por ejemplo, un lenguaje con palabras distintas (en referencia a palabras distintas entre sí, y ya no digamos si nos referimos a idiomas diferentes), y conllevará patrones reconocibles y peculiares, por ejemplo, en forma de un significado atribuible a un símbolo o a una palabra dada.

La asociación de ideas como parte del pensamiento parece ser que fue intuida por Aristóteles, que hasta infirió unas leyes para la asociación de ideas: contigüidad, homología, etc.

Al hablarse de sucesiones al hacer referencia a la asociación de datos en la mente ya se sobreentiende que la mente utiliza un estilo de trabajo hasta cierto punto ordenado por necesidad, en determinadas escalas, y con un estilo sistemático (heterogeneidad y patrones) que recuerda al de las sucesiones matemáticas.

¿De qué dependerá la asociación de objetos mentales en lo que al correlato neural se refiere?

En lo que a las neuronas se refiere, la asociación dependerá de algunas cosas, por ejemplo, de la facilitación de una vía neuronal con posibilidades por ello de verse implicada en el procesamiento subsiguiente, es decir, de lo preexcitada que esté dicha vía al llegar un estímulo a ella capaz de excitarla, con lo cual responderá con mayor o menor facilidad, y por tanto participará o no en la sucesión sistemática de transmisión de potenciales de acción en curso en esas vías sinápticas.

Y también dependerá de otros factores; por ejemplo, una vía se excitará antes que otra, aparte de si está más facilitada que otra, también si, para una misma velocidad de conducción, es de longitud más corta; ésto último ocurre por ejemplo en el caso de las moscas, que por sistema salen volando antes de poder atraparlas, al reaccionar antes, gracias, entre otras cosas, a que su vía nerviosa visual es más corta que la del ser humano (y quizá también más precisa, si son ciertas algunas investigaciones recientes).

¿En qué consiste la integración de objetos mentales?

Integrar es sumar, y así resultará posible que unas partes dadas constituyan un todo a ciertos efectos con un error despreciable en determinada escala en la práctica. Por ejemplo, la palabra SOL constituye en la mente de cualquiera un todo al efecto de pensar en el sol, que será por ello considerado un solo objeto a simple vista, y a pesar de ser SOL también un solo objeto pero claramente reducible a tres letras.

Esta reducibilidad de SOL se obvia en la práctica al pensar en el sol (se desprecia el error), y en ningún momento se le pasa a uno por la cabeza que SOL sean 3 letras cuando se trata de pensar en el sol, y en ningún momento se entenderá tampoco que SOL corresponda a 3 soles por ello. Del mismo modo cuando se integra la información mental sobre forma, brillo, color, etc. acerca de una bola de billar durante la percepción de una bola de billar, la bola se considera que es un solo objeto, aunque este objeto mental también sea reducible a partes menores (forma, brillo, color, etc.). Se percibe que la bola es un solo objeto, no varios (objeto forma, objeto brillo, etc.). Por supuesto que ésto parece lo más conveniente desde el punto de vista evolutivo también, de ahí que parezca más probable que percibamos así las cosas, por propia selección natural en este sentido, que lo contrario.

Al mismo tiempo, también es despreciable el error que implica el que SOL no sea el sol, sino su representación abstracta.

¿De qué depende el orden en el sistema nervioso?

La efectividad o detectabilidad de un cierto grado de organización u orden en un sistema está mediatizada por su posibilidad y su probabilidad. En el caso del cerebro parece tener que ver en primer lugar con la capacidad de autoorganización de la vida, posiblemente dependiente en parte de la estructuración en subsistemas de manera jerárquica (en la práctica: a diferentes escalas), de modo que unos subsistemas, por ejemplo, las redes neurales (estructuras morfofuncionales macroscópicas), "encierran" o "sostienen" a otros, por ejemplo, los circuitos neurales (estructuras microscópicas), y hacen más probable lo posible pero improbable, que es que haya orden. Según Bertalanffy, el comportamiento sistemático fomenta el aumento de la probabilidad del orden.

Estas peculiaridades del sistema nervioso (estructuración

jerárquica en subsistemas, asociación e integración funcional de zonas según facilitación previa, etc.) son las que hace difícil equiparar al cerebro con un ordenador, aunque a veces convenga establecer paralelismos.

¿Qué es un sistema?

Un sistema es un conjunto de objetos interaccionando de modo sistemático, de un modo peculiar, distinto al tipo de interacción entre los objetos de otro sistema.

Un sistema puede depender de la escala de medición, usada para su detección, para poder ser categorizado como sistema por sus propiedades. Por ejemplo, en principio parece que la mente subjetiva sólo es categorizable de este modo a escala macroscópica, pues no parece haber subjetividad a escala microscópica, por ejemplo, no parece posible que un sujeto perciba átomos individuales a simple vista.

Bertalanffy, en su *Teoría general de sistemas*, define a un sistema como un "conjunto de elementos en interacción".

Un sistema está formado por ciertos objetos y por las relaciones peculiares entre ellos. Un objeto es lo que un observador determina como objeto. La mente es un sistema también, en el que los que interaccionan son los objetos mentales. Se podría decir, por ejemplo, que la mente es un sistema de establecimiento de categorías en el terreno de la abstracción.

¿Qué es una relación entre objetos?

La palabra relación implica la existencia de una vinculación causal entre los objetos, implica que el principio de causalidad está vigente en ese sistema en ese momento.

¿Qué es una correlación entre objetos?

Cuando en un fenómeno se encuentra una vinculación entre objetos, pero no se encuentra una vinculación causal entre ellos, sino tan sólo dependencia entre ellos, se hablará de correlación, para distinguirlo de una relación causa-efecto.

El encontrar o no vinculación causal en un suceso parece depender también de la escala.

¿Qué es el darwinismo neural?

Diversos investigadores han concebido que la forma de construirse la sintaxis en el cerebro podría estar ocurriendo según un comportamiento de tipo "darwiniano" según su denominación, mediante la competencia entre las neuronas por imponerse al resto. Se lee así en ocasiones la expresión "darwinismo neural", con diversas acepciones y aplicaciones, también aplicado a la formación de la sintaxis, necesaria para un lenguaje complejo. Uno de los primeros en hacer clara referencia al darwinismo neural fue Edelman, que tituló así uno de sus libros: *Neural darwinism* (darwinismo neural, que no neuronal).

¿Significan lo mismo neural y neuronal?

El término neuronal se suele reservar para los modelos neuronales, hechos con un ordenador, utilizados por los investigadores de modelos informáticos de inteligencia artificial, mientras que el término neural, que se refiere a neuronas y glía, suele indicar que se está hablando del cerebro vivo, no de un cerebro artificial. En este ensayo, como no se trata el asunto de la inteligencia artificial, el término neuronal se refiere por regla general a las neuronas del cerebro, como el término neural.

¿Cómo influyen los genes en el darwinismo neural?

Con el darwinismo neural de Edelman se trata de describir la vida de un cerebro a lo largo de su existencia, haciendo referencia al modo en que los genes determinan, mediante lo que se conoce como epigénesis (la epigénesis es la forma en que los genes condicionan el desarrollo de un fenotipo –un fenotipo es lo que se desarrolla utilizando unos genes, tanto en referencia a los rasgos físicos de un animal como a su comportamiento-), por ejemplo, con el darwinismo neural se trata de describir la disposición relativa de las numerosas neuronas de un cerebro en desarrollo embrionario.

Dicha disposición neural primera crecerá y se desarrollará de acuerdo con la información genética, y cambiará además en función de la presión del medio, siguiendo con este darwinismo neural, como si el aspecto cambiante de esta trama inicial basada en los genes incluyese gracias a los genes la posibilidad también de cambiar en función de la presión selectiva del medio. Por ejemplo, si se le ofrecen imágenes estimulantes a un bebé, cambiará su cerebro para irse adaptando a esta información, para obrar en consecuencia; de modo que, por ejemplo, si un bebé no crece en sociedad, no aprenderá a hablar.

¿Qué es la reentrada?

Esta idea del darwinismo neural de Edelman incluye, en el cerebro a pleno rendimiento de su potencial, la organización de la actividad neural en grupos neurales, en redes, que además se conectarán entre sí como un todo (red con red) mediante la actividad sináptica de sus partes (las neuronas) según lo que Edelman ha llamado "reentrada" (*reentry*), es decir, la ida y venida de impulsos bioeléctricos entre redes, modificándose mutuamente unas redes a otras como un todo a ciertos efectos (al efecto de detectar dichos cambios en la escala macroscópica con ciertas técnicas de neuroimagen, por ejemplo), y haciendo posible, entre otras cosas, la experiencia consciente subjetiva, que también es efectiva como un todo.

De modo que la reentrada podría ser una de las piezas clave para la emergencia de la subjetividad.

En esta exposición de la reentrada propuesta por Edelman la reentrada tendría lugar mediante la sincronización de las redes.

La reentrada se considerará en este ensayo una de las piezas necesarias para completar el "puzzle" del correlato de la subjetividad, sin embargo no se considerará a la sincronización la pieza clave que probablemente falta por ser descrita para explicar más a fondo dicho correlato de tal modo que sea inteligible que algo como el yo consciente pueda emerger con efectividad.

¿Es suficiente la representación de objetos en la mente para percibirlos subjetivamente?

Damasio dice en otra parte de su libro, *El error de Descartes*, que una mera representación de objetos en la mente no llega para ser subjetivamente conscientes de dichas imágenes objetivas, sino que hace falta la subjetividad como característica o propiedad clave de la conciencia. Y éso parece cierto: la subjetividad es la propiedad que otorga, precisamente, subjetividad a, por ejemplo, las imágenes procesadas en el cerebro, de modo que para ser subjetivamente consciente de las imágenes, para que uno pueda percibir como sujeto, como ente único e individual, como un yo consciente en la práctica, además de imágenes y conciencia, o imágenes conscientes, hace falta subjetividad, o, dicho en sentido figurado, un sujeto capaz de percibir conscientemente dichas imágenes como si fuese un yo concreto. Para que haya subjetividad hace falta subjetividad.

¿Qué es un percepto?

Dos objetos mentales sucesivos percibidos como distintos define lo que un percepto es: cada uno de esos dos objetos.

Algunos investigadores cifran en 12,5 ms el tiempo mínimo necesario para que un percepto sea efectivo, al ser el tiempo que han encontrado que es necesario para poder distinguir dos perceptos.

¿Cómo se procesan los objetos mentales?

Quizá Epicuro entrevió que los objetos mentales poseían carácter representativo de la realidad, e isomórfico, pues decía algo así como que al percibir las formas algo de los objetos penetra en uno.

En este ensayo se está considerando que los objetos mentales son los elementos con los que opera sistemáticamente la mente como sistema dinámico, y que dichos objetos son abstractos, dado que una idea mental sobre una manzana (un objeto mental) no es una manzana, sino su abstracción, o trasunto, o representación en la mente mediante su codificación, simbolización, etc.

La mente, como sistema dinámico, implica la interacción

sistemática entre los objetos mentales, que consiste en su procesamiento a lo largo del tiempo. Dicha interacción sistemática depende de lo que las neuronas hagan, así que el procesamiento de objetos mentales depende de hecho de cómo procesen las neuronas dicha información abstracta.

¿Son concretos los objetos mentales?

La mente es un proceso, un cambio continuo, por lo que ningún objeto mental llega a quedar en ningún momento aprehendido como objeto concreto de manera estable en lugar alguno del cerebro (todo objeto está "reformándose" antes de llegar a estar "formado" del todo, al estar las neuronas alterando su carga continuamente), así que un objeto consiste estrictamente en el movimiento de sus partes: aunque la imagen de una manzana que uno percibe parezca estable y totalmente formada a escala macroscópica (por ejemplo, porque la manzana que estamos mirando está quieta sobre una mesa), se está "moviendo" en el cerebro sin cesar, no queda fijada en el cerebro en modo alguno en ningún momento, como sí puede quedar quieto un fotograma con la fotografía de esa manzana que se pueda dejar sobre la mesa de un montador cinematográfico.

Wittgenstein dijo que uno no puede representarse ningún objeto fuera de la posibilidad de su vinculación con otros.

Wittgenstein también dijo que los objetos se imbrican unos con otros como los elementos de una cadena (entrelazándose).

¿Cómo se forman los objetos mentales?

Changeaux se preguntó (en su libro: *El hombre neuronal*) de qué modo, cómo, las neuronas construyen los objetos mentales a partir de los elementos de cada nivel.

De la escala neuronal se ha de pasar a la escala de circuitos, y de ahí a la de redes, donde deberían asentar necesariamente los objetos que se toman por macroscópicos (durante la percepción subjetiva, por ejemplo).

La información cambia también durante la percepción subjetiva, el "contenido" de la percepción, pero la escala efectiva parece la misma todo el rato: la macroscópica confinada.

A simple vista no puede uno darse cuenta de que los objetos que se detectan como objetos, las palabras, las letras, etc., no son objetos concretos, sino abstracciones de objetos, u objetos abstractos, y no puede uno evitar percibirlos como si fuesen objetos concretos, debido en parte al confinamiento en la escala macroscópica.

Para Changeaux, el proceso neural en correlación con la efectividad de la objetividad de los objetos mentales, lo que el denomina "... la formación del percepto primario... (tendría que ver con)... la entrada en actividad simultánea (integración mediante sincronización, según Changeaux), por estas vías múltiples paralelas, de representaciones primarias y secundarias del córtex... en interacciones recíprocas... (que) aseguran la globalidad del percepto".

Esta idea de la actividad simultánea recíproca es, como se puede ver, un asunto tópico en lo que a la neurona se refiere, es una de las ideas más repetidas, el que las neuronas han de integrarse en todos (redes) que a su vez interaccionen recíprocamente (por ejemplo, mediante la reentrada de Edelman y Tononi) para constituir todos en niveles (escalas) mayores con el paso del tiempo (a lo largo del proceso), y que finalmente emerja la subjetividad.

La idea es lógica, y clara. La cuestión es cómo se produce

esto (cómo, no por qué), cómo interaccionarían entre sí las redes durante la emergencia de la subjetividad.

Changeaux, como otros investigadores, opina que mediante sincronización, pero parece ilógico, porque la sincronización lleva a la homogeneidad, mientras que la percepción se ocupa de la heterogeneidad, y una heterogeneidad cambiante, además.

Changeaux afirma ignorar el mecanismo de formación de los objetos mentales, pero cita como sospechoso al "circuito reverberante", el que va de A a B y de B a A de vuelta (siendo estrictos con los términos no se trataría de un fenómeno de reverberación, que es otra cosa, sino de retroactividad, o reciprocidad... o incluso reentrada, si se quiere). Implica también como sospechosos no sólo a las conexiones intracorticales, sino también a las corticotalámicas, de las que se sabe que incluyen conexiones recíprocas, de ida y vuelta: unos grupos neuronales controlan a otros, y los otros a los unos.

¿Qué es un grafo?

Changeaux dice que el objeto mental se identifica con el estado físico producido por la entrada en actividad correlativa transitoria de una amplia población (o conjunto, según la terminología usada por Hebb) de neuronas distribuidas en varias áreas corticales definidas.

Este conjunto se describe matemáticamente con un grafo, y es discriminado, cerrado y autónomo, pero no es homogéneo.

Por partes: en primer lugar Changeaux habla de actividad neuronal correlativa, que es el modo en el que se está tratando aquí también a la vinculación entre neuronas en actividad en el cerebro, como una correlación, una relación de dependencia, ya que, por ejemplo, en un circuito neuronal, A-B-C, A se relaciona (causa-efecto) con B, pero con C se correlaciona, y en el cerebro hay tantas neuronas y circuitos que las vinculaciones son de correlación a la fuerza en su conjunto, aunque localmente, a pequeña escala, se pueda hablar de relaciones o vinculaciones causales también.

Dicha correlación se tilda además de transitoria, concepto que conviene recordar al hablar del cerebro: el cerebro es un proceso, de modo que todo es transitorio, todo tiene razón de ser en el cambio.

Changeaux hace referencia a la descripción de la correlación, o interacciones, entre neuronas, como un grafo.

Parece ser que un grafo es un concepto matemático, que se usa también en computación (y el cerebro puede ser visto como un sistema de computación en parte), que consiste en un conjunto de objetos, nodos (o vértices), conectados por líneas, aristas (o arcos), con una dirección determinada.

Un grafo es una forma de intuir el aspecto morfofuncional del cerebro. El cerebro como grafo debe satisfacer la necesidad de comportarse de modo que encuentre ese equilibrio entre orden y desorden que se da en la mente.

El concepto de grafo empieza a tener incluso algún enfoque clínico; véase por ejemplo: *Ching S et al. Graph theory findings in the pathophysiology of temporal lobe epilepsy. Clinical Neurophysiology 2014; 125: 1295-1305.* O véase también: *Pastor J et al. Conectividad funcional y redes complejas en el estudio de la epilepsia focal. Implicaciones y fisiopatología. Revista de Neurología 2014; 58: 411-19.*

¿Qué son los *networks*?

Los grafos conocidos como *networks* son de varios tipos. En unos, las aristas son locales, de una neurona a la contigua, y en su evolución se genera orden. En otros, las neuronas se conectan sólo con neuronas alejadas, y en su evolución sistemática se genera desorden. En un tercer tipo se mezclan ambos, son los *small world networks*, que combinan conexiones locales con conexiones a distancia, que es lo que posiblemente ocurre entre las neuronas del cerebro, y que precisamente es el tipo de estructura que en su evolución genera orden y desorden a la vez.

El propio Changeaux afirma: "Una de las características del grafo neurónico del objeto mental es tener una organización a la vez localizada y deslocalizada" (en palabras de Atlan, de 1.979: "...entre el cristal/orden y el humo/caos...").

¿Es el cerebro algo así como un grafo?

Para Changeaux, el cerebro como grafo es discriminado (recortado en el espaciotiempo, definido), cerrado (el cerebro, a determinada escala, y por su autoorganización, se comporta como un sistema cerrado a ciertos efectos, como al efecto de la efectividad de la subjetividad), autónomo (idea que redunda otra vez en la de la autoorganización como base del funcionamiento de los sistemas vivos en general y del cerebro en particular), pero no homogéneo (es lógico, sin heterogeneidad no habría información suficientemente compleja como para que la mente pudiera volverse subjetiva, pues la emergencia, de la subjetividad en este caso, requiere un mínimo de complejidad).

De modo que lo que Changeaux ha intuido sobre la mente parece compatible con lo defendido en este ensayo, salvo por el detalle de la sincronización, que parece hacer difícil la inhomogeneidad necesaria para explicar la subjetividad.

¿Puede una neurona formar parte de más de un grafo?

Changeaux cita a Edelman (1.978) cuando transcribe lo siguiente: "Ésto significa que una misma neurona puede formar parte de diversos grafos de objetos mentales diferentes". Tanto Edelman como Changeaux están de acuerdo en intuir que el dinamismo del cerebro es tal que ciertas neuronas probablemente serán capaces de, dicho con otras palabras, pertenecer a más de una red neural diferente a lo largo del dinámico proceso de los sucesivos cambios del estado morfofuncional del cerebro por el que se forman y deshacen redes sucesivas.

Esta idea supone en la práctica otro nuevo aumento de la versatilidad informática del cerebro que añadir a lo que ya se ha ido diciendo hasta ahora, y es una idea tan lógica que la han inferido más autores de manera independiente (y a mí se me había ocurrido también), como se irá viendo.

¿Qué es un mapa neural?

El isomorfismo parece necesario para que haya conciencia. Changeaux dice que la semejanza entre la forma del objeto mental y el objeto representado debe basarse en que el grafo neuronal que va a constituir un objeto mental isomórfico dado proceda de un mapa neural.

El concepto de mapa neural es interesante: la información sensorial es distribuida por el cerebro como si de una cartografía se tratara, de modo ordenado espacialmente (aparte de temporalmente). Según la ubicación sensorial de la que proceda la información sensorial, se le da una ubicación espacial dada en el cerebro.

Hay una organización espacial porque, aunque los axones

van de un sitio a otro, cada axón no se mueve del lugar que ocupa mientras conduce impulsos, su posición es relativamente estable, y los axones contiguos tienden a ir y venir todos del mismo sitio, dando lugar a nervios y haces. Por ejemplo: la información sensorial sobre el tacto del cuerpo se va repartiendo por la corteza sensorial primaria en el cerebro según va llegando, por orden, de modo que en la corteza literalmente se dibuja un hombre punto por punto, con los pies en un extremo, la cabeza en el otro extremo y el resto del cuerpo en medio (el conocido homúnculo de Penfield).

¿Puede haber percepción subjetiva sin objeto mental?

Changeaux también denomina objetivo a lo subjetivo. Aunque lo subjetivo tenga un carácter subjetivo por ser inaccesible para terceros (según la definición convencional de la subjetividad, que no es la preferida en este ensayo, como ya se ha visto), no por ello deja de ser información objetiva.

Changeaux habla de la aparición de propiedades nuevas conforme se pasa de un nivel de organización a otro en el cerebro, que es una de las ideas centrales del emergentismo. Changeaux demuestra así que, aunque no lo expresa directamente, posiblemente también intuya de algún modo que es el cambio de escala, como se denomina en este ensayo, lo que tiene que ver con la emergencia de la subjetividad, por ejemplo.

En cuanto a Epicuro y su frase: "El alma no piensa jamás sin imágenes", podría reconvertirse simplemente en: la mente piensa en imágenes. Y podría reenunciarse otra vez como: la mente piensa si piensa en algo, sino, no piensa, o también: no hay sujeto sin objeto, y también: no hay conciencia sin mente, así como no hay subjetividad sin mente, ni mente sin conciencia, ni subjetividad sin conciencia.

Esta frase de Epicuro tal vez haya inspirado a Hegel, que identificó sujeto con objeto, que quizá fue lo que llevó a Schrödinger a concluir que sujeto y objeto son una sola cosa, y si sujeto y objeto (mental) son una sola cosa, el sujeto no es un ente concreto, y por tanto las referencias a la concreción del sujeto, del yo, que se llevan a cabo en este ensayo, se hacen en sentido figurado.

David Bohm escribió que las personas piensan a base de imágenes.

La intuitiva frase de Epicuro es casi axiomática todavía en la actualidad, parece difícil refutarla en su idea fundamental: para ser conscientes, hay que ser conscientes de algo.

Locke decía al respecto que nada hay en el entendimiento que no haya estado antes en los sentidos.

Lustros de investigaciones sobre el cerebro, como las llevadas a cabo por Zeki, no hacen otra cosa que corroborar poco a poco este "corolario" fundamental, mediante comprobaciones de laboratorio, "corolario" que, por tanto, podría ser correcto.

¿Es el yo consciente un objeto consciente?

La información transmitida en las sinapsis da cuenta de la realidad, de un modo consciente, y con significado. Dicha información abstracta, representativa de la realidad, son los objetos mentales, y dado que sirven para integrar comportamientos congruentes a escala con la realidad, y de modo compatible con la realidad (coherentes en el sistema a la vez que con la realidad, es decir, verdaderos al mismo tiempo que la realidad es verdadera a ciertos efectos en determinada escala, y con un error despreciable en la práctica –por ejemplo, una cebra piensa en huir de un león a la vez que un león se acerca para comérsela-), dichos objetos mentales dan cuenta de la realidad, y al ser efectivos como si no fuesen idénticos a su sustrato (se percibe un león, no a unas neuronas percibiendo un león) se puede considerar que son información consciente, objetos reales conscientes, o visto desde otro punto de vista, objetos conscientes de la realidad, y en algunos casos, cuando el objeto es subjetivo, sujetos conscientes de la realidad, un yo consciente.

Cerebro, caos y entropía.

¿Cómo puede haber orden en la mente si el cerebro es un sistema caótico?

En el cerebro un área neural determinada no se dedica a cualquier cosa, sino a ciertas funciones determinadas. Dicho reparto de funciones viene en parte de fábrica, al estar impreso en los genes. Por ejemplo, no hay que aprender a mamar, se nace con dicha función supuestamente impresa en los genes. Ha de haber unos genes que den forma a ciertas áreas neurales para nacer sabiendo mamar, pues no es preciso aprenderlo, o apenas. En cambio, otras funciones neurales deben desarrollarse durante la vida, deben aprenderse, lo cual da una idea de la versatilidad de las redes neurales, en parte "rígidas" (otra forma de notarse el orden) y en parte "flexibles" (otra forma de notarse el desorden inherente al sistema nervioso).

No hay que olvidar que en el cerebro hay, dicho en sentido figurado, una "pugna" entre orden y desorden.

Al ser un sistema suficientemente complejo es posible que presente lo que Bonev denomina "intermitencia", en su artículo *Teoría del caos*, lo cual quiere decir que del caos puede surgir el orden y del orden el caos, sucesivamente, incluyendo una alternancia entre irregularidad y periodicidad también.

Parece ser que el cerebro es un sistema caótico pero con tendencia a la estabilidad (aunque se desconoce qué ejercería el papel de atractor extraño en el caso de la mente, o si tal cosa tiene sentido; un atractor es el todo, o el conjunto, hacia el que un sistema tiende a evolucionar al cabo del tiempo, y un atractor extraño es un atractor que resulta impredecible y por tanto propio de sistemas especialmente complejos, y se caracteriza por presentar estructura en todas las escalas).

Los sistemas caóticos se denominan no lineales, y los no caóticos, o deterministas, lineales. De modo que el cerebro es un sistema no lineal.

Hay un trabajo (*Coherencia global inducida por ruido o diversidad en sistemas excitables*, llevado a cabo por *Tessone C. J., Sciré A., Toral R. y Colet P.*) según el cual en sistemas excitables (como el neuronal), tomados como "rotores activos globalmente acoplados", un aumento del desorden a escala microscópica puede tener como resultado a escala macroscópica un mayor orden. Dicho aumento del desorden podría deberse a un aumento del ruido, a la diversidad en las frecuencias naturales, o a una disminución del acoplamiento entre los osciladores implicados, que tanto tienden a sincronizarse, a desincronizarse, como a fluctuar entre ambos estados alrededor de un punto fijo.

¿Cómo se equilibra el orden con el desorden en el cerebro para que la mente sea eficaz?

La versatilidad neuronal a la que se ha hecho mención, y su capacidad de adaptación a una presión ambiental cambiante, se debe a las propiedades de las neuronas, siendo una propiedad importante la plasticidad neuronal. Aunque las neuronas no se reproduzcan en un adulto (como sí lo hacen, por ejemplo, las células de la piel), sí que sus conexiones con otras neuronas "nacen, crecen y mueren" continuamente, éste es el "truco", de tal modo que, aunque, por ejemplo, la personalidad no se pierda del todo, se pueda seguir aprendiendo. Las neuronas permanecen en lo posible constantes hasta cierto punto, con cierto nivel de estabilidad, de modo que la mente es un sistema caótico, pero no inestable, sino con tendencia a la estabilidad, a ciertos efectos en determinada escala al menos.

Las conexiones, la interacción entre neuronas, poseen un margen de cambio, con un error despreciable en lo que se refiere al mantenimiento de, por ejemplo, la personalidad intacta con el paso de los años: cada uno es siempre la misma persona de un día para otro (o éso cree uno), y al mismo tiempo el margen de cambio en la mente es suficiente para poder adaptarse como individuo al cambiante entorno con eficacia, por ejemplo, para aprender.

¿Tienen algo que ver la termodinámica y el cerebro?

El aumento de la entropía con el tiempo es el enunciado del segundo principio de la termodinámica. La entropía es la medida del desorden de un sistema. El primer principio de la termodinámica dice que la energía no se crea ni se destruye, sino que sólo se transforma, y también establece la equivalencia entre trabajo y calor. El primer principio fue intuido por Mayer en 1.840 y enunciado en 1.845.

Energía viene del griego, de la palabra *ergon,* que significa acción. El concepto de energía fue introducido por Young en 1.807.

El primer principio establece que la energía en el universo permanece constante, pero no dice cómo evoluciona en el tiempo; de éso se encarga el segundo principio, que dice que la entropía aumenta con el tiempo.

El segundo principio se gestó en 1.824 en los trabajos de Carnot, que luego fueron difundidos por Clapeyron y Clausius.

Clausius aclaró que el calor no pasa espontáneamente de un

cuerpo frío a un cuerpo caliente.

El primer principio es un principio de conservación de la energía, y el segundo principio es un principio de evolución, y ambos han sido comprobados sobradamente. Según este segundo principio, los procesos sistemáticos son irreversibles: una vez que un sistema cambia con el tiempo no puede volver al estado inicial, y el nuevo estado está desordenado en comparación con el estado anterior, así que el desorden, la entropía, aumenta con el tiempo de modo inevitable.

Esta irreversibilidad implica que no se puede ir marcha atrás en el tiempo de manera sistemática: un sistema no se reordena, recuperando su estado anterior (es más, aunque recuperase un estado similar al anterior, no sería el estado anterior, sólo lo parecería; por ejemplo, si tiramos sin querer un jarrón al suelo y volvemos a colocarlo en el mismo sitio, ya no sería el mismo sitio, pues, por ejemplo, el planeta tierra ya no estaría en el mismo sitio).

La entropía aumenta en el universo, que se desordena sin cesar. El cerebro es parte del universo; si se idealiza al cerebro, categorizándolo como sistema termodinámico dentro del universo, en el cerebro se cumple lo mismo que en el resto del universo: es un sistema en el que lo que ocurre es que la entropía aumenta con el tiempo.

¿Es el cerebro un sistema autoorganizado?

El cerebro se autoorganiza, es decir, funciona como si su dinamismo dependiese de su propia energía, como si fuese un sistema termodinámico cerrado en la práctica en determinada escala con un error despreciable. Es un sistema vivo, por tanto autoorganizado, de modo que localmente parece reducirse la entropía (neguentropía) en determinada escala, pues aumenta el orden a ciertos efectos, por ejemplo, se edifica la estructura morfofuncional del cerebro de modo organizado a escala neuronal, a escala de red, etc. (recuérdese, por ejemplo, la somatotopía).

Pero en todo momento en que la autoorganización ocurre el cerebro irradia calor, no es un sistema cerrado a todos los efectos, por lo que en el cómputo global, a pesar de esa autoorganización aparente, efectiva a ciertos efectos con un error despreciable en la práctica (por ejemplo al efecto de que tenga lugar la somatotopía), dicha irradiación de calor, fruto, por ejemplo, de la oxidación de la glucosa en las neuronas, supone que la entropía aumenta de hecho, aunque nos parezca lo contrario, aunque nos parezca que no es un sistema abierto, a ciertos efectos en determinada escala y con un error despreciable en la práctica (por ejemplo, al efecto de que intuitivamente nos parezca que el solipsismo podría tener sentido).

Lo que pasa es que la continua entrada de glucosa en el cerebro y la alta tasa de oxidación garantizan que la producción y la pérdida de calor se compensen, dando la impresión de haber autoorganización a ciertos efectos, por ejemplo, al efecto de lograrse un isomorfismo en la representación mental de la realidad.

¿Cómo es que hay orden en el cerebro, si su entropía aumenta?

Clausius acuñó el término entropía en 1.854, con el significado del contenido de transformación de un cuerpo.

Según el segundo principio de la termodinámica, para todo sistema cerrado (y el cerebro puede ser tomado como sistema cerrado a ciertos efectos con un error despreciable en la práctica, a escala macroscópica confinada, es decir, a simple vista) la entropía no aumenta si la transformación del sistema es reversible, de lo contrario, aumenta en busca del equilibrio.

En el cerebro, la entropía aumenta, pero a escala macroscópica confinada no se percibe del todo, por ejemplo, el yo consciente persiste efectivamente en forma de yo consciente mientras esté teniendo lugar la percepción subjetiva, de modo que la experiencia consciente transcurre con cambio, pero como si la entropía aparentemente no aumentase a efectos de la subjetividad, como si la mente fuese un sistema cerrado a ciertos efectos, por ejemplo, al efecto de la percepción subjetiva, de la efectividad del yo consciente, lo cual hace posible la percepción consciente a escala macroscópica confinada, pues hace posible que el cambio (entropía-desorden), sea efectivo a gran escala como información-orden, con lo cual, el aumento del desorden es efectivo como aumento de orden, como organización, como aumento de la información (abstracta) en el sistema, como mente.

La información es la inversa de la entropía, la entropía es la medida del aumento del desorden, y la información la medida del aumento del orden.

Mediante el cambio de escala es posible la percepción subjetiva a escala macroscópica de manera continua, sin que a escala macroscópica confinada cambie el carácter subjetivo de la percepción subjetiva a pesar del cambio en el contenido de la mente durante el proceso mental subjetivo.

¿Cómo afecta la flecha temporal al cerebro?

Esta descripción "termodinámica" del cerebro es posible porque el cerebro está sometido a la vinculante flecha temporal que se tiene en cuenta tomando sistemas grandes (grandes conjuntos de interacciones), que en conjunto, como un todo, se caracterizan por evolucionar invariablemente del pasado al futuro, hacia el aumento del desorden.

Supóngase (en sentido figurado) que el universo fuera una sopa de letras (partículas elementales en la "sopa" del vacío). En tal caso la expansión del universo y el movimiento sistemático de las partículas (de acuerdo con las fuerzas electromagnética, gravitatoria, nuclear fuerte y nuclear débil) conllevaría que en la sopa de letras se fueran formando grupos desordenados de letras al remover con la cuchara en la sopa. Las palabras parecen a simple vista orden que surge en el seno del desorden (parecen tener sentido, y de hecho lo tienen a ciertos efectos en la práctica y con un error despreciable en determinada escala), pero es un orden aparente, porque curiosamente las palabras se forman al desordenar las letras, no al ordenarlas. Algunos grupos de letras serán palabras que a un observador de grupos de letras le parecerán orden dentro del desorden, al tener la forma ordenada esperada: de palabras. Pero dichas palabras serán en el fondo otro modo de desordenarse las letras en la sopa de letras.

Los sistemas autoorganizados, como los sistemas vivos (sistemas que aparentan ser cerrados a ciertos efectos) pueden provocar un aumento local de la tasa de formación de palabras en la sopa de letras (en sentido figurado). Pero en ningún plato de sopa deja de aumentar la entropía, aunque parezca un sistema cerrado, ya que, por ejemplo, todo plato de sopa humea, todo plato se enfría, todo plato irradia calor al resto del universo.

El cerebro también es un sistema local, es otro plato de sopa de letras (en sentido figurado). Y el cerebro irradia calor todo el rato, oxida la glucosa que toma del exterior para formar palabras e irradiar calor.

El cerebro estrictamente no es un sistema cerrado (sólo lo parece a ciertos efectos), y estrictamente la entropía aumenta con el tiempo en todas partes, en el cerebro, también.

Para que un sistema quebrantase la segunda ley, todas las letras del plato tendrían que hacer algo así como formar palabras del diccionario, algo imposible, al ser la flecha temporal vinculante. En todo caso habrá letras que no formen palabras conocidas, es decir, en todo caso habrá irradiación de calor al medio.

Los sistemas vivos consiguen generar mucho orden local, más palabras de lo esperado en la sopa de letras, por su peculiar forma de evolucionar sistemáticamente (por ejemplo, por su autoorganización en niveles, molecular, celular, etc.; por intervención de la conveniencia evolutiva, etc.), de modo neguentrópico. La existencia de catalizadores bioquímicos (enzimas) tiene que ver también con esta peculiaridad. Pero todo ello sigue siendo desorden, no obstante.

¿Cómo se interpretó a escala microscópica el aumento de entropía?

Boltzmann, en 1.877, dio la interpretación microscópica del aumento de entropía, explicando que el aumento de entropía en un sistema, y la irreversibilidad de su evolución, consistía en una evolución desde un estado más ordenado a uno menos ordenado de las partículas del sistema. Para esta explicación necesitó inventar el concepto de entropía estadística, de modo que en vez de recurrir al concepto del calor del sistema, recurrió a hablar de los microestados del sistema, del estado o probabilidad de la ubicación espaciotemporal de cada elemento del sistema.

¿Cuáles serían los microestados del cerebro como sistema?

El cerebro también está formado por un elevado número de elementos, las neuronas (que son elementales y fundamentales desde un punto de vista macroscópico, dentro de un margen de error aceptable a ciertos efectos) y sus estados: potencial de reposo-potencial de acción, carga-descarga (hasta cierto punto, recuerda a un sistema digital de ceros y unos).

El estado de una neurona en la práctica es un continuo entre la carga y la descarga en determinada escala, pero al existir la sinapsis es posible la discontinuidad también en la práctica a ciertos efectos, como intuyó Ramón y Cajal, por ejemplo, es posible establecer una dicotomía entre carga y descarga, y algo así como una "digitalización" de la transmisión de la información a través de las sinapsis, de modo que los microestados del cerebro son los microestados de las sinapsis, las cuales, o están transmitiendo, lo que serían unos, o no están transmitiendo los unos, es decir, verificándose ceros.

La transmisión en este sentido es "cuántica", por decirlo de algún modo, pues se cuantifican algo así como ceros y unos.

Además, los dos estados de las sinapsis, al ser posibles, dependen también de una probabilidad, es decir, de la detectabilidad determinable con algún parámetro en una ubicación precisa de la dimensión espaciotemporal, dependen de la comprobación del estado posible.

En 1.877 Boltzmann definió la entropía como el número de estados microscópicos distintos en los que pueden hallarse las partículas de un trozo de materia de manera que siga pareciendo el mismo trozo desde un punto de vista macroscópico. Extrapolando esta descripción al cerebro, pues resulta que el cerebro, que es un objeto macroscópico, también cambia de estado, al cambiar de estado sus elementos constituyentes, las neuronas, por ejemplo, que son objetos microscópicos. Aunque el cerebro cambie de estado en la escala microscópica, en la escala macroscópica sigue siendo el mismo cerebro a ciertos efectos (por ejemplo, al efecto de la estabilidad del yo, por ejemplo, al efecto de la estabilidad de su continuidad dentro de un margen de error aceptable en la práctica, es decir, de manera convincente en su ilusoria apariencia en la práctica), lo cual se refleja, por ejemplo, en que de un momento a otro, en la práctica, la experiencia consciente subjetiva, que es macroscópica y confinada, no cambia, sigue siendo subjetiva, sigue siendo un mismo yo el que (en sentido figurado, aunque sea así como uno lo percibe ilusoriamente) ejerce de "espectador" de una realidad cambiante ante sí, y ésto es así aunque el cambio de estado sea apreciable también a escala macroscópica, pues el contenido mental de la subjetividad va cambiando sobre la marcha, como al ir leyendo estas palabras. La consecuencia, en la práctica, es que el sujeto cree ser todo el rato el mismo espectador macroscópico, y único e individual, de una realidad cambiante.

El sujeto cree ilusoriamente que es la realidad la que cambia ante él, no él con la realidad tal como la mente la va representando. El cerebro no cambia tanto a escala microscópica como para que se note a escala macroscópica que el sujeto no es algo concreto, sino el mismo proceso de cambio observado desde otro punto de vista con menos resolución (el punto de vista macroscópico confinado, evidentemente). El hecho es que el sujeto sí cambia con la realidad, y por tanto la concreción del yo, y por ello la propia esencia de nuestro ser, no sería más que otra convincente ilusión.

¿Cómo se autoorganiza el cerebro?

En el cerebro en particular, y en los sistemas vivos en general, el orden emerge en la escala microscópica (escala celular) y también en la escala macroscópica (la escala del espécimen pluricelular de gran tamaño).

A finales del siglo 20 se demostró que era posible, localmente, pasar de un estado menos ordenado a uno más ordenado sin contradecir el segundo principio. La aportación de Prigogine fue fundamental para entender la posibilidad de esta situación característica de los seres vivos en particular, seres caracterizados por esta capacidad para la autoorganización.

Para entender tanto orden local, como el de la mente, por ejemplo, no bastaba con entender que a pesar del ordenamiento local el desdorden general seguía aumentando. Para entender estos fenómenos se requería, según Prigogine, que localmente aumentase la entropía, justo alrededor del foco que se ordenaba, más que el aumento de entropía media del entorno.

Este requisito parece que se cumpliría en el caso del cerebro, dada la gran tasa de irradiación de calor. Al enfriarse a tanta velocidad se justificaría su gran orden local. El continuo aporte de glucosa y su gran tasa de oxidación (que produce calor) permite que el cerebro durante un tiempo (una vida, por ejemplo) mantenga su temperatura constante, y suficiente para la vida, al lograrse temporalmente un equilibrio entre lo que se enfría y lo que se calienta, entre el calor que genera y el que pierde.

El mecanismo molecular para lograr este equilibrio es complejo, y relativamente costoso (se necesitan muchas kilocalorías al día para sostener esta situación; el 25% de la energía del cuerpo es consumida por el cerebro, que supone el 2% del peso del cuerpo en comparación) y se acopla a diversas escalas (lo cual constituye una termodinámica no lineal).

Un sistema en equilibrio tiene menos posibilidades para generar tanto orden, orden que ocurre preferentemente en sistemas alejados del equilibrio, que permiten impulsar una evolución constructiva del sistema.

¿Cómo se obtiene la información?

La información es una medida del desorden, es la inversa del desorden, según definición de Shannon.

Para determinar la inversa del desorden parece ser que es preciso un observador que haga la operación, que mida el desorden.

En el caso de la subjetividad, el observador es la propia observación, dado que sujeto y objeto mental probablemente son una sola cosa.

La información aparece cuando los elementos de un sistema se ordenan, lo cual ocurre cuando la entropía permanece constante o disminuye, para lo que se requiere la presencia de un observador, de algo que interaccione con el sistema actuando como observador del sistema.

Una interacción es una medición, un cambio transmitido de un objeto a otro; si el objeto A interacciona con el objeto B, el cambio en B es una medida de A; lo que pasa es que al medir a B también se cambia a B, por lo que la medida que se obtiene de B ya no es lo que B es, sino lo que era.

¿Es la mente un ente material o inmaterial?

El cerebro, definido como sistema con entropía, encaja dentro de la descripción de Boltzmann de la entropía. A pesar de los cambios microscópicos en el cerebro, la subjetividad sigue siendo una experiencia macroscópica, única, individual y confinada de manera estable a lo largo del proceso. Por tanto, si la mente, lo que el cerebro hace con la información abstracta, no fuese un proceso físico sistemático, por ejemplo, materia, energía e información, difícilmente sería posible definir la subjetividad de este modo.

¿Qué es el orden?

De acuerdo con la definición de Shannon y Weaver, de 1.949, en su libro *The mathematical theory of communication*, la información es una interacción entre objetos y un cambio de sus estados, que implica una comunicación de dicha información; y la información es la medida de la inversa de la entropía en el sistema constituido por objetos e interacciones.

La inversa de una magnitud es otra magnitud... pero inversa, lo cual supone, desde un punto de vista intuitivo, cambiar el punto de vista. Por ejemplo, si se toma un círculo, el radio es una línea recta entre el centro y la circunferencia. Pues bien, la inversa del radio, que es una magnitud dada, curiosamente es la medida de la curvatura de la circunferencia en el punto en el que el radio toca a la circunferencia, que no es más que otra magnitud dada alcanzada por otro parámetro. Dado el radio r, la curvatura de la circunferencia, c, no sólo es proporcional al radio (a más radio, menos curvada será la circunferencia, y viceversa) sino que su relación es $c = 1/r$ que es exactamente la inversa del radio.

Con la entropía y la información ocurre algo parecido, la información es la inversa de la entropía. Si la entropía es la medida del desorden de un sistema, la información es la medida del orden del mismo sistema desde el punto de vista de un observador. Por tanto, la información, el orden, no deja de ser más que otra forma de desordenarse el sistema, con apariencia de orden desde cierto punto de vista, y desde ese punto de vista parecerá orden (mente, por ejemplo) porque se habrá consumido energía para que parezca que se ha ordenado (se ordena al observarlo porque para el proceso de observación se invierte energía, por ejemplo, glucosa, en el caso del cerebro).

¿Es la mente un sistema cerrado?

El sistema mente (el conjunto de los objetos mentales y sus interacciones) no es cerrado, sólo lo parece a ciertos efectos con un error despreciable en la práctica, pues es parte del cerebro, que no es un sistema cerrado a todos los efectos.

¿Cómo surge el orden en el cerebro?

El orden aparece en el cerebro, por ejemplo, cuando desde cierto punto de vista se mide el sistema como si fuera cerrado, despreciando la energía que pierde el sistema (el calor irradiado por el cerebro, calor que no es computado por las neuronas mientras piensan), y considerando que las interacciones entre los elementos del sistema son categorizables como formas emergentes en el sistema, es decir, información (o adopción de una forma por un sistema dinámico durante su evolución).

Si el universo fuera una sopa de letras, las formas serían las palabras que se formaran al desordenarse el sistema, y que por su aspecto regular le parece orden a un observador capaz de darle importancia a dicha información en forma de palabras, por ejemplo, al creer que entiende su significado, lo cual es posible para el observador por el hecho de moverse en ciertas escalas que hacen posible la percepción de la efectividad de las palabras como formas ordenadas y con significado (además, como la selección natural se ha "encargado" de que haya congruencia entre las palabras de la sopa de letras que en sentido figurado es el cerebro, y las palabras de la sopa de letras que es el mundo, esta ilusión de acuerdo con la cual el sujeto cree que entiende lo que observa se completa, pues para un observador, por conveniencia evolutiva, no hay duda de que un tigre es un depredador peligroso, por ejemplo, cuando no es más que un montón de partículas elementales sometidas al aumento de entropía, como parte de un universo en expansión que se enfría y poco más, independientemente de lo que transitoria e intrascendentemente parezca que el tigre está haciendo a escala macroscópica).

Cuanto más neguentrópico el sistema (cuanto más alejado del equilibrio), más neguentrópico será y más palabras se formarán, y si es más neguentrópico todavía, si irradia más calor, las palabras incluso formarán conceptos con sentido, frases, y así sucesivamente hasta llegar a un equilibrio.

El equilibrio se alcanzaría cuando las letras estén tan separadas como para no poderse formar más palabras en el futuro desde el punto de vista de cualquier observador, que en el caso del cerebro humano equivaldría, por ejemplo, a la extinción de la especie humana.

¿Influye la escala a la hora de surgir el orden en un sistema?

Las microscópicas gotas de una nube pueden adoptar determinadas formas emergentes a escala macroscópica, al interaccionar entre sí, es decir al cambiar sus posiciones relativas en el seno de la nube, forma de osezno, de oveja, de ferrocarril, incluso de nube, etc. Las microgotas de una nube no son partículas elementales, electrones, neutrinos, quarks, y sus respectivos bosones, y sin embargo las microgotas pueden comportarse como si fuesen los elementos fundamentales de la forma de osezno u oveja de la nube desde el punto de vista de un observador a simple vista, pues desde esta escala macroscópica los oseznos se reducen a microgotas de hecho en la práctica con un error despreciable.

De manera análoga, las microscópicas neuronas, que tampoco son partículas subatómicas elementales, a partir de sus interacciones, a partir de la forma del caleidoscópico dibujo tejido en las sinapsis en función de si están en reposo o activas, adoptan formas, por ejemplo, desde el punto de vista de la dimensión espacial, adoptan la forma somatotópica de la distribución del estado de la sensación del tacto por el cuerpo, o la forma de las imágenes por retinotopía, y se adoptan y cartografían otras formas más abstractas, como frases, imágenes e incluso conceptos más abstractos con los que se piensa de manera más abstracta, ideas con formas tan abstractas que a partir de cierto punto ya ni se acompañan de imágenes, sonidos, ni demás propiedades organolépticas, y que sin embargo de algún modo "fantasmagórico" están ahí patentes aunque casi ni lo parezca, todo lo cual no deja de ser otra cosa que cierta manera de asociarse e integrarse la actividad neural.

¿Qué es la metaestabilidad?

En cuanto a la heterogeneidad del cerebro, al diverso grado de actividad que presenta cada neurona en comparación con las demás en cada momento en que se considere dicha actividad, ya se ha dicho que se considera algo obligatorio para que el cerebro responda a la complejidad de su tarea con éxito desde el punto de vista de la evolución.

Al contemplar con perspectiva lo que se supone que se sabe sobre anatomía morfofuncional del cerebro, se observa que la información viaja por circuitos paralelos, que confluyen o convergen en diversos puntos, con lo que la información se asocia para integrarse en esos puntos. Y en dichos puntos la información divergirá otra vez, para reintegrarse y desintegrarse más allá una y otra vez, tejiéndose un proceso de gran complejidad.

No hay que confundir este equilibrio entre integración y desintegración, que tiene que ver con la heterogeneidad del sistema, y con su complejidad y posible adaptabilidad a un entorno así mismo complejo y cambiante, con el equilibrio entre la predecibilidad y la impredecibilidad del comportamiento neuronal, también necesario para la adaptabilidad al entorno cambiante e impredecible.

El equilibrio entre integración y desintegración se diría que tiene valor en una escala cada vez (tiene que ver, por ejemplo, con lo que se observa que hacen las neuronas a escala microscópica), mientras que el equilibrio entre predecibilidad e impredecibilidad da la impresión de depender del cambio de escala en el sistema, y por tanto tendría que ver con la emergencia de la estructura en red y con la efectividad de la mente como gestora de la actividad del individuo macroscópico de manera congruente en la escala macroscópica.

Esta mezcla equilibrada entre integración y desintegración de los elementos de un sistema dinámico se conoce como metaestabilidad, y explica que el cerebro sea eficaz como cerebro para algo tan básico, por ejemplo, como que los ojos puedan dirigirse, ambos, en un momento dado, hacia la derecha, y al momento siguiente hacia la izquierda; a ésto se refiere esta idea de la metaestabilidad.

¿Es el cerebro un sistema completo (que no se debe confundir con complejo)?

El complejo comportamiento neuronal se basa en la capacidad de autoorganización de los sistemas vivos.

Los sistemas vivos, como pueda ser el caso del cerebro considerado como sistema, o como subsistema dentro del sistema nervioso, son sistemas termodinámicos abiertos, toman energía del entorno y desprenden energía al entorno, de modo que su evolución, incluida la complejidad de sus estados, así como la posibilidad de un aumento de esa complejidad con el paso del tiempo, como es el caso del cerebro, dependen de la entrada de energía desde fuera del sistema, por ejemplo, del aporte de glucosa al comer.

Pero, a ciertos efectos, por ejemplo, en cierta escala, el cerebro se comporta, con un error despreciable en la práctica, como si fuese un sistema cerrado, lo cual hace posible esa percepción de la realidad como si uno fuese un espectador individual de la misma.

La autoorganización hace posible que a ciertos efectos el sistema abierto que es el cerebro dé la impresión de ser un sistema cerrado, dando lugar a situaciones ilusorias, como la del solipsismo, o doctrina según la cual la mente subjetiva sería un ente concreto en esencia o a todos los efectos.

Un objeto es lo que un observador determina como objeto. La mente es un sistema de categorización de objetos en el terreno de la abstracción, y los objetos mentales son los elementos (las partes elementales) de la mente tomada como sistema.

Un sistema completo sería aquél cuya secuencia de interacciones peculiares convergiese o continuase en todo caso en otro elemento del sistema.

Éste no es el caso del cerebro a pequeña escala, pues las neuronas se continúan con el exterior; por ejemplo, toman glucosa del exterior, y por otro lado emiten al exterior fotones de radiación infrarroja, calor (de nuevo surge otra analogía, quizá sin sentido también, pero que es evidente en este caso, pues estas ideas recuerdan a las del teorema de incompletitud de Gödel).

Pero, a gran escala, la mente puede ser considerada un sistema completo a ciertos efectos en la práctica con un error despreciable, por ejemplo, a efectos de achacar a un sujeto concreto sus propios pensamientos, y no a un proceso en cadena que empieza y termina en el entorno siendo el sujeto uno de sus eslabones.

Esta posibilidad da pie por tanto al solipsismo, pero sólo es una ilusión que depende en definitiva y fundamentalmente de la capacidad de autoorganización de este organismo en particular y de la incapacidad de darse uno cuenta desde la escala macroscópica, por falta de resolución, de la multiplicidad de elementos implicados en la efectividad del yo (de ahí el interés en averiguar cómo podría tener lugar este cambio de escala y el confinamiento en dicha escala).

¿Impide la incompletitud del cerebro el cambio de escala en el sistema?

La incompletitud del cerebro (el que no sea un sistema completo) impide al cerebro ser un sujeto concreto en esencia, o a todos los efectos, pero no le impide ser un sujeto consciente con un error despreciable en la práctica a ciertos efectos, a simple vista, como si fuera concreto al menos a simple vista, pues la incompletitud no impide el cambio de escala (no impide la percepción a escala macroscópica confinada mediante la actividad funcional de un sistema cuyos elementos fundamentales son piezas microscópicas, las neuronas), y, por tanto, no impide que la concreción del sujeto, aunque ilusoria, sea efectiva como tal a escala macroscópica confinada con un error despreciable en la práctica.

¿Cómo se logra la ilusión del solipsismo?

Una de las maneras por las que ocurre la ilusión del solipsismo, por ejemplo, en un caso práctico, una de las maneras por las que la percepción de la realidad mediante el lenguaje es completa, a pesar de ser el lenguaje un sistema incompleto (toda palabra se define con otras palabras, por lo que hay palabras las cuales finalmente quedan sin definir), probablemente consista en integrar la descripción de la realidad, verificada mediante el lenguaje con palabras, con la descripción de la realidad verificada mediante sensaciones (por ejemplo), de modo que la incompletitud de las palabras queda completada suficientemente con la información extra que aportan, por ejemplo, las sensaciones. Mediante este tipo de mecanismos se lograría una completitud efectiva a ciertos efectos en la práctica en el caso de la mente.

¿Es el cerebro una estructura disipativa?

La autoorganización de los sistemas vivos es un asunto crucial en biología. La autoorganización conlleva orden, regularidad, estabilidad, principios posiblemente necesarios para tener éxito en la lucha por la supervivencia tal como ésta transcurre. Tómese por ejemplo el carácter regular del comportamiento de una neurona: de modo regular, una y otra vez, se verifica que, o descarga un impulso bioeléctrico, o no lo descarga, y la descarga la lleva a cabo de un modo estereotipado, lo cual hace posible que, a pesar del desorden, sea posible la efectividad de cierto orden en el sistema nervioso ya a escala neuronal, es decir, microscópica. A escala microscópica hay un patrón de comportamiento estereotipado, estable y constante (y por ello "aprovechable" a escala macroscópica), hasta cierto punto periódico e incluso predecible con un margen de error aceptable, a pesar de la impredecibilidad fundamental (y así predecir hasta cierto punto lo que va a ocurrir a escala macroscópica y poder actuar en consecuencia, por ejemplo).

Esta periodicidad, este carácter oscilatorio de la actividad neuronal, tiene que ver con el tipo de sistema dinámico al que corresponde el cerebro.

Prigogine propuso que no puede haber oscilaciones (periodicidad) en un sistema termodinámico cerrado, sino sólo en uno abierto que continuamente esté intercambiando energía con el exterior del sistema, como es el caso del cerebro.

Además, un sistema dinámico capaz de este grado de orden debe estar en un equilibrio homeostático, lo que se conoce en fisiología como un desequilibrio estable, que es lo que Prigogine llamó "estructura disipativa".

¿Qué es la complejidad?

Prigogine señaló que este tipo de sistemas abiertos con periodicidad deberían ser no lineales en las relaciones entre fuerzas y flujo, y éstos precisamente son los sistemas que exhiben el fenómeno del caos.

El caos es la forma de desordenarse (u ordenarse, según el punto de vista) un sistema dinámico, y conlleva la impredecibilidad como característica propia, así como el aumento de la complejidad.

Complejidad quiere decir que el estado siguiente será distinto al anterior, lo cual incluye también la irrepetibilidad o carácter no ergódico del sistema.

La complejidad se debe al aumento del desorden o entropía en el sistema.

También se puede entender la complejidad como el aumento de estados del sistema, tanto en cantidad como en tipos de elementos (y por tanto de interacciones), y puede deberse a la incorporación de la energía que entra en el sistema en forma de elementos, como al llenar de agua una piscina, al cambio de las interacciones entre los elementos del sistema, o a ambos, como en un caleidoscopio, o en el cerebro.

Estas ideas que se están barajando también deben gran parte de su contenido a la cibernética de Wiener.

La complejidad podría estar detrás (o quizá no) de la impredecibilidad fundamental, denominada hoy caos, que se aprecia en la escala macroscópica, y también detrás de que algunos fenómenos macroscópicos sean predecibles y otros impredecibles (independientemente de la cantidad de información disponible, como ha apuntado Aguilar).

Según Gustavo Bueno la idea de impredecibilidad habría permitido exponer la existencia de dos fuentes de indeterminación o incertidumbre, una la propia de la mecánica cuántica y la otra esa impredecibilidad a gran escala que no tendría que ver con el principio de Heisenberg (y la analogía entre ambos sería por tanto otra analogía sin sentido, tal vez).

¿Qué tipos de sistemas dinámicos hay?

Hay dos tipos de sistemas dinámicos, los lineales (predecibles) y los no lineales o caóticos (impredecibles).

¿Qué es un sistema dinámico lineal?

Los sistemas lineales (deterministas) son aquellos en los que el todo es igual a la suma de las partes, por ejemplo: 1+1=2.

¿Qué es el principio de superposición?

Los sistemas lineales se rigen por el principio de superposición, según el cual, si se conocen dos soluciones (dos estados posibles en el futuro) para un sistema dinámico lineal, la suma de ellas es también una solución.

¿Qué reglas rigen a los sistemas lineales?

Según parece, los sistemas lineales siguen dos reglas: la de aditividad y la de homogeneidad. Parece ser que, por ejemplo, los espacios vectoriales suelen permitir el uso del álgebra lineal.

¿Qué es un sistema no lineal?

Un sistema no lineal no está sujeto al principio de superposición, así que el todo no es igual a la suma de sus partes.

¿Qué tipo de sistema dinámico son los seres vivos?

Los sistemas vivos son no lineales, el cerebro incluido. Por ejemplo: la percepción consciente de la sensación de frío no se puede explicar como la suma algebraica de los trenes de potenciales de acción correspondientes a dicha sensación.

Ésto no quiere decir que el yo y sus peculiaridades sean algo mágico, incomprensible o inexplicable; lo que quiere decir es que el cerebro es un sistema no lineal, y por tanto el yo ha de tener una explicación, aunque sea contraintuitiva.

¿Es la subjetividad un fenómeno propio de un sistema no lineal?

En el cerebro ocurre algo para que la percepción de la sensación de frío sea un todo, y no sea reducible a sus partes, sino que emerja con propiedad (y con efectividad sólo a escala macroscópica al ser emergente, es decir, el yo no es misterioso, es emergente). Dicha propiedad es la de la subjetividad: para que la percepción del frío sea efectiva, para que la frialdad sea efectiva, ha de ser subjetiva, de lo contrario no será un todo (y si no es un todo no podrá ser frialdad).

De modo que en el cerebro ocurre algo especial, y ese algo es, en principio, no lineal, es decir, propio de un sistema vivo, posiblemente, un proceso no sólo físico, sino además meramente biológico.

¿Tiene que ver la no linealidad con la emergencia de propiedades en un sistema?

La no linealidad implica por un lado la posibilidad de la injerencia del caos, la impredecibilidad, en un sistema dinámico, y por otro, la posibilidad de ser el todo mayor que la suma de sus partes, es decir, la aparición o emergencia de propiedades imprevistas, imprevistas porque no se explican por la suma de las partes constituyentes a las que se reduce el todo (se explican por la interacción de las partes).

Con el término emergencia se hace referencia, por tanto, a las propiedades de un sistema que no son reducibles a las propiedades de sus elementos.

La emergencia de propiedades en un sistema dinámico no lineal tiene que ver con la complejidad del sistema, por lo que probablemente haya un umbral de complejidad a partir del cual la emergencia, de lo que sea que pueda emerger, será posible.

La emergencia de propiedades no es fruto de la magia (recordemos que la energía no se crea ni se destruye), sino que simplemente se trata de sistemas abiertos, es decir, ese "más" que es el todo frente a las partes, probablemente viene "de fuera" (en forma de la glucosa que hará posible que se verifiquen las interacciones entre neuronas, por ejemplo), por éso sería posible.

¿Qué es el equilibrio homeostático?

Cuando se habla de equilibrio en biología, por ejemplo, en el cerebro, hay que tener en cuenta que no se hace en referencia a un punto de equilibrio en el que se encuentren millones de neuronas en ese instante y que serviría para explicar el carácter unitario del sujeto.

El yo consciente, las neuronas integradas en una red subjetiva, no están en un estado fijo al que llamar punto de equilibrio, pues la mente es cambio, ya que si cesa el cambio, la actividad sináptica, el cerebro deja de ser mente.

Las neuronas son células vivas. La vida no significa equilibrio, sino "búsqueda" del equilibrio, o tendencia hacia el equilibrio. El equilibrio es una abstracción ideal, un punto ideal hacia el que tiende la naturaleza, pero que no se alcanza en la práctica, sino que se pasa de largo a través de él una y otra vez, pues la naturaleza es dinámica, cambiante, y no permite permanecer de manera estable en dicho punto ideal.

El equilibrio no consiste en permanecer en dicho punto utópico, sino en tender hacia él: se trata, por tanto, de lograr una estabilidad en dicha tendencia, no en alcanzar ese punto inalcanzable.

En la práctica, si la oscilación alrededor de dicho punto utópico es indetectable por falta de resolución, la oscilación parecerá de hecho un punto a ciertos efectos, por ejemplo, si la temperatura corporal oscila en unas cuantas milésimas de grado en cada instante, y si el termómetro no mide en milésimas de grado, sino hasta las décimas de grado, por ejemplo, la temperatura objetivamente parecerá a simple vista estar en equilibrio en un punto fijo al medirla en un momento dado (y de nuevo que las cosas ocurran así es conveniente en la práctica, aunque tales consideraciones sobre la temperatura se basen en el fondo en la falsedad y el error).

¿Qué son la regulación y el control?

Los sistemas se ajustan al dirigirse al equilibrio por el aumento de entropía, pues bien, en fisiología al ajuste inconsciente se le llama regulación, y al consciente, el llevado a cabo por el sistema nervioso, por la mente, se le llama control.

¿Tiene que ver el cambio de escala con el punto de equilibrio?

En la naturaleza en general, y en la vida en particular, el equilibrio consiste por tanto en un desequilibrio estable. Como se acaba de ver el organismo consigue mantener una temperatura constante y estable entre 36 y 37 grados centígrados a base de compensar la pérdida de calor corporal con la generación de calor corporal, en un "ejercicio acrobático interminable sobre la cuerda floja". A simple vista, a escala macroscópica y confinada, esa oscilación de milésimas de grado que se produzca en cada instante no es percibida con la resolución empleada a simple vista para medir la temperatura (el termómetro), que no ajusta hasta las milésimas de grado. Por ello, a simple vista el error en la posible medición por dicha oscilación alrededor del punto de equilibrio ideal (equilibrio ideal que puede rondar los 36,5 grados centígrados) es despreciable en la práctica, de ahí que a simple vista (a escala macroscópica confinada) parezca ilusoriamente que el equilibrio (36,5° C) es un punto en el que se estabiliza la temperatura, no una tendencia. Es, otra vez, una cuestión de cambio de escala y confinamiento.

¿Qué tiene que ver la subjetividad con el cerebro en tanto que sistema no lineal?

Un observador subjetivo no deja de ser otra cosa que un conjunto de sistemas no lineales, más o menos complejos, de medición, o lo que es lo mismo, unos sistemas que cambian en cierta medida. La percepción consciente y subjetiva de la realidad no deja de ser otra cosa que un sinfín de magnitudes (que dan cuenta de los cambios en los estados de actividad neuronal), correspondientes a múltiples sistemas de medición.

Por la propiedad de la subjetividad algunas de esas magnitudes físicas son efectivas con aspecto puntiforme con el cambio de escala, o dicho de otro modo, con aspecto de punto adimensional, elemental, particular, como un estado de superposición, por ejemplo, como un solo sujeto consciente e individual por cabeza.

¿Cómo sería posible algo como la subjetividad en un sistema no lineal?

Desde este punto de vista, el cerebro, un sistema no lineal, en su proceso evolutivo dinámico consigue recrear una propiedad emergente correspondiente a un sistema lineal: la superposición de todas esas mediciones en una sola medición única e individual que, en la práctica, consigue ser efectiva como el estado morfofuncional propio del sistema en evolución patente en ese momento a escala macroscópica.

De modo que en la naturaleza parece existir la posibilidad de la recreación, en un sistema no lineal, y a escala macroscópica, del comportamiento de un sistema lineal.

Como el sujeto es un ente abstracto, no concreto, así se explica que sea posible de algún modo un estado de superposición en un sistema no lineal: abstrayéndolo, recreándolo en el terreno de la abstracción (en vez de concretándolo, que no parece posible a todos los efectos).

¿Qué tendría de ventajoso el confinamiento de la percepción a simple vista en una escala macroscópica?

Una peculiaridad del funcionamiento del sistema cerebro, el confinamiento, que aparentemente supone una limitación del sistema, al limitar la percepción a una escala de medición, hace posible precisamente la peculiaridad de la propiedad emergente del sistema en tal estado morfofuncional: la subjetividad, lo cual hace posible que en la práctica el fenómeno tome la apariencia de un sujeto consciente que toma el control del comportamiento individual de un organismo.

La subjetividad es efectiva en un todo integrado. Lo no integrado en ese todo da la impresión de quedar excluido del todo (ésto quiere decir que uno no percibe lo mental pero no subjetivo), y lo incluido en la subjetividad aparenta estar confinado en el todo (ésto quiere decir que uno sólo percibe lo macroscópico), y viceversa. Parece lógico: si un contenido dado del pensamiento presente en la subjetividad corresponde a cierta actividad neuronal, si corresponde a cierta información codificada y procesada en determinadas neuronas, y si dichas neuronas se integran y se hace efectiva entonces la subjetividad, sólo las neuronas integradas de esa forma y en ese momento formarán parte de la subjetividad en ese momento, sólo esas neuronas formarán parte de aquéllo por lo que ese conjunto resulte patente, y no el resto de las neuronas que estén activas en ese cerebro pero no estén integradas en la parte subjetiva, ni tampoco formarán parte de la subjetividad las células pancreáticas, ni la silla en la que estemos sentados.

Mente y congruencia.

¿Qué es un sistema coherente?

Viene a cuento aclarar un poco qué se entiende aquí por coherencia, término con diversas acepciones posibles, pero en este caso haciendo referencia en particular a su acepción como congruencia (ausencia de contradicción), para lo cual se va a recurrir a Hofstadter y su libro *Gödel, Escher, Bach: un eterno y grácil bucle*, del año 2.003. Según Hofstadter, un sistema es coherente con la realidad si todo teorema es verdadero, y además los teoremas son coherentes entre sí si son compatibles, o sea, verdaderos al mismo tiempo.

¿Qué es un teorema?

Un teorema es una proposición verdadera, por ejemplo, en un sistema de signos "equis", y signos "igual a", un teorema sería: X=X. Se confirma que un teorema es un teorema si la proposición es verdadera, si dicha proposición se puede verificar en dicho sistema con los elementos y los tipos de interacciones posibles en el sistema (las leyes del sistema), lo cual implica que hace falta tener un sistema dinámico, un conjunto de elementos, e interacciones peculiares y detectables. La presencia de interacciones peculiares determina que en el sistema no todo será posible, lo cual establece una evolución impredecible pero necesaria para el sistema, dado que no todo será posible. En el sistema habrá por definición interacciones posibles, y al ser dinámico se van a producir en cuestión de tiempo en función de su probabilidad.

En palabras de Bohm: "Verdadero es lo que es". Sólo

ocurrirá lo posible, y como algo va a ocurrir, ocurra lo que ocurra será lo posible, y por tanto lo verdadero.

¿Qué sería una proposición en el caso del sistema nervioso?

En una sinapsis el potencial de acción que se detecte será el que se descargue, no el que no se descargue, y, por ello, la información que se transmita en un circuito sináptico será por definición verdadera en todo caso. Por este motivo, una secuencia de potenciales de acción dada a lo largo de un circuito constituirá una proposición del sistema. Cada potencial de acción posible que se descarga a largo del circuito pasa a ser comprobable de acuerdo con las posibilidades del sistema, y así será si la descarga es efectiva. Una secuencia de descargas es un teorema en dicho sistema.

¿Qué son dos teoremas compatibles?

Si ahora un teorema del cerebro se asocia específicamente con un teorema del exterior, por ejemplo, si un fotón rojo que llega al pigmento de un cono rojo, el teorema externo, se asocia específicamente a un teorema interno, la descarga de trenes de potenciales consiguientes, ambos teoremas serán compatibles, verdaderos a la vez, porque ambos teoremas serán coherentes o congruentes entre sí.

¿Qué implica que los teoremas externo e interno sean compatibles en el caso del sistema nervioso?

Como dicha asociación entre lo externo e interno es consciente, dadas las características de la conciencia dicha representación puede ser compatible con la realidad, y así es posible que, por ejemplo, al ver caer un objeto que cae se perciba que ese objeto cae.

De manera que la conciencia de las cosas conlleva la congruencia de dicha conciencia con aquello de lo que se es consciente.

Como se acaba de ver, el pensamiento abstracto es coherente con la realidad macroscópica del entorno si la información cerebral sobre el entorno es compatible con el entorno. Sin embargo, como se ha visto al hablar de la retina, ya la transducción y codificación de información conlleva errores, por ejemplo, por pérdida de especificidad.

Uno intuye que es verdad lo que percibe del entorno, y a pesar de la evidencia cotidiana, más o menos científica, sobre el carácter ilusorio y parcial de la percepción, se disfruta de un sentimiento de certeza sobre la coherencia de los propios pensamientos.

De modo que la certeza de uno acerca de la congruencia de los pensamientos de uno sobre la realidad probablemente se deba a un sentimiento de certeza (evolutivamente conveniente), no a una verificación objetiva de dicha compatibilidad.

De hecho, con frecuencia uno se equivoca acerca de la certeza de sus interpretaciones, como ocurre, por ejemplo, en el caso de la percepción ilusoria (y no digamos en otros casos, como en el de los prejuicios).

De todos modos y en general en la práctica la percepción no suele ser excesivamente contradictoria con la realidad, a pesar de la complejidad de la mente.

¿Cómo consigue el cerebro ser coherente (congruente, no contradictorio) con la realidad circundante que se percibe si la percepción es macroscópica y el proceso neural correlativo fundamental es microscópico, neurona a neurona?

En un circuito microscópico ideal A-B-C (obsérvese la notación empleada), A sinapta con B, y B sinapta con C. La descarga de B es un efecto de la descarga de A transmitida a B. A es causa de B, y B causa de C. Entre A y B hay relación causa-efecto a escala neuronal en la práctica con un error despreciable a ciertos efectos, y relación de B con C. Pero A no es causa de C, al estar B por medio. La vinculación de A y C es de correlación. C depende de A. Sin descarga en A no hay descarga en C, pero A no es causa de C a escala microscópica, sino sólo el correlato, en este esquema simple.

El que una vinculación entre A y C sea de correlación resulta más patente en el cerebro vivo (no ideal), porque, en el cerebro, C tendría una infinidad de correlaciones. Tratar de buscar una causa al devenir de la mente, o a la subjetividad, resulta ilógico, al ser multicausal; no responde a un qué, sino a millones de qués y sus correlaciones, es decir, responde a un cómo.

En la escala macroscópica, y siguiendo con la visión esquemática y simple de este asunto, A-B-C puede constituir un todo, una red, mediante la integración de la asociación A-B-C, en la forma [A-B-C] (obsérvese la notación). Dada una asociación de redes, por ejemplo, de dos redes [A-B-C]-[D-E-F], se puede convenir que a escala macroscópica (escala de redes en este caso), dado que las redes constituyentes son efectivas como un todo, también actúan como elementos (partes irreducibles a ciertos efectos con un error despreciable en esta nueva escala) de un nuevo sistema, el sistema de procesamiento de redes, y, por tanto, se puede convenir también el establecimiento de vínculos de causalidad entre redes, si, por ejemplo, la red [A-B-C] estimula como un todo a la red [D-E-F] (por ejemplo, por reentrada).

Para que la primera red estimule como un todo a la segunda, lo que habría de ocurrir debería ser algo como lo siguiente: que A estimule a D a la vez (a la vez con un error despreciable a escala macroscópica, pues a escala microscópica será un intervalo, no un punto en la escala temporal) que B estimula a E y C a F.

El cambio de escala, con el paso desde la escala de circuitos a la escala de redes, supone un nuevo modo de cuantificar el aumento de complejidad en el sistema, es decir, supone un aumento de la información. Y aun así se seguiría manteniendo la coherencia del cerebro vivo con la parte de la realidad representada, pues no se pierde con el cambio de escala, por lo dicho.

¿Cómo consigue el cerebro ser congruente consigo mismo, si el pensamiento toma forma a escala macroscópica mientras que el proceso correlativo, la actividad neuronal, es fundamentalmente microscópica?

Tampoco se pierde la coherencia del cerebro consigo mismo, ya que, aunque se pase de la escala de circuitos a la de redes, como la vinculación causal entre redes se puede reducir a la vinculación causal entre neuronas la información no se vuelve contradictoria, pues para que una red sea causa de la otra, y viendo a qué se reducen, ha de cumplirse que A sea la causa de D, B la de E y C la de F, y que al mismo tiempo A sea la causa de B, B la de C, D la de E y E la de F. Y se cumple, por lo que la coherencia se mantiene en el interior a escala de redes, y como la exterior también se mantiene, la compatibilidad se conserva igualmente.

Por éso el procesamiento en la escala de redes, la escala macroscópica, puede seguir siendo compatible con la realidad externa también (que es justo lo que convenía, ya que la realidad macroscópica, por evolución y selección natural en ese sentido, ha resultado tener sentido precisamente a escala macroscópica).

Así es, entonces, cómo posiblemente la mente consigue ser congruente a pesar de su complejidad (su tendencia caótica): mediante la estructuración morfofuncional en redes neurales.

¿Cómo consigue la mente, el pensamiento, ser congruente también en el terreno de la abstracción?

Dada una red [A-B-C], desde la escala de las redes, la escala macroscópica (macroscópica respecto de la escala de circuitos y neuronas), A podría ser considerada la causa de C con un error despreciable en la práctica, y no sólo el correlato (como se decía antes que ocurría en la escala neuronal), pues considerar a A causa de C en la escala macroscópica no alteraría el procesamiento en forma de interacción de redes, al ser objetos integrales, y al ser la red efectiva como un todo en la práctica a ciertos efectos, de modo que lo que importaría en la escala macroscópica en la práctica sería la interacción de una red con otra como un todo.

La integración de redes en nuevas redes de complejidad creciente, que se configurarían como nuevos objetos elementales de otro sistema en la nueva escala emergente, implicaría que el cerebro se organizaría en supersistemas de complejidad creciente.

A pesar de esta complejidad, al poderse establecer vínculos

de causalidad entre redes con un error despreciable, a simple vista no se pierde la coherencia (en el sentido de congruencia) del sistema, y se conserva un interesante grado de orden entre el desorden.

Al mismo tiempo, el pensamiento será compatible con la realidad exterior.

Como en el cerebro la información consciente procesada es abstracta, estas consideraciones acerca de neuronas y redes se deberían poder extrapolar al terreno de la abstracción, a la mente, y, por tanto, la coherencia del cerebro supone, por ejemplo, la coherencia de las frases que se construyen al computar el lenguaje, coherentes con la sintaxis por ejemplo, y también compatibles con los hechos del entorno reflejados, lo cual supone una coherencia a varias bandas, entre redes, objetos mentales abstractos, y los sucesos del entorno.

¿Cuál sería el fundamento de la incongruencia, cuando se dé?

Para Hofstadter la congruencia con la realidad externa depende de una adecuada interpretación de la realidad externa. Con tal motivo, un sujeto delirante, por más que dicho sujeto no lo entienda, es incongruente con la realidad externa.

La incongruencia tampoco ha de ser tomada a priori como algo esencial al cerebro, por lo que un sujeto delirante puede acertar a veces por casualidad en lo que a la congruencia se refiere, sin dejar por ello de ser delirante. En cada caso dependerá de la interpretación de los hechos pertinentes.

¿Influye la selección natural en la congruencia del pensamiento?

La persistencia de la coherencia entre sistema nervioso y entorno debe de haberse ido conformando durante millones de años, mediante la presión de la selección natural sobre los cambios evolutivos sucesivos, ocurridos en el sistema nervioso en forma de preadaptaciones, desde su forma rudimentaria en los primeros animales con neuronas hasta llegar a la actualidad, con todas las variedades de sistema nervioso que existen.

Una secuencia A-B-C en principio será coherente consigo misma, pero para ser congruente con la realidad externa lo primero que tendrá que ocurrir es que A-B-C logre persistir en lo que a su efectividad se refiere, debe superar el rasero de la selección natural. Es la consumación de la evolución en algún sentido lo que posiblemente establece el grado de coherencia del cerebro con la realidad externa. Como es lógico, cuanta mayor coherencia es de suponer que más probabilidades de adaptabilidad al medio habrá, a priori, y más posibilidades de sobrevivir, y cuanta mayor supervivencia, más posiblidades de que surja aun más coherencia a continuación, y así sucesivamente.

Véase un ejemplo relativamente simple de cómo un sistema [A-B-C] cualquiera se las apaña, al ser favorable (o indiferente) para la adaptabilidad, para perdurar en la naturaleza a lo largo de la evolución, al no ser eliminado por la selección natural: como ya se ha visto anteriormente a lo largo de la evolución ha quedado establecido que en el cerebro de un bebé recién nacido haya un subsistema neural encargado de lograr que el bebé parpadee cuando se le dirija un cuerpo cualquiera hacia los ojos. El bebé no discrimina qué se le dirige al ojo en particular, le basta con saber que un bulto amorfo es dirigido a su ojo para interpretar la presencia del peligro y la necesidad de cerrar el ojo. Y este comportamiento del bebé es innato, no necesita aprenderlo, sus genes moldean su cerebro de esta forma ya en el útero.

¿Es la incongruencia incompatible con la supervivencia de la especie?

La existencia de tantos sujetos manifiestamente incongruentes e incompatibles da a entender que la coherencia no precisa ser del 100%, ni con uno mismo ni con el entorno, y que hay un amplio margen de error tolerable por la selección natural en lo que a congruencia mental se refiere (como atestigua ese compendio de la sinrazón que es la historia universal), y es que el devenir es multifactorial y complejo (e impredecible).

¿Es la congruencia garantía de supervivencia?

La persistencia de A-B-C en la realidad se produce a lo largo de la evolución por un ajuste inconsciente, que incluye lo impredecible. Por ejemplo: una secuencia [A-B-C] dada podría ser apta para la integración congruente de un individuo (y su especie) en la realidad con éxito en la supervivencia, pero esta aptitud no podría evitar que [A-B-C] fuera inútil para la supervivencia si le cayera un rayo encima al individuo antes de reproducirse y transmitir así a su descendencia la secuencia genética apta, etc.

La memoria

¿Qué es la memoria?

Las neuronas cambian de estado con el tiempo. La memoria es el vínculo del nuevo estado con el pasado.

Conforme van siendo mayores las redes, mayor cantidad de información podrán contener, porque la cantidad de información es una medida de la complejidad de un sistema. Dicha información no requiere en el cerebro un lugar para almacenarla, éste no es el concepto de memoria en el caso de la mente, aunque intuitivamente pueda parecer lo contrario.

La información "nace" y "muere" en cada sinapsis. La memoria es por tanto un fenómeno local propio de cada sinapsis. Cada sinapsis posee una capacidad memorística limitada a dicha sinapsis.

Supuestamente cada código presentará una especificidad espaciotemporal. Si se recuerda un nombre de pila será porque dicho código se mantiene estable y constante en alguna región específica del cerebro, no porque el nombre esté grabado en un almacén para nombres de pila. Se recuerda porque la red específica que lo codifica posee memoria, la posee en cada sinapsis (y en una sinapsis no está el nombre "almacenado").

En la sinapsis tiene sentido hablar de un antes y un después. El estado antes y después no será el mismo, y sin embargo la sinapsis será la misma. El cambio en la sinapsis indica que se puede hablar de un antes y un después en cada sinapsis.

¿Qué es la plasticidad neural?

La capacidad de cambio estructural en las sinapsis se denomina plasticidad neural, y parece ser que se produce en las sinapsis durante toda la vida, pues las sinapsis, durante la vida, crecen, maduran y degeneran de manera sistemática.

Los cambios estructurales en las sinapsis, implicados en el tipo de memoria efectivo en una sinapsis en un momento dado, por ejemplo: memoria a corto plazo o memoria a largo plazo, dependientes del tipo de estímulo, fueron investigados por Hebb, que comprendió la importancia fundamental de los mecanismos moleculares involucrados.

¿Qué tienen que ver la memoria y la capacidad de control?

Cuando uno recuerda algo no está recuperando un dato de un almacén, sino activando sinapsis actuales, estén en el estado que estén entonces.

Cuando los fenómenos sinápticos se consuman, dado que para la sinapsis hay un antes y un después, constituyen un después, y dicho después constituye a su vez una memoria del pasado.

Cuando un cambio de estado sináptico se consuma constituye una memoria del pasado, y al ser un hecho consumado ya no es un hecho por pasar, y por tanto ya no es un hecho impredecible. Y un hecho predecible ya es susceptible de control. Por tanto, la capacidad de control del cerebro (el hecho de que el sistema nervioso sea un sistema de control) depende directamente de la propiedad de la memoria.

¿Es fácil tener un concepto equivocado sobre la memoria?

La memoria no es un almacén de datos, como quien guarda grano en un silo. Recordar algo no es extraer un dato de un banco de datos, sino que consiste simplemente en que la información mental sea efectiva.

Si se piensa en algo que evoca al pasado entonces se considera que éso es un recuerdo del pasado. Si se piensa en algo del presente o del futuro no se considera que se esté recordando el pasado, sino pensando en el presente. Sin embargo el proceso es más o menos el mismo en ambos casos, pues todo pensamiento es un proceso de memorización, de modo que memorizar no es sólo recordar el pasado, también lo es pensar en el presente y en lo inmediato.

Todo pensamiento es un recuerdo, pues en todo caso se trata de un antes y un después en cada sinapsis. Pensar es recordar el presente, ya que todo recuerdo es efectivo en el pensamiento por primera vez, ya que todo fenómeno neuronal es irrepetible y único; que dos fenómenos neuronales se parezcan (por ejemplo, que pensemos en una palabra en un momento dado y volvamos a pensar en esa palabra al día siguiente) no significa que sean el mismo fenómeno (la misma palabra), serán distintos, y el segundo no será un recuerdo del primero, aunque lo parezcan por su evidente igualdad a simple vista.

Mientras no es efectivo un recuerdo (un cambio en una sinapsis), la información correspondiente no es que no esté almacenada, es que simplemente no está. Memoria no es acumulación, sino verificación actual de la relación interactiva siempre nueva entre neuronas en las sinapsis.

¿Es la memoria una verificación del pasado?

En la realidad, y la mente forma parte de la realidad, no parece que exista el pasado, o lo pasado, sino sólo algo así como un presente inasible que no deja de pasar de largo en su camino hacia un futuro que, como el pasado, tampoco parece que exista salvo en la imaginación sobre el porvenir.

La memoria no es la recuperación del pasado, ni la preparación del futuro, es la mera verificación del presente, suponiendo que a su vez el presente sea algo y no una mera abstracción ilusoria e intuitiva nuestra.

La memoria sería otra manera de expresar la medida del cambio correspondiente a las interacciones.

¿Tiene que ver la memoria con la histéresis?

La histéresis es un fenómeno descrito en física de acuerdo con el cual el estado actual efectivo de un sistema depende de su estado previo. Si en dicho sistema se cumple el principio de causalidad, el estado actual, al ser posterior al previo, sería un efecto del previo, y el previo su causa, y por tanto el efecto sería la memoria actual de aquella causa.

En las sinapsis el proceso avanza de modo automático, por mero tanteo, de manera regulada sistemáticamente. El tanteo se basa en la interacción entre neuronas mediante la transmisión de unas a otras de potenciales reales, es decir, transmisión a través de la sinapsis de los paquetes de neurotransmisores que cuantifican a dicho potencial, como se sobreentiende (información que es real, por lo que la mente es un proceso real).

El cambio de estado de la sinapsis depende de la estructura innata de la sinapsis, y de su plasticidad, pero también de algo más: de la histéresis sináptica, que tiene que ver con el cambio de estado en una sinapsis entre el antes y el después, de modo que no tienen por qué estar separados por un espacio de tiempo prefijado de manera predecible.

La histéresis es independiente de que el cambio se base o no en lo innato (genes), en lo adquirido (plasticidad), o en ambos, e independientemente de si se va a mantener por un plazo más o menos largo (mecanismos moleculares sinápticos hebbianos de memoria a corto o largo plazo).

¿Cómo puede la memoria informar sobre el pasado, si se verifica en tiempo presente?

Los cambios en este sistema dinámico, por los que el efecto sigue a la causa, llevan un tiempo; la memoria tarda un tiempo en formarse. Ésto da pie a la posibilidad de medir un trabajo en el sistema (midiendo la emisión de calor por el sistema durante el proceso de cambio). Es más, al ser cambios sistemáticos, por el efecto se puede conocer la causa, de ahí que la memoria pueda ser tomada como un recuerdo del pasado.

Memorizar no es acumular un objeto del pasado, intacto y sin cambios, sino que es la capacidad de saber cómo era el pasado al saber que el presente es un efecto causado sistemáticamente por el pasado.

¿Hay memoria en las sinapsis?

El cerebro emite calor, y es un sistema, y contiene sinapsis. Precisamente, gracias a que hay sinapsis en el cerebro, puede tener lugar el fenómeno de histéresis en él, gracias a que hay una estructura presináptica, el final del axón de una neurona, y una estructura postsináptica, la dendrita de la otra neurona, que hace posible que pueda establecerse este proceso causal de cambio de estado con histéresis, y puede considerarse a una respuesta neuronal un efecto (postsináptico) cuya causa es la actividad (presináptica) de otras neuronas. De ahí que sea posible afirmar en la práctica que los estados neuronales disfrutan de la propiedad de la memoria, y todas las ventajas que la memoria supone para el sistema, como la capacidad de computar, y de controlar.

¿Tiene que ver la memoria con la conciencia?

Se diría que la memoria es imprescindible para que la información mental sea consciente: para que haya conciencia debe pasar el tiempo, y para éso ha de haber un antes y un después en el sistema, para lo cual el sistema debe ser capaz de cambiar, y éso es lo que hace posible la memoria del sistema, un cambio que vaya del pasado al futuro.

¿Tiene que ver la memoria con la especificidad?

A simple vista un nombre de pila se recuerda igual una y otra vez, pudiendo dar la impresión de consistir el fenómeno en algo así como un nombre recogido por el sujeto con un cucharón de un pozo donde se guardan nombres de pila. Pero no parece que sea así: el nombre se recuerda igual, probablemente, porque el código específico es, dentro de un margen de error aceptable, igual de una vez a otra, y lo es, por ejemplo, por la estabilidad y congruencia del sistema, no porque memorizar consista en que el pasado permanezca inmutable en algún sitio, algo que se antoja imposible, al consistir el universo en lo contrario, en el cambio, incluido el cerebro, que posiblemente no repite un mismo estado dos veces.

Se diría que no hay pasado inmutable, sólo cambio, como un presente "resbaladizo" en cambio continuo.

Memorizar es un proceso que ocurre en el presente, si es que tiene sentido afirmar ésto, y precisamente se basa en el cambio continuo del estado al que denominar presente, a falta de otro término. Memorizar no tiene que ver con la permanencia de un pasado inmutable, no es la recuperación de los cambios remotos, que son ya irrepetibles, por la irreversibilidad de los sistemas, es decir, por el aumento de la entropía y el carácter no ergódico, o no repetitivo, del universo.

Si el nombre se recuerda igual se debe a que la red es suficientemente estable en el tiempo a ciertos efectos con un error despreciable en la práctica a escala macroscópica (a pesar del cambio fundamental a escala microscópica), no a que memorizar consista en guardar un pasado inmutable.

¿Tiene que ver la memoria con la estabilidad?

Si la red no fuera suficientemente estable a ciertos efectos al menos a escala macroscópica, el nombre se recordaría, pero distinto, con cada activación de la red. Así que hay que tener claro lo que memorizar significa: no es guardar grano en un almacén y tenerlo allí almacenado y después sacarlo del silo (dicho en sentido figurado). Ésta es la idea intuitiva inmediata a simple vista, pero no lo que probablemente ocurre en el cerebro.

¿Es la memoria información virtual?

Si memorizar fuese tener información inmóvil en el cerebro, como grano en un silo, dicha información inmóvil sería información abstracta irreal, y si fuese irreal (virtual) no sería recuperable. La mente es efectiva mientras se mantiene en marcha el proceso de movimiento de información abstracta. Un utópico almacén de información abstracta inmóvil no contendría información abstracta inmóvil, ya que no existe, y si no existe, tampoco se podría recuperar para formar un recuerdo. Parece imposible memorizar algo sin mover información.

¿Tiene que ver la memoria con el pensamiento?

No se puede predecir en qué estará pensando una persona al cabo de una hora, aunque sí que se puede predecir con certeza que, si sigue viva y consciente, estará pensando en algo.

Un nuevo estado de la mente no implica el olvido del estado anterior, sino que lo que ocurre es que la recreación del nuevo estado conlleva que el anterior deje de ser efectivo: hay una nueva configuración morfofuncional del cerebro por un cambio en los estados relativos de las sinapsis.

El nuevo estado de cada sinapsis no será cualquiera, sino que será una consecuencia del estado anterior, por el principio de causalidad y la histéresis (que conllevarán en la práctica la facilitación de ciertos estados, por ejemplo, de ciertos patrones de redes, que serán más probables que otros, y más específicos que otros en cada caso, por ejemplo, etc., y así serán posibles cosas como recordar nombres específicos).

Cada vez que se consume un estado morfofuncional en una

sinapsis también quedará condicionado el estado futuro, al ser el futuro una memoria del pasado.

Pensar es un cambio por el que se pasa del pasado al futuro de modo sistemático, y, por tanto, pensar es memorizar.

Cerebro y mecánica cuántica

¿Qué es la mecánica cuántica?

Los fenómenos cuánticos son los que se explican con la mecánica cuántica, que parece ser que es la rama de la física que describe las interacciones entre partículas subatómicas, descripción que precisa una mecánica propia, distinta a la mecánica clásica.

La mecánica clásica explica la dinámica de los cuerpos macroscópicos, como las fórmulas newtonianas del tipo:

$$F = m \times a.$$

La mecánica cuántica ha tenido que ser desarrollada debido a que las partículas subatómicas han resultado comportarse de manera contraintuitiva en comparación con los cuerpos macroscópicos. Por ejemplo: un cuerpo macroscópico, como pueda ser una persona, puede estar sentada en la silla A, o en la B, en el instante X, pero no en las dos a la vez. En cambio, ciertas partículas subatómicas, por ejemplo, un fotón, suponiendo que estar en una silla sea como estar en un estado cuántico, sí puede estar en dos estados a la vez en determinadas circunstancias. Esta rareza no se puede comprender a simple vista, ya que aunque puede ser enunciada matemáticamente, no puede ser imaginada visualmente.

Los físicos, durante el siglo 20, tuvieron que formular una física nueva, reservada a especialistas, la mecánica cuántica, para explicar fenómenos contraintuitivos de este tipo, fenómenos como la dualidad onda-corpúsculo descrita por de Broglie.

¿Qué son los fenómenos macrocuánticos?

Algunos de los fenómenos propios de la mecánica cuántica, y por tanto de la menor escala posible en la realidad conocida, son observables a simple vista con su comportamiento no-clásico, sobre todo cuando afectan a sistemas suficientemente grandes. Son los fenómenos macrocuánticos.

Si todas las partículas de un sistema están de un momento a otro en un mismo estado cuántico harán todas lo mismo, y éso a simple vista se detecta por alguna peculiaridad, como que un líquido formado por partículas en esta situación fluya por encima del borde de su contenedor en vez de quedarse en el fondo, como si estuviese a medio camino entre líquido y gas. Un fenómeno macrocuántico es por tanto un fenómeno cuántico perceptible a simple vista. Por ejemplo: la superfluidez del helio común líquido a 2,17° K es un fenómeno macrocuántico, explicable porque a tal temperatura muchos átomos de helio coinciden en un mismo estado y el helio tiende a comportarse como un solo objeto, lo cual se puede apreciar a simple vista tal como se ha dicho.

¿Es la mente subjetiva un fenómeno macrocuántico?

La subjetividad no deja de ser algo así como que parte de la compleja información de la mente asuma un mismo estado, una sola entidad, lo cual recuerda a un estado macrocuántico, ya que es un solo estado, y además reconocible a simple vista como fenómeno con entidad única (por éso se caracteriza la subjetividad, precisamente, la propiedad por la que la mente es patente en la forma del yo consciente, un ente único e individual en la práctica a ciertos efectos en determinada escala y dentro de un margen de error aceptable).

De modo que, como en otras ocasiones, es fácil encontrar una analogía entre lo que la mente hace y lo que las partículas subatómicas hacen, aunque se trata en este caso de una analogía sin sentido.

Hay autores que intuyen una vinculación entre la mecánica cuántica y los fenómenos mentales, por su carácter "cuántico", como su instantaneidad, su carácter no local (se hablará de ésto más adelante), etc., y con diversos puntos de vista, unos más fundamentados y otros más especulativos y fantasiosos.

Pastor-Gómez ha hecho una revisión del asunto en su artículo *Mecánica cuántica y cerebro*, publicado en el año 2.002 en *Revista de Neurología*.

Cairns-Smith, en su libro *Evolving the mind*, afirma que hay personas que piensan que la conciencia (entendida la conciencia, supongo, como la experiencia consciente y subjetiva, el yo consciente) es de hecho un efecto macrocuántico de alguna especie.

Krasimira Kademova afirma que la percepción consciente se caracteriza por presentarse como un todo conformado por las partes del sistema, que no sólo se comportan como un todo, sino que: "...son esencialmente un todo, como ocurre en el fenómeno físico de la condensación Bose-Einstein (un fenómeno macrocuántico)".

Hawking ha afirmado que la conciencia podría ser un fenómeno de coherencia cuántica en el cerebro (quizá no lo sea, probablemente, no, aunque sí que podría ser la recreación de uno entre objetos mentales, en el versátil terreno de la abstracción, como se verá más adelante).

La emergencia de la subjetividad quizá podría ser la recreación en el terreno de la abstracción de un fenómeno macrocuántico, como ha dicho Cairns-Smith (yo lo dudo), pero aun en tal caso difícilmente se trataría un fenómeno macrocuántico verdadero, dado que, aunque la mente parece un proceso físico, se trataría de un proceso biológico, no cuántico, ya que se reduce a neuronas, las cuales responden a una mecánica clásica. La mecánica cuántica explica las interacciones entre partículas elementales, no entre neuronas.

Durante la subjetividad los elementos implicados deberán estar de algún modo en un mismo estado morfofuncional para ser efectivos como un todo, estado correspondiente a lo que se detecte a simple vista como la propiedad de la subjetividad, pero es difícil que se trate de un fenómeno cuántico, de modo que la vinculación entre mecánica cuántica y cerebro posiblemente se trate de otra analogía sin sentido (a las que, si se recuerda, se ha hecho mención previamente, al citar a Bertalanffy).

Tal vez la subjetividad sea una mera recreación a gran escala de un estado cuántico, como mucho, pero no de un efecto macrocuántico, y ante todo sería una recreación de dicho estado cuántico, no uno verdadero.

¿Es la mente subjetiva una recreación a escala macroscópica, en el terreno de la abstracción, de un estado cuántico?

Se diría que, ya sea analogía sin sentido o isomorfismo, el estado cuántico recreado a gran escala en el que habrían de coincidir los objetos mentales que fueran a constituir la subjetividad tendría que ser un estado en el que cada objeto mental estuviera en su lugar del cerebro, es decir, cada neurona debería seguir en su sitio, en su región espacial cerebral... lo cual no es difícil, dado que las neuronas son inmóviles.

Entonces, si son inmóviles las neuronas, donde deberían coincidir los objetos mentales para ser efectivos con unicidad e individualidad, o sea, con subjetividad, no sería en un punto del espacio, sino que debería ser en un punto a lo largo de la dimensión del tiempo, no sería un dónde, sería un cuándo, un intervalo temporal dado que a gran escala fuese efectivo como punto o ente único e irreducible, y con un error despreciable de este hecho a gran escala en la práctica.

Y es que estamos acostumbrados a pensar intuitivamente que el cambio de escala por el que algo pasa, por ejemplo, de macroscópico a microscópico, y se empequeñece, se produce en función del espacio, dado que tendemos a ser capaces de visualizar fácilmente cómo algo se empequeñece en función del espacio. Pero si el cambio se produce en función del tiempo ocurre lo mismo, aunque nos resulte más incómodo visualizarlo, pero es fácil de visualizar si se representa gráficamente en abscisas y ordenadas. Si se representa visualmente en el espacio dichos cambios en función del tiempo, el objeto temporal representado gráficamente (espacialmente) sufrirá el mismo proceso que si se le "encoge" en función del espacio, o lo que es lo mismo, se empequeñecerá también a simple vista, y en su representación gráfica será espacialmente miscroscópico ahora. De modo que para entender el cambio de escala y cómo éste puede influir en nuestra compresión de la emergencia del yo consciente, debemos recordar que el tiempo también interviene en estas consideraciones, del mismo modo que el espacio, como una dimensión con escalas también.

¿Qué ocurre entonces si se representa el cambio de escala temporal de macroscópico a microscópico mediante alguna función temporal? Pues que se encoge también, pero puede resultar más difícil captar dicho empequeñecimiento si no nos explican claramente lo que está pasando, pues puede ser difícil de intuir al ser difícil de visualizar. Por ejemplo, si se reduce la escala de un sonido, como pueda ser la voz de un barítono, haciendo girar el disco de vinilo en el que esté grabada a más revoluciones por minuto, dicha voz pasará a ser aguda, la voz se habrá encogido en función del tiempo.

Es posible que el yo consciente emerja mediante un cambio de escala por una integración neural en función del tiempo entonces, dado que el sujeto se percibe a sí mismo como ente único e irreducible capaz de percibir una realidad macroscópica y compleja ante él, complejidad garantizada precisamente por esa unificación del yo no en el espacio en cada instante del presente, sino en el tiempo. El yo no sería entonces "un ente puntiforme o particular en el espacio", sino "un ente puntiforme en el tiempo". Por otro lado, así la realidad podrá ser percibida como heterogénea en cada instante. Por tanto, si la unificación del yo no se produce en función del espacio, tendrá que producirse en función del tiempo.

Toda la heterogénea información sensorial sobre una manzana, su forma, su color, su brillo, etc., debería ser percibida como un todo (una manzana individual) por recreación de un entrelazamiento entre esos objetos mentales (forma, brillo, etc.) en función del tiempo entonces, y así esta información sería percibida como una sola manzana. Y, como han sospechado los clásicos, esta integración de esas partes en un todo se fundamentaría entonces en una concurrencia temporal de las diversas neuronas que codificarían forma, color, etc.

Como ya se ha dicho, difícilmente será la sincronización neuronal el fundamento de dicha concurrencia temporal, de dicha integración neuronal en función del tiempo (a pesar de que ésto es lo que se ha sospechado durante décadas), si ha de haber heterogeneidad en lo que se percibe. La razón es que la sincronización neuronal llevaría a la homogeneización de la actividad neuronal, que sin embargo debería ser heterogénea para poder procesar las diversas partes implicadas (forma, brillo, etc., por ejemplo).

Como dicha complejidad debe corresponder a la representación cartográfica de dicha complejidad, en función del espacio, la unicidad como sujeto debe corresponder a una función temporal (algún tipo de concurrencia temporal, que no tendría por qué ser la sincronización), y para que un periodo de tiempo emerja con aspecto puntiforme nada mejor que un cambio de escala y una adecuada y oportuna pérdida de resolución (después de todo, el don de la oportunidad es parte clave de la evolución, la selección natural y la adaptabilidad, así que, otro error en el sistema, la pérdida de resolución en este caso, podría haber sido utilizado en esta nueva oportunidad en beneficio de la especie... otra vez).

¿En que consistiría la subjetividad, si fuese la recreación a escala macroscópica de un estado cuántico?

La subjetividad debería consistir entonces en que un periodo de tiempo en el cerebro sea efectivo como ente puntiforme a ciertos efectos, un periodo de tiempo a escala microscópica, una línea de puntos, pero patente a escala macroscópica, por pérdida de resolución, como un punto, único e indivisible, de tal modo que en ese punto la mente siga siendo patente, pero ahora con las características emergentes de unicidad e individualidad que definen al yo consciente (por tanto lo que hace falta no es generar un yo concreto, que suena a prodigio imposible, sino un cambio de escala y un confinamiento en dicha escala). Por ejemplo: si se mide el tiempo en una escala de segundos, que se reducirían, por ejemplo, a milisegundos (los segundos se puede dividir en milsegundos), un segundo parecerá un punto desde el punto de vista de los segundos, pero no desde el punto de vista de los milisegundos. A menor escala un segundo no será un punto sino un periodo de tiempo relativamente largo, una línea de mil puntos o milisegundos en este caso, un intervalo.

Dicho ente puntiforme a escala macroscópica se ha venido considerando que debería quedar explicado en parte por un fenómeno de sincronización neuronal, según diversos autores, algo que se está poniendo en duda. Aquí se propondrá otro tipo de mecanismo de concurrencia temporal como probable candidato para explicar ese cambio de escala por el que un periodo de tiempo emerge a simple vista como un fenómeno puntiforme, en la forma de la percepción de una sola manzana individual por un solo sujeto individual en un instante dado.

La emergencia del yo consciente

¿Se formarán ciertas redes neurales corticales peculiares durante la efectividad de la subjetividad de manera correlativa?

Según parece, la subjetividad se correlaciona con la efectividad de la red neural como estructura morfofuncional, una estructura macroscópica, existe ya alguna evidencia de ésto.

Por tanto, la subjetividad posiblemente emerge en el sistema mediante un cambio de escala, de microscópica a macroscópica, y un confinamiento en dicha escala macroscópica.

Esa parte de la mente que disfruta de la propiedad de la subjetividad, y que es patente en la forma del yo consciente en la práctica, adquiere ese carácter único e individual en función del tiempo, al adquirir la percepción, en cada instante en que es efectiva, un aspecto puntiforme en lo que a dicho instante se refiere, y dentro de un margen de error aceptable en la práctica.

Supóngase, por ejemplo, que una persona está pensando subjetivamente en la palabra SOL (obsérvese la notación empleada). En tal caso lo que ocurre en la práctica dentro de un margen de error aceptable es que la palabra SOL es patente para ese yo consciente. SOL constituye un todo al efecto de su percepción como palabra con entidad única e individual. Para que tal cosa ocurra deberá tener lugar la asociación e integración en una sola cosa, un todo, de las letras S, O y L. En este modelo ideal, cada letra correspondería a una red neural.

¿Por qué cada letra debería estar codificada en su propia red en este modelo ideal?

Supóngase a cada letra, antes de su integración, codificada cada una en su propia red. La razón para suponer que a cada letra le corresponde una red neural es la siguiente: una letra es también perceptible como un todo en algún momento, de modo que es imaginable que le pueda corresponder una red neural correlativa en algún momento también.

Para formar la palabra SOL, las tres letras deberán asociarse e integrarse en un todo, una nueva red que será la efectiva entonces.

¿Es el desciframiento de los códigos la clave para explicar la subjetividad, o cuál sería?

Las neuronas que codifican las letras, aparte de formar los trenes estereotipados espaciotemporalmente, distintos entre sí para que sea posible que cada uno posea el significado de cada letra, además deberán correlacionarse de algún modo para que la integración en SOL sea efectiva, y para que tal proceso consista en un cambio de la escala de percepción (pasando de la escala de las letras a la escala de las palabras) y un confinamiento en dicha escala macroscópica emergente (ya que cuando el todo efectivo sea la palabra, las letras ya no serán el significado efectivo), de manera que la palabra SOL pueda ser efectiva como algo único e individual, y por tanto subjetivo, patente como si lo fuese en la práctica, con un error despreciable, desde el punto de vista de un yo consciente.

En este ensayo no se va a discutir cómo se codifica cada letra, ya que éso no parece fácilmente predecible en este momento con la información disponible, y preferiblemente debería ser descubierto empíricamente.

Lo que aquí se va a discutir es el modo en que las neuronas se deben de estar comportando, cómo interaccionan sistemáticamente las redes correlativas, cuando, por ejemplo, el símbolo SOL está siendo efectivo como un todo único e individual (indivisible, irreducible a ciertos efectos en determinada escala con un error despreciable en la práctica). Se trata entonces de averiguar cuál sería el correlato neural de la experiencia mental consciente y subjetiva, o una parte de ese correlato que permanece desconocida, pues parte ya es conocida pero insuficiente, y que se antoja necesaria para explicar de manera más comprensible la presencia del enigmático yo consciente como parte de la realidad, ya que los elementos conocidos hasta ahora, sincronización, reentrada, etc., no permiten explicar suficientemente la emergencia del yo consciente (su patencia a escala macroscópica), ni su unicidad e individualidad.

Como se ve se conocen algunas de las probables piezas de este "puzzle" del correlato neural de la subjetividad, que lógicamente son las neuronas, su actividad como osciladores acoplados, la sincronización, el procesamiento neural, la estructuración en redes, la reentrada córtico-cortical y tálamo-cortical, etc., todo lo que se va mencionando a lo largo del ensayo, pero, como se ha dicho, falta esa pieza clave que explique cómo ese proceso de percepción consciente se vuelve subjetivo, con carácter único e individual, de tal manera que sea patente en la forma de un yo consciente. Falta entonces por saberse con precisión cómo concurren en el tiempo S, O y L, por ejemplo, para que la percepción consciente de SOL tenga lugar como si dicha palabra fuese una sola cosa individual, única e indivisible, y que por ello ilusoriamente parezca haber un sujeto único e individual, un yo consciente, pensando en SOL y por tanto acerca del sol, por ejemplo, y pensando también que el sol que flota en el cielo es un objeto único e individual.

¿Dependerá la emergencia de la subjetividad de una integración neural en función del tiempo, de una sincronización tal vez?

Las redes neurales correspondientes a S, O y L, para asociarse e integrarse, deberían estar acopladas para poder oscilar con concurrencia temporal, para que S, O y L fuesen efectivas a la vez, y dentro de un margen de error aceptable para ese "a la vez", y así SOL (y por tanto el yo que piensa en el sol y la propia idea del sol) pueda ser patente como un todo sin fisuras en la práctica a ciertos efectos, con un error despreciable en la práctica.

S, O y L deberían estar conectadas, debería haber sinapsis entre las redes correspondientes, y deberían poder interaccionar entre sí como redes, retroactivamente, recíprocamente, tal vez por reentrada. Ésto haría factible que las tres redes fuesen compatibles durante el proceso de integración, es decir, verdaderas a la vez, pues S, O y L deben serlo, deben ser coherentes entre sí (compatibles) para que SOL sea efectiva como un todo; debe verificarse la activación de los tres códigos con una concurrencia temporal suficiente como para que SOL sea efectiva con un error despreciable en la práctica a cierta escala, a simple vista, pues la clave para que SOL sea un todo está en que S, O y L sean efectivas a la vez, de modo que su integración en este caso debe producirse de alguna manera peculiar, pero en función del tiempo para esa peculiaridad. El primer candidato obvio para explicar dicha peculiaridad sería la sincronización, como se intuye fácilmente, y sin embargo difícilmente lo será en la práctica, como ya se ha visto.

Dicha integración de redes para formar una sola red no parece que pueda basarse en la sincronización neuronal, pues supuestamente los códigos para S, O y L deberían ser distintos (ya que las letras lo son), y la sincronización o sincronización en fase, o sea, la coincidencia de fase, la coincidencia en el tiempo de los potenciales de acción de las neuronas implicadas, uno a uno, volvería idénticos a los códigos necesariamente. Por tanto la palabra SOL no se podría formarse por sincronización en fase de las neuronas individuales de S, O y L, ya que las redes de las tres palabras deben ser distintas, no pueden ser idénticas, ya que se trata de tres letras que no son idénticas, son distintas entre sí. Su concurrencia temporal en este caso particular y en otros similares deberá producirse por otro mecanismo de correlación neuronal que haga posible esa concurrencia temporal pero que no consista en la sincronización en fase.

La sincronización en fase que sí es útil como mecanismo de integración en otros casos, como al dar el cerebro la orden de contraer, por ejemplo, el músculo bíceps del brazo para rascarse una oreja, pues en este caso gracias a la sincronización en fase el bíceps sí puede ser efectivo como un todo a escala macroscópica. SOL, en cambio, no.

¿Dependerá la emergencia de la subjetividad de la complejidad del sistema?

Para que emerja la subjetividad el sistema debe alcanzar, supuestamente, cierto grado de complejidad, dado que la emergencia de propiedades y objetos en un sistema depende de su complejidad, parece ser. En primer lugar, para que emerja la subjetividad hay que suponer que ha de haber un número mínimo de neuronas necesario para que el sistema sea lo suficientemente complejo como para cruzar el umbral de emergencia de la subjetividad. En segundo lugar, para que emerja la subjetividad, las neuronas posiblemente han de hacer algo que no hacían hasta entonces al interaccionar de manera peculiar mediante su transmisión de potenciales de acción en las sinapsis; ha de haber un número suficiente de neuronas y con una forma de organizarse peculiar.

¿Tendrá que ver la emergencia de la subjetividad con el entrelazamiento cuántico?

Ese algo peculiar que sistemáticamente hagan las neuronas en correlación con el yo consciente, pero no con otro fenómeno, debe ser posible, debe estar dentro de las posibilidades morfofuncionales del sistema nervioso, y a su vez ha de posibilitar la integración de algunas redes de la corteza de asociación, mediante algún tipo de concurrencia temporal entre sus neuronas individuales, o señales simples, que no sea la sincronización en fase, durante la efectividad de la subjetividad.

Dicho mecanismo de integración neuronal ha de explicar que la mente pueda recrear un entrelazamiento de objetos mentales abstractos para dar lugar a un todo patente como tal a escala macroscópica y en el terreno de la abstracción, tal vez de modo análogo a cómo ocurre el entrelazamiento de partículas ultramicroscópicas de acuerdo con la mecánica cuántica, por el que varias partículas, al proceder de un foco común coherente (coherente no en el sentido de congruente, como hasta ahora, sino con otro significado que se desvelará más abajo), pasan a ser una sola cosa a ciertos efectos en la práctica con un error despreciable y en determinada escala, una sola partícula, como si la subjetividad no fuese otra cosa que la recreación a escala de un entrelazamiento cuántico (la palabra entrelazamiento se ha utilizado varias veces de manera intencionada a lo largo del ensayo, y ya va llegando el momento de ir viendo por qué), ora se trate de un isomorfismo, ora de una analogía sin sentido. El caso es que esta analogía sin sentido podría tener algún sentido.

¿Hay algún fenómeno natural capaz de convertir algo múltiple en una sola cosa indivisible a ciertos efectos, fenómeno que además pueda ser recreado por el cerebro para lograr la subjetividad?

Resulta que hay un fenómeno en la naturaleza que consigue que dos objetos, al ligarse, al entrelazarse, sean uno solo, un estado ligado que, a diversos efectos, al efecto de cierta medición según ciertos parámetros en determinada escala, será de hecho un solo objeto con un error despreciable en la práctica. Dicho fenómeno es el entrelazamiento cuántico, la formación de estados ligados. Por ejemplo: un protón es básicamente un estado ligado de quarks (que son un tipo de partículas elementales). El protón no es una partícula, son varias ligadas, y sin embargo en la práctica es una sola partícula a ciertos efectos con un error despreciable. De hecho, durante años el protón fue considerado una partícula elemental a partir de los resultados experimentales de entonces, y a los físicos les costó descubrir que no era elemental, porque lo parecía en sus primeras mediciones.

Ahora bien, el entrelazamiento es un fenómeno propio de la mecánica cuántica, la parte de la física que explica el comportamiento de lo ultramicroscópico, mientras que la subjetividad es macroscópica, por lo que un entrelazamiento de objetos mentales parece otra analogía sin sentido.

¿Será capaz la mente de recrear el trasunto de un comportamiento cuántico a gran escala, aun a sabiendas de tener que aceptar que sería una recreación, no un comportamiento cuántico verdadero, sino una abstracción del mismo mediante la recreación de esa forma en determinada escala (independientemente de si sería un isomorfismo o una analogía sin sentido)?

Tal vez sí, y quizá hasta sea comprobable.

Si el cerebro consiguiese recrear convincentemente un estado ligado entre objetos abstractos conseguiría que la mente tomase la forma de un solo objeto abstracto a ciertos efectos en la práctica, y en determinada escala, y así tendría sentido que el yo consciente dé la impresión de ser una partícula, pues más o menos así se ha descrito metafóricamente desde antiguo al alma (entendida como yo consciente), en ocasiones, en diversas épocas: algo así como una partícula atómica encerrada en el cerebro (aunque la definición de alma ha variado con las épocas, por supuesto, pasando desde ser considerada en el *Génesis* un soplo vital divino que anima a lo inanimado para dotarlo de vida, el ánima, con la consiguiente posible confusión entre vida y conciencia, hasta la identificación del alma y el yo consciente en ocasiones durante la época de la filosofía escolástica, con las dificultades que entraña implicar al concepto de alma, un concepto religioso, en asuntos del cerebro, un órgano biológico; por ejemplo: ya en el *Eclesiastés* se afirma que los muertos nada saben, con lo que el alma de sus muertos, que se supone que permanecería en espera de la resurrección del cuerpo, difícilmente podría ser su conciencia, en contra de lo que se ha pensado en otras ocasiones en el pasado, etc.).

Si el cerebro consiguiese recrear un estado ligado, tal vez el sujeto tendría una razón para existir. El sujeto es efectivo, así que tal vez esté ya ocurriendo la recreación de dicho entrelazamiento, y quizá sea esta simple idea la descripción de la solución para este enigma de la mente: cómo surge el yo.

A priori parecerá difícil que el cerebro recree de algún modo un estado ligado, un estado entrelazado, ya que éste es un estado cuántico, y las neuronas no son partículas subatómicas con un comportamiento cuántico, sino células vivas, con un comportamiento biológico (clásico), no cuántico.

¿Ha sido frecuente la concepción de la mente consciente subjetiva como algo que se define por ser único e individual?

Aldous Huxley, en su ensayo *Los demonios de Loudun*, al hacer un repaso acerca de la concepción que sobre el alma se tenía, por ejemplo, en el siglo 16, según la corriente filosófica mayoritaria en occidente, de acuerdo con las conclusiones tras el estudio de las anatomías del alma que se estilaban en tal época, afirmaba lo siguiente: "El alma es simple, porque no puede descomponerse ni desintegrarse. En cuanto a su etimología, es un átomo psicológico: algo que no puede ser dividido".

¿Cómo podrían las neuronas recrear un comportamiento cuántico?

La transmisión de información en las sinapsis está cuantificada, así que tal vez haya algún modo de codificar información con el significado de dicha recreación, del mismo modo que se codifican y recrean en el terreno de la abstracción tantas otras cosas con tanta versatilidad en el cerebro.

¿Hay otras recreaciones de comportamientos ultramicroscópicos a mayor escala en la naturaleza, aparte de la posible recreación de un entrelazamiento cuántico entre objetos mentales en el cerebro, independientemente de si se trata de isomorfismos o de analogías sin sentido?

Tal vez haya unos cuantos ejemplos de esta situación. Por poner un ejemplo de un posible candidato: tal vez el agua líquida recree en la escala macroscópica (mecánica clásica) comportamientos análogos a los que se observan en la escala cuántica (mecánica cuántica); véase cómo podría estar teniendo lugar ésto:

Una onda se podría definir como una perturbación transmitida en un medio o en el vacío; pues bien, un movimiento ondulatorio sería la transmisión de un movimiento vibratorio armónico simple (un movimiento vibratorio armónico simple es un vaivén periódico alrededor del punto cero, con velocidad variable proporcional a la distancia al punto cero, de tal modo que en su representación gráfica en función del tiempo aparece con forma sinusoidal, ondulada y regular); y resulta que en el agua, si se sumerge un foco con una vibración armónica simple, se transmite dicho movimiento en forma de una onda (una onda en el agua, literalmente: una ola macroscópica, de hecho); dicha onda u ola en el agua tendrá longitud de onda, frecuencia, amplitud, y será capaz de fenómenos de difracción, refracción e interferencia, y todo ello a escala macroscópica; resulta que las partículas elementales también se pueden categorizar como ondas, según se desprende de algunos experimentos, pues al igual que las ondas en el agua (habría que decir: las ondas en el agua al igual que las partículas elementales, al ser las partículas lo fundamental) presentan longitud de onda, frecuencia, amplitud, y fenómenos de difracción, refracción e interferencia de ondas; pero, a diferencia de las ondas en el agua, los fotones (por ejemplo) se transmiten en el vacío, y a la velocidad de la luz, y llevan una partícula asociada, y son irreducibles (elementales); en cambio, las ondas en el agua no son ondas concretas a cualquier efecto, sino recreaciones de ondas, pues son visibles a simple vista con su forma, pero reducibles a un mecanismo fundamental (el movimiento mecánico de las moléculas de agua), no viajan por el vacío ni a la velocidad de la luz, y no llevan una partícula asociada; entonces tal vez sí que sería aceptable que el agua hace algo así como recrear ondas a mayor escala (del mismo modo que los *pixels* de una pantalla pueden recrear un rostro a mayor escala), y que las ondas en el agua carecen de la concreción de, por ejemplo, los fotones, a todos los efectos, a diferencia de los fotones, y de algunas de sus propiedades. Ciertas propiedades, sorprendentemente, sí son recreadas en el agua a escala macroscópica, e iguales a las de los fotones, es decir, enunciables con ecuaciones similares aunque a distinta escala, como la propiedad de la interferencia, o como la de la difracción (aunque en el caso del agua sin el paradójico y contraintuitivo comportamiento del fotón en el fenómeno de la doble rendija de Young).

Curiosamente un estado entrelazado es un estado cuántico coherente (coherente no en el sentido de congruente, sino en otro sentido que se verá enseguida), de modo que SOL podría ser la recreación de un estado ligado mediante la recreación de un estado cuántico coherente entre las redes implicadas. ¿Por qué no, si el cerebro es un sistema de osciladores acoplados?

¿Tendría que ver la emergencia de la subjetividad con la formación de redes y un cambio de escala subsecuente?

El modo en que se recrea una escala que sea macroscópica respecto de la escala previa (que será microscópica respecto de la posterior), por ejemplo, una escala correspondiente a la percepción de SOL a simple vista a partir de partes (redes) menores (redes S, O y L), podría consistir entonces en la integración sucesiva de redes menores en redes de mayor tamaño, así de simple. Para que ocurriera así y no de otra manera el fenómeno tendría que ser necesariamente un comportamiento del cerebro posible y peculiar, por su compleja estructura, algo propio por tanto del cerebro, dentro de sus posibilidades, y no de las de un melocotón u otra cosa que no sea un cerebro. Ésto a su vez sería congruente con el posible hecho de la dependencia o vinculación de la emergencia de la subjetividad con la complejidad en el sistema, hasta alcanzarse ese hipotético umbral de emergencia de la subjetividad.

La efectividad de la escala macroscópica de percepción parece por tanto vinculada necesariamente a la formación de una estructura morfofuncional literalmente macroscópica, la red neural: la percepción sería macroscópica y dependería de una estructura macroscópica respecto de las estructuras previas vinculadas con la consumación del proceso de percepción, hasta alcanzarse un umbral de complejidad en el que emergería la subjetividad de algún modo y por tanto la percepción sería efectiva.

El cambio de escala sucesivo tendría que ver entonces, simplemente, con la integración en redes de complejidad creciente (y de tamaño creciente, de hecho). Tendría que ver entonces con la efectividad de las redes como estructuras que son unidades morfofuncionales de por sí de hecho, y macroscópicas de hecho, en la práctica.

¿Hay alguna evidencia de la efectividad de las redes como unidades morfofuncionales del cerebro?

En la actualidad en algunos laboratorios se identifican redes neurales correlativas con ciertas funciones mentales, para lo cual utilizan técnicas de neuroimagen como la tomografía por emisión de positrones, o la resonancia magnética funcional, que no tienen excesiva resolución (no obtienen, por decirlo así, imágenes neurona a neurona), pero sí la suficiente como para identificar lo que se supone que son redes neurales.

Todavía no se han descrito, que se sepa, redes correlativas con S, O, L o SOL, que se están usando en este ensayo como ejemplos ideales de posibles redes, por ser ejemplos fáciles de intuir (cuando se dice fáciles de intuir se quiere decir que son fáciles para el autor, en primer lugar, que es el primero en quedar aturdido y fatigado por lo trabajoso, espeso y denso que está resultando ser este ensayo, y aun falta la parte más difícil).

¿Qué tendría que ver el cambio de escala con la emergencia de la subjetividad?

De alguna manera no es posible la percepción de la separación entre las partes a las que se reduce la subjetividad. Por ejemplo, al pensar en SOL, y por tanto en el sol, se concibe un solo objeto en el cielo, no tres, o, por ejemplo, al percibir una bola de billar roja sobre una mesa de billar, se concibe una sola bola, no varias a partir de los objetos mentales que componen de hecho su percepción, como puedan ser su forma, su color, su brillo, etc.

Para no percibir las partes de algo, y percibirlo como un todo, por ejemplo, para no percibir los ladrillos de una pared, hay que alejarse de la pared lo suficiente, para seguir percibiendo la pared pero sin distinguir ya los ladrillos por falta de resolución del sistema de medición a la nueva distancia (la nueva escala de medición). Ésto es lo mismo que decir que para no distinguir las partes y percibir sólo el todo hay que cambiar la escala de medición, hay que usar una escala mayor (que es lo que ocurre, por ejemplo, al alejarse de la pared), una escala mayor en la que la unidad de medida, la distancia entre las "rayitas de la regla o vara de medir", sea mayor que la distancia entre los dos extremos de cada ladrillo (en el ejemplo del muro), de modo que el ladrillo ya no pueda ser detectado en esa escala mayor, al no poder ser ya medido con esa unidad (al ser la unidad mayor que el ladrillo), siendo la escala mayor macroscópica respecto de la escala menor previa, y siendo el ladrillo entonces un objeto microscópico e imperceptible como tal a escala macroscópica. Al mismo tiempo, la nueva distancia del observador a la pared no debe ser tanta como para dejar de detectarse la pared todavía, y así será mayor, la pared, que la distancia entre las rayitas sucesivas (la unidad) de la escala mayor, y por éso puede ser detectada en esa escala macroscópica con esa unidad de medida mayor. Cuando uno dirige la mirada hacia la pared desde la escala macroscópica confinada (la escala suficientemente grande como para no detectar ladrillos), uno percibe pared, no ladrillos, y sin embargo son ladrillos lo que está uno viendo (aunque no percibiendo) de hecho, como se comprueba al aproximarse uno otra vez, y son ladrillos lo que la pared es, de lo que está hecha, a lo que se reduce (del mismo modo que al percibir un avión a reacción en el cielo, muy alto, de lejos parece ir despacio, y sin embargo vuela a 800 kilómetros por hora, de modo que si nos pasara de cerca parecería una bala; y del mismo modo que al mirar al mar uno está viendo moléculas de hecho, aunque perciba agua; y del mismo modo que al ver una película de cine se percibe una figura en movimiento, y no una sucesión de imágenes fijas); del mismo modo que al percibir una bola de billar roja esa percepción, ese objeto mental, es actividad neuronal, aunque nos parezca otra cosa dependiendo de la escala, como en los ejemplos anteriores (aunque resulta más difícil de entender en este último caso, entre otras razones, porque, aunque intentemos "acercarnos" a nuestras neuronas desde el yo para percibir nuestra propia percepción de las cosas como actividad neuronal, no podremos, y no sólo porque somos esa percepción y no se puede meter una caja dentro de sí misma, no podremos ser conscientes de si este todo tiene partes microscópicas simplemente porque la percepción está confinada en su escala macroscópica, la percepción no puede ser efectiva a escala microscópica; no obstante, podemos comprobar que las neuronas están ahí con un microscopio).

Acercarse y alejarse de la pared de ladrillos es lo que de algún modo (menos intuitivo que en el caso de la pared y los ladrillos, que es más fácil de visualizar), ha de hacer el cerebro para que al cambiar la escala, pasando de la microscópica a la macroscópica, de neuronas a redes, emerja el todo, la subjetividad, y quede además confinada de modo que no se perciban las partes (los ladrillos, la actividad neuronal), y sí el todo (la pared, el yo consciente). Ésto es lo que tendría que ocurrir para que, por ejemplo, una manzana que está siendo percibida sea patente con carácter único e individual, como si la manzana fuese un objeto mental único e individual (cuando no lo es, pues, sin ir más lejos, está formada por objetos mentales, por ejemplo: forma, brillo, color, etc.), o como si hubiese un yo único e individual contemplando dicha manzana, o dicho de otro modo, y gracias al carácter ilusorio de la percepción, como si yo, cada uno de nosotros, fuésemos un todo único e individual, cuando somos una multiplicidad de neuronas.

¿Ya se había mencionado en el pasado al entrelazamiento al tratar sobre la subjetividad?

Husserl, que vivió de 1.859 a 1.938, escribió una vez: "La conciencia (se supone que en referencia al yo consciente, la experiencia consciente como individuo único) es el entrelazamiento de las vivencias psíquicas en la unidad de su curso." Resulta llamativo que Husserl achaque la unidad de la experiencia consciente subjetiva al hecho de tener lugar la integración de dicha unicidad en función del tiempo, y resulta interesante que aparezca la palabra entrelazamiento en esta frase, porque parece ser que Husserl afirmó esto en sus *Investigaciones lógicas*, publicadas antes de 1.935, la fecha de publicación del artículo de Einstein, Podolsky y Rosen en el que se predecía el entrelazamiento cuántico.

Husserl hace referencia al entrelazamiento de las partes, a la ligazón, de la que se ha venido hablando previamente en este ensayo. Husserl hace referencia al entrelazamiento como condición necesaria, se sobreentiende, para que la vivencia sea algo continuo. Parece evidente que Husserl pertenece al grupo de autores que intuyeron que la conciencia (conciencia entendida como experiencia consciente subjetiva) es única, a pesar de tener partes, y es función del tiempo.

¿Cambian las propiedades de un sistema con el cambio de escala?

Thomas, en el artículo: *Gases de Fermi atrapados ópticamente*, publicado en *Investigación y Ciencia*, en 1.992, afirmaba que hay un principio universal que establece que el cambio de escala no modifica las propiedades fundamentales del sistema (de modo que, por ejemplo, al emerger la subjetividad en un sistema consciente con un cambio de escala no tendría por qué dejar de ser consciente el sistema necesariamente).

¿Qué tendría que ver la conciencia con que las propiedades de un sistema no se modifiquen con el cambio de escala?

Quizá por ésto la conciencia es una propiedad que persiste a escala macroscópica confinada cuando emerge la subjetividad, razón por la cual en la práctica un sujeto (la parte de la mente que es subjetiva) no sólo consigue ser un sujeto (un solo individuo al adquirir la mente las características de la unicidad y la individualidad de manera emergente a escala macroscópica), sino que además logra ser un sujeto consciente, un yo consciente, gracias a que la propiedad de la conciencia probablemente no desaparece al emerger la propiedad de la subjetividad.

Al integrarse neuronas y circuitos para formar redes, y a continuación las redes en redes mayores, las redes mayores siguen haciendo lo mismo que hacían las neuronas: medir, pues con el cambio de escala, con el paso de la escala microscópica de las neuronas y circuitos a la escala macroscópica de las redes, no se alteran las propiedades fundamentales del sistema. Y una de las propiedades de las neuronas es medir, pensar, computar, y éso siguen haciendo las redes a gran escala, ya que sus neuronas siguen haciéndolo y las redes son neuronas desde otro punto de vista (la pared sigue siendo ladrillos, aunque éstos no se perciban de lejos).

¿Cómo cambia la escala en el sistema?

La escala determina la unidad de medida en un sistema, si cambia la escala, cambia la unidad de medida, y si cambia la unidad de medida, cambia la escala. La escala cambia al variar la unidad de medida. Como las redes son efectivas como un todo en la práctica a ciertos efectos con un error despreciable, la unidad de medida pasa de hecho de ser la neurona, un potencial de acción, a ser la red, un elevado número de potenciales de acción concurriendo temporalmente dentro de un intervalo de tiempo dado que es efectivo como punto a gran escala a ciertos efectos (al efecto de la emergencia de la subjetividad), no como intervalo con varios puntos sino como punto único e individual, por ejemplo, como letra S capaz de actuar como "partícula elemental" para la palabra SOL, un "estado ligado" de esas letras. Con la efectividad de las redes como unidad funcional la unidad de medida pasa de microscópica a macroscópica, simplemente, porque las redes son macroscópicas (mientras que las neuronas y los circuitos son estructuras funcionales microscópicas).

Por éso se entiende que se perciban a simple vista "bultos" macroscópicos, no detalles microscópicos (una manzana, no fotones), por éso se percibe una figura en movimiento en el cine (otro "bulto" macroscópico), no cada fotograma por separado, durante una proyección cinematográfica.

¿Cómo influye el cambio de escala en la percepción?

Al cambiar la unidad de medida varía la escala de medida, y al variar la escala varía la medición, y al variar la medición varía el resultado, que será la percepción en este caso (en vez de ladrillos, se obtiene pared). Y como no se percibe otra cosa que lo macroscópico, la percepción además de ser macroscópica estará confinada: subjetivamente se percibirá sólo a simple vista, se percibirá sólo lo macroscópico (se percibirá pared, pero no ladrillos, se percibirá un rostro en la pantalla del ordenador, pero no los *pixels*, se percibirán las cosas en forma de yo consciente, no en forma de yo y neuronas).

¿Cómo cambiaría la unidad de medida?

Habría dos maneras por las que la unidad temporal podría ser mayor y así se perdería resolución y emergería lo macroscópico a simple vista: o bien "estirando" la escala del tiempo ("lentificando" el tiempo), o bien cambiando la escala para que parezca que se lentifica el tiempo (por ejemplo, pasando de medir el transcurso de las cosas en milisegundos a medirlo en décimas de segundo, a ciertos efectos). La segunda opción es la que tiene sentido (lo que tiene sentido es que las neuronas se integren en redes, no que el cerebro "lentifique" el tiempo, pues dentro de las funciones de las neuronas no está la de "lentificar" el tiempo, como no está la de "encoger" el espacio, afirmaciones que podrían parecer lógicas como consecuencia de lo dicho previamente, pero que son absurdas y carentes de sentido).

¿Envía la emergencia de lo macroscópico a lo microscópico a la nada (dejan los *pixels* de ser *pixels* al emerger el rostro que los *pixels* recrean en la pantalla del ordenador)?

Al emerger la subjetividad la percepción se hace patente como macroscópica, y se confina en esa escala.

El confinamiento de la percepción incluye la imposibilidad para percibir subjetivamente el carácter ilusorio de este confinamiento: uno no se da cuenta de que sigue siendo microscópico mientras es macroscópico, la pared sigue siendo ladrillos, la figura en movimiento en el cine sigue siendo fotogramas, la velocidad del avión por el cielo sigue siendo elevada, y el rostro en la pantalla del ordenador sigue siendo *pixels*. Uno sigue siendo neuronas mientras es red, porque la red está formada por neuronas. Uno será capaz de contar sólo hasta las décimas de segundo mientras sus neuronas seguirán de hecho funcionando en milésimas de segundo.

¿Qué vinculación existe entre lo microscópico y lo macroscópico?

Las neuronas y la red no están superpuestas, sino que posiblemente sean complementarias, posiblemente exista complementariedad entre ellas, entre lo microscópico y lo macroscópico; no se trataría de superposición, sino de complementariedad, ya sea dicha complementariedad un isomorfismo o una analogía sin sentido.

¿Hay un principio de complementariedad aplicable al cerebro?

Hay un principio de complementariedad en mecánica cuántica, enunciado por Bohr, y que tiene que ver, parece ser, con la dualidad onda-corpúsculo, en particular, con la imposibilidad de determinar a la vez el carácter ondulatorio y corpuscular de las partículas elementales con un mismo experimento científico (sin embargo, parece ser que, a pesar de la complementariedad, y en caso de ser las partículas "algo", las partículas no serían ondas o corpúsculos, sino ondas y corpúsculos, por tanto la dualidad estaría en el experimento, no en la partícula, que seguiría siendo una sola naturaleza cuya dualidad estaría en función del experimento con que se la mida: con un experimento para detectar ondas se detectarán ondas y no corpúsculos, y con un experimento para detectar corpúsculos se detectarán corpúsculos y no ondas).

Del mismo modo, es imposible tener una experiencia consciente subjetiva y una experiencia consciente no subjetiva a la vez. Por ejemplo: no se puede ser y no ser a la vez subjetivamente consciente de las excursiones ventilatorias al respirar (de la contracción del diafragma); o una cosa o la otra, o ventilamos sin darnos cuenta (control de la ventilación al margen del yo), o controlamos nuestras ventilaciones "desde el yo", pero no las dos cosas a la vez.

De modo análogo, ya sea isomorfismo o analogía sin sentido, la conciencia no es macroscópica o microscópica, sino macroscópica y microscópica, pues mientras es macroscópica, mientras las redes son efectivas, mientras el yo cree percibir la realidad como ente único e individual, las microscópicas neuronas que integran el yo siguen interaccionando a escala microscópica (y siendo una multiplicidad).

Nos cuesta intuirlo porque por el confinamiento y la complementariedad no es posible percibir subjetivamente que duran lo mismo diez décimas de segundo, medición macroscópica, que mil milésimas de segundo, medición microscópica; y éso que las dos mediciones están ocurriendo a la vez y duran lo mismo: un segundo. La razón es que a simple vista es perceptible el paso del tiempo hasta las décimas de segundo aproximadamente, pero no hasta las milésimas: no es posible contar en milésimas, es demasiado rápido para la capacidad de resolución propia de la subjetividad, pues el confinamiento establece esa especie de analogía con el principio de complementariedad.

Un ejemplo más sencillo para entender el confinamiento es el siguiente: a simple vista no percibimos objetos microscópicos, sólo los macroscópicos.

¿Qué es la escalabilidad?

El confinamiento de la medición de la realidad en la escala macroscópica es una manera de decir que el cerebro, como sistema de medición, carece de escalabilidad al confinarse.

Ferrero, en un artículo del 2.003 en *Investigación y ciencia*, titulado: *Información cuántica, estado de la cuestión*, decía que la escalabilidad de un sistema físico es la capacidad del sistema para adaptarse a tareas de distinta magnitud.

Así mismo, Ynduráin, en su libro *Electrones, neutrinos y quarks*, explica que el *scaling* indica lo que cambia una cantidad física al alterar la escala de uno de los parámetros de los que depende.

¿Qué tendría que ver la escalabilidad con la percepción subjetiva?

El observador subjetivo es un sistema físico de medición de información consciente, adaptado a la percepción en determinada escala, la efectiva en el momento en el que el cerebro se encuentre en el peculiar estado morfofuncional correspondiente a la propiedad de la subjetividad.

El observador subjetivo, por su confinamiento, no posee la capacidad de la escalabilidad, por lo que la percepción a simple vista sólo ocurre a simple vista, está confinada en una escala determinada.

El confinamiento, la falta de escalabilidad del sistema de medición en el estado morfofuncional de observador subjetivo, explica la efectividad de la subjetividad en la práctica. Por ello, tan interesante será desentrañar el modo de emerger la subjetividad, como el modo de confinarse.

El confinamiento en la subjetividad, el hecho de poder percibir solamente lo macroscópico como sujetos conscientes, se debe a la falta de escalabilidad del estado dinámico morfofuncional subjetivo del cerebro como proceso de medición sistemático, es por tanto una cuestión de *scaling*.

¿Cómo influye la escalabilidad en la física?

El *scaling* es cosa de físicos. Parece ser que indica lo que cambia la magnitud de una medición efectuada en un sistema si cambia la escala de uno de los parámetros de medición.

El *scaling* en física parece análogo, tenga o no sentido esta analogía, a cómo cambia la percepción al cambiar la escala de medición, por ejemplo, cómo cambian las propiedades de la mente al pasar de escala microscópica a macroscópica (pasando, por ejemplo, de mente consciente pero no subjetiva a mente consciente y subjetiva).

Parece ser que en mediciones físicas groseras, por ejemplo, macroscópicas, el *scaling* no influye mucho en la práctica en los resultados, pudiendo ser el error despreciable. En mediciones ultramicroscópicas, en las que el margen de error no es aceptable, sí influye de manera importante en los resultados.

Así que la escala influye en la medición. La magnitud medida cambia en función de un cambio en la escala de alguno de los parámetros. Por ejemplo, cuando los físicos hicieron colisionar electrones con protones, a los que hasta entonces consideraban elementales (como se ha dicho más arriba), los resultados de los choques se alejaron de lo previsto. Feynman propuso que se podría tratar de *scaling*, fruto de haber prejuzgado que electrón y protón se hallaban en una misma escala sin ser así, porque el electrón parece ser que es elemental, y el protón ha resultado no serlo en cambio. Feynman tenía razón. De este modo se empezó a comprobar que el protón no era elemental, como el electrón, sino formado por quarks y gluones (al principio a las partes del protón se las llamó partones, antes de descubrirse los quarks). Y así, al considerar a los protones como no elementales, los cálculos ya se obtuvieron sin tantos errores. Para solucionar este problema con los resultados de los choques entre protones y electrones, entre lo predicho y lo obtenido en la práctica, los físicos necesitaron cambiar la escala, para corregir la diferencia entre ambos, al ser uno elemental, y el otro, no.

¿Cómo amortigua el cambio de escala los errores debidos a la escalabilidad, amortiguamiento del que depende la efectividad del confinamiento en la práctica?

A escala macroscópica, el error en la medición que pudiera ocurrir en uno de los elementos queda amortiguado por una mayoría no errónea, ya que los elementos son suficientemente numerosos. Por ejemplo, ante un plato con comida, a la hora de comer, la mayoría de las neuronas implicadas integrarán como respuesta probable (pues de una probabilidad se trata de nuevo, de modo análogo a lo que ocurre en otros niveles) el comportamiento consistente en ir a comer, y si algunas por error integran lo contrario, quedarán anuladas por una mayoría "decidida" a comer, que será lo que al final se haga con mayor probabilidad, y con un error despreciable (el error correspondiente a las neuronas que llevaban la contraria).

¿Altera el cambio de escala a los objetos mentales?

La subjetividad, en una primera aproximación intuitiva a la solución del problema, emerge y se confina mediante un cambio de escala en el sistema por tanto (el sistema es el cerebro), durante su peculiar y sistemático proceso morfofuncional.

Este cambio de escala probablemente no signifique que el objeto mental cambie de tamaño en el cerebro, no significaría que SOL ocupe una red mayor, por resonancia neuronal, o por algún otro mecanismo neuronal, hasta ser tan intensa que emerja de tanto "empujar desde abajo", como un iceberg.

Lo que se modificaría con el cambio de escala es la unidad de medida, no el tamaño del objeto mental, no el número de neuronas correlativas con el significado SOL, por ejemplo. No se agrandaría la red SOL con la adición de más neuronas para que el proceso sea subjetivo, no se representaría SOL con una red creciente para lograr tal fin.

¿Cómo se produce el cambio de escala si no se debe al aumento de tamaño de la red SOL?

El cambio de escala debe de tener lugar porque la integración de S, O y L debe de suponer una nueva escala macroscópica al formarse SOL, y por tanto el cambio de escala se deberá a que de hecho con una red mayor habrá una nueva escala, y además macroscópica respecto de la anterior, cuando las redes S, O y L (las neuronas que las constituyen) se correlacionen para dar lugar a la detectabilidad de la red SOL en determinada escala en la práctica, con un error despreciable, lo cual hará posible la efectividad de la emergencia de SOL (por ejemplo) como objeto mental macroscópico, por el simple hecho de que la red SOL será necesariamente mayor que cualquiera de las redes S, O y L, al ser la suma de ellas (y mayor que las neuronas a que se reduce SOL; la clave es que una red neuronal pueda ser efectiva como unidad morfofuncional del sistema nervioso, por tanto, y a ciertos efectos al menos).

Como una red es un todo, y como una red es de por sí una unidad de medida en la práctica, al integrarse SOL la escala de medida cambia, de hecho, mediante *scaling*. Ésto implica un cambio en la forma final del fenómeno (de la actividad neuronal como fenómeno), incluyendo la posibilidad de que tenga lugar la percepción subjetiva, por ejemplo.

¿Qué vinculación habrá entre el sujeto y la red SOL?

El observador subjetivo se identificará con la red SOL en el momento en que ésta sea efectiva, ya que el observador subjetivo no es un ente concreto dotado de subjetividad, sino que en ese momento será (se identificará con) la percepción consciente y subjetiva de SOL, es decir, el sujeto es un objeto abstracto, en este caso, el objeto SOL (un objeto es lo que un observador, por ejemplo, un sujeto, determina como objeto; el sujeto y el objeto son una sola cosa en este caso, y sin embargo este objeto queda determinado como objeto porque la percepción es un proceso de determinación, ya que se trata de un proceso de memorización, y de determinación objetiva, ya que se trata de un proceso de medición; entonces es una ilusión creer que hay ahí un sujeto determinando el objeto, ésto se dice así en sentido figurado en este caso, por hablar un lenguaje común, afín al sentido común, dada la creencia en la concreción del sujeto a simple vista, la creencia en la concreción del yo que cada uno parece poseer de modo intuitivo natural; todo yo cree ser ese yo; es decir, decimos que el observador determina el objeto, pero no hay un observador haciendo dicha determinación, sino que a dicha determinación se la denomina observador en este caso por la imposibilidad de darnos cuenta intuitivamente de que el sujeto no es concreto a todos los efectos, por ejemplo, al efecto de llevar a cabo una determinación; para que el yo consciente fuese algo concreto a todos los efectos primero habría que ser capaces de meter una caja dentro de sí misma, y no se puede, salvo mediante una convincente ilusión).

¿Por qué es más grande SOL que, por ejemplo, S, O y L?

Al pasar, por ejemplo, de circuito a red cambia la unidad de medida, la distancia entre las "rayas de la regla de medir" (porque se pasa de letras a palabras, y son las palabras las que están hechas de letras, no las letras las que están hechas de palabras, al ser la mente un proceso irreversible), y por tanto cambia la escala, de modo que es por éso que SOL es más grande, más macroscópica, que S, O y L, aparte de por lo obvio: SOL constará de más neuronas que S, o que O, o que L. Cualquiera de estas tres redes era más pequeña que la red SOL, y por tanto eran unidades de medida más pequeñas, eran redes, literalmente, más pequeñas, con menos neuronas, simplemente.

¿En qué consiste el entrelazamiento cuántico?

El cambio de escala debería consistir en la recreación de un entrelazamiento entre objetos mentales, de algún modo, un trasunto en el terreno de la abstracción de dicho entrelazamiento, de la formación de estados ligados entre objetos abstractos, por ejemplo, entre S, O y L durante la percepción de SOL.

Un objeto entrelazado, por ejemplo, un protón, se percibe como si fuera un mismo objeto desde cualquier punto de vista desde el que se le observe (mida) en una misma escala dada, parecerá elemental en todo caso.

El entrelazamiento es un fenómeno descrito por los físicos, difícil de asumir intuitivamente pero sin embargo comprobado experimentalmente, mediante el cual dos o más partículas forman estados ligados y por ello a ciertos efectos se comportan como una sola partícula.

Los objetos mentales, como las letras S, O y L, o como la información sobre el brillo, la forma y el color de una manzana, son abstractos, no partículas elementales, de modo que en principio un entrelazamiento entre objetos mentales consistiría en una recreación de dicho entrelazamiento en el terreno de la abstracción.

Un entrelazamiento, por ejemplo, el entrelazamiento entre dos fotones, consiste en una correlación no local entre ellos (eseguida se verá qué significa ésto).

Y parece ser que para que dos partículas subatómicas procedentes de un foco común coherente (coherente no en el sentido de congruente, como hasta ahora, sino en otro sentido que enseguida se aclarará) se entrelacen han de ser de la misma especie, por ejemplo, fotones.

Parece ser que es necesario un foco común coherente para que los fotones se entrelacen.

¿Qué es una correlación no local?

Al ser no local la correlación entre dos fotones entrelazados les ocurre algo al unísono a ambos, con dependencia entre lo que le ocurre a uno y a otro, pero de manera no local, sin estar uno cerca de otro, así que no pueden estar en contacto, y por tanto no pueden tener una vinculación causal directa como explicación de la correlación en este caso: lo que causa un cambio en uno no puede ser la causa que produce el cambio en el otro, y sin embargo, ambos cambian como si dicha causa fuese común, lo cual no es posible, al ser su correlación no local, al estar separados en ese instante y por tanto no poder estar a la vez en contacto con un mismo agente causal en el momento de la medición de ese cambio.

El concepto de correlación es matemático, aunque aquí se está utilizando de una manera más general, en el sentido de dependencia o vinculación no causal.

En el caso del entrelazamiento se solapa el concepto general con la idea matemática.

Los matemáticos definen la correlación entre dos fenómenos como la existencia de una dependencia entre ellos, por ejemplo, una dependencia en función de una proporcionalidad directa o inversa.

Una proporción es una igualdad entre razones, por ejemplo: A/B=C/D, de modo que A depende de C porque A aumenta si C aumenta, A depende de D, porque A aumenta si D disminuye, etc.

El establecimiento de una correlación entre fenómenos es

una descripción del fenómeno, no permite confirmar una relación causa-efecto con seguridad en todo caso, por éso se usa la correlación para describir algunos fenómenos al margen de cuestiones sobre las causas, y la correlación no local en particular como descripción de lo que ocurre durante el contraintuitivo fenómeno del entrelazamiento, y es que en la escala de la mecánica cuántica no está clara la vinculación causal de las interacciones, al ser tan extrañas.

Los estadísticos afinan más la idea de correlación, definiéndola como la teoría que trata de estudiar la dependencia que existe entre las dos variables que intervienen en una distribución bidimensional. Pero aquí se va a hacer un uso más prosaico de la palabra correlación, para prevenir en lo posible un mayor sopor del que ya pueda estar provocando toda esta cantidad de texto.

¿Es no local la correlación entre neuronas?

Las neuronas no mantienen entre sí una correlación no local, su correlación es local, por lo que de entrada se presenta esta primera dificultad: explicar cómo las neuronas conseguirían recrear una correlación no local.

En un circuito de neuronas A-B-C, A establece sinapsis con B, y B con C. La vinculación entre A y B se puede considerar una relación causa-efecto en la práctica con un error despreciable a escala neuronal. En cambio, la vinculación entre A y C es de correlación. Las neuronas intercalares, como la neurona B en el circuito de este ejemplo ideal, establecen en el cerebro un sistema de correlaciones. La correlación entre A y C es a distancia, pero local, pues están conectadas a través de B. Entre neuronas la acción a distancia, pero local, se produce básicamente mediante neuritas (axones y dendritas), formación de circuitos, sinapsis y transmisión de potenciales de acción. La acción a distancia puede tener lugar a mucha distancia, pues hay axones de un metro, pero aun así seguirá siendo local, por lo dicho.

¿Cuál es la causa del entrelazamiento?

No hay causalidad en el entrelazamiento, hay correlación no local; Ynduráin ha dicho: "¿Qué causa la emisión y/o absorción de partículas? ¿Qué mecanismo está detrás (de éste y de otro tipo de procesos similares)...? ... La respuesta es: ninguno... tenemos que considerar tales procesos como irreducibles a otros". En palabras de Freeman Dyson: "... (tras dominar el lenguaje formal de la mecánica cuántica, hay que) reconocer que nada hay que entender". Sólo cabe la mera descripción de fenómenos que no sólo son contraintuitivos, sino que se reducen a sí mismos, carecen de mecanismo interno, no hay un qué ni un por qué para ellos, carecen de explicación, sólo hay un cómo.

Con la experiencia consciente subjetiva ocurre algo parecido, no hay un porqué (ya que se fundamenta en un sistema de correlaciones, un sistema neuronal), sólo un cómo, sólo la descripción del modo en el que el proceso físico sistemático dinámico correlativo con dicha experiencia evoluciona para que sea posible en la práctica la efectividad del sujeto como ente ficticio pero real. Dicho "cómo" sería, de entrada, el siguiente: la propiedad de la subjetividad debería emerger mediante el cambio de escala en el sistema, y el cambio de escala debería ser la recreación de un entrelazamiento. Esto es lógico, y necesariamente debería haber un tipo peculiar de correlación neuronal compatible con este hecho.

Esta recreación de un entrelazamiento debería tener lugar entre los objetos mentales implicados en la experiencia subjetiva en un momento dado, y no entre los objetos mentales no implicados en la experiencia subjetiva en un momento dado.

Si el fundamento del yo consciente es un cómo, y no un qué ni un porqué, difícilmente será el yo algo concreto a todos los efectos, o algo con esencia de por sí.

¿Por qué es difícil intuir la correlación no local?

Aunque una correlación es un tipo de relación matemática entre dos entes matemáticos, en general se podría considerar como una expresión de la dependencia entre dos sucesos, una vinculación, que no aclarará si es relación (causal) o no, simplemente describirá su vinculación, su dependencia. Por ejemplo: en la práctica sí se puede establecer una relación causal entre el virus de la gripe y la gripe con un error despreciable. En cambio, entre la lluvia y la gente con paraguas bajo la lluvia no se podría establecer una relación causal, así que en este segundo caso sólo se podría plantear una correlación.

En el ejemplo de la lluvia y la gente con paraguas, la correlación ha de ser local: la gente con paraguas ha de estar allí donde esté lloviendo. Lo que no tendría sentido sería una correlación no local entre la lluvia y un individuo con un paraguas, como pudiera ser: siempre que llueve en Londres don Salustiano Romerales, de Sevilla, que nada sabe sobre Londres, abre su paraguas a la misma hora en Sevilla, donde la lluvia es una maravilla. Algo así, una correlación no local, sería contraintuitiva y no tendría sentido.

La correlación no local ya les pareció absurda a Einstein,

Podolsky y Rosen, que fueron los que predijeron la posibilidad de la correlación no local (entrelazamiento) entre partículas subatómicas (en 1.935) como parte de la mecánica cuántica. Como la correlación no local parece absurda, parece ser que la presentaron como forma de demostrar que la mecánica cuántica no podía ser la mecánica que explicase la naturaleza en la escala fundamental, ya que la idea del entrelazamiento se derivaba de la propia mecánica cuántica.

Resulta que se ha comprobado que la correlación no local es auténtica, que es un fenómeno verdadero. Por ejemplo: entre fotones se produce en ocasiones una correlacion no local: algo inimaginable, contrario a la intuición, extraño, pero, ¿qué se le va a hacer? cierto y comprobado. Einstein volvió a tener razón una vez más, y a pesar de Einstein.

¿Qué es la interferencia de ondas?

La interferencia de ondas consiste en que dos ondas, dado un punto geométrico del medio por el que se transmiten, si inciden a la vez en dicho punto suman sus efectos en dicho punto.

La interferencia se basa en el principio de superposición, según el cual el valor de la perturbación producido por las dos ondas al llegar a la vez a un punto es el mismo valor que el que producirían cada una de las ondas por separado. Si la amplitud de una onda en un punto vale X, y la otra vale Y, la superposición de ambas ondas en ese punto valdría X+Y. Si una onda causada por una piedra en un charco mueve hacia arriba una distancia X a una hoja de árbol que está flotando (distancia X que es la amplitud de la onda que golpea a la hoja en un punto, es decir, la altura que alcanza a partir del nivel de reposo), y una segunda onda provocada por una segunda piedra llega a la vez que la primera a la hoja (es decir, procedentes de focos coherentes, no en el sentido de congruentes, sino en el sentido de dos piedras que caen a la vez con un error despreciable en ese "a la vez" en esa escala) y la sube una altura Y, la altura final de la hoja será X+Y, por superposición de las dos olas.

Con ondas en un charco es fácil visualizarlo, con ondas electromagnéticas, que se mueven por el vacío, es más difícil, al no percibirse el agua, pero la idea es la misma, siendo el vacío el agua (es más fácil visualizarlo si se entiende que el vacío no es la nada, sino campos de energía con poca energía y poca materia, pero conformando un "entramado" geométrico –espaciotemporal- real, aunque poco activo en lo que a interacciones entre partículas elementales se refiere, es decir, el vacío sería algo así como materia poco probable, no la nada, o, a simple vista, desde un punto de vista clásico, espacio y tiempo vacíos de sucesos), y las ondas se suman al interferirse mutuamente, al establecerse una interferencia entre ellas.

De modo que el principio de superposición explica el fenómeno de interferencia.

¿Qué es la superposición de estados?

Ambas olas del charco, X e Y, estarán en un estado de superposición (una superposición de estados) desde el punto de vista de la hoja cuando la mueven juntas hacia arriba. Para la hoja no habrá diferencia entre una ola y otra, estarán superpuestas a todos los efectos desde el punto de vista de la hoja, serán para ella un ente único.

En el vacío no hay agua, de modo que cuesta un poco más visualizar el estado de superposición entre ondas concretas.

Supóngase que el agua fuese invisible para la hoja flotante: en este caso la hoja se encontraría ascendiendo X+Y, en un momento dado, sin saber cómo, pues estaría en el vacío, y únicamente podría concluir que sube no por el empuje del agua, sino por encontrarse, la hoja, en un estado de superposición X+Y, al comprobar que sube una altura X+Y (desde un punto de vista meramente geométrico), sin más datos sobre el suceso. Si no se percibiese el agua, lo único que le quedaría a la hoja, para explicar este patrón de comportamiento, de acuerdo con el cual unas veces asciende X, otras Y, y otras X+Y, sería hablar de su situación no como hoja flotando en agua que se mueve, sino como hoja en un estado: el estado de la hoja; un estado de la hoja sería el estado X, otro, el estado Y, y otro el estado X+Y, el estado de superposición.

La descripción del cambio de su situación dentro de una geometría dimensional sin otra explicación (sin agua), lo explicaría la hoja intuyendo a su propia evolución como un cambio de estado (que no hay que confundir con cambio de escala).

¿Qué parámetros permiten describir a una onda?

Como decía Cicerón (en referencia a la "gente sabia"), *Vivere est cogitare*, vivir es pensar. La física a veces es tan abstracta que resulta difícil ponerse en el lugar de los sucesos para pensar acerca de ellos y comprenderlos. Cuesta empatizar con los electrones. Ésto ocurre también con las ondas. Para visualizarlas, un truco consiste en trasladar lo que ocurre en cuatro (según parece) dimensiones a dos, en una gráfica sobre un papel; resulta útil imaginar que una onda es una línea sinuosa sobre un papel. Haciendo ésto, se entiende que una onda, representada por una sinusoide en un papel, tenga periodo (tiempo en volver a una misma altura que la de partida), frecuencia (número de vueltas alrededor de un punto durante un periodo de tiempo dado; la frecuencia es la inversa del periodo), amplitud (altura del punto máximo midiendo desde el punto de reposo), etc.

¿Qué es la sincronización de ondas?

Dibujadas dos ondas iguales en paralelo en el papel, también se entiende que si ambas consisten en una línea sinuosa que sube y baja y vuelve a subir y bajar, el punto más alto, al que llamar pico (si se toma la línea por la parte convexa), y el más bajo, al que llamar valle (si se considera la parte cóncava), pueden coincidir en la onda de arriba y en la paralela que está debajo, o pueden no coincidir picos de una y picos de la otra. Si dos ondas coinciden por todos sus picos, estarán sincronizadas, es decir, en fase (y así pueden tener distinta amplitud pero igual frecuencia). Si dos neuronas contiguas coinciden por los picos de sus oscilantes potenciales de acción estarán sincronizadas en fase, y posiblemente codificarán lo mismo. Por tanto, la sincronización en fase difícilmente será el correlato neural de, por ejemplo, la concurrencia temporal entre S, O y L cuando SOL sea efectiva como parte de la percepción subjetiva, ya que S, O y L deben ser distintas (códigos distintos) para que SOL sea efectiva, y por la sincronización en fase se volverían iguales, y no emergería SOL.

¿Qué es la sincronización de fase (que no hay que confundir con la sincronización en fase)?

Ahora supóngase que las dos ondas paralelas que se han dibujado en el papel no tienen la misma frecuencia; por ejemplo, que la de arriba esté a 2 Hz (2 ciclos por segundo, considerando al tiempo en abscisas, en el eje de coordenadas horizontal –y la amplitud en ordenadas, en el eje vertical-) y la de abajo a 3 Hz. En este caso, si cada onda conserva su forma, no pueden sincronizarse en fase, no pueden hacer coincidir todos sus picos y valles, lo cual no quiere decir que no puedan superponerse, coincidir en un punto del espacio, sumar sus amplitudes en ordenadas, sólo quiere decir que no pueden sincronizarse, coincidir en el tiempo sus picos y valles en abscisas; ahora bien, si una va a 2 Hz y la otra a 3 Hz, aunque no puedan sincronizarse sin homogeneizar sus frecuencias (en cuyo caso dejarían de ser cada una un posible código distinto), sí que pueden acoplarse de otro modo en función del tiempo, a lo largo de abscisas; ese modo consiste en hacer coincidir, cada cierto número de vueltas, uno de sus picos; en este ejemplo: cada dos vueltas de la onda a 2 Hz, y cada 3 vueltas de la onda a 3 Hz, ambas coincidirían por un pico.

Dicha coincidencia de cierto pico ocurriría cada cierto número de vueltas, es decir, habría una diferencia entre sus frecuencias constante entre ambas en tal caso (una diferencia de fase constante, que dicen los físicos) y por tanto un acoplamiento en función del tiempo, una concurrencia temporal. Este fenómeno se denomina sincronización de fase, y podría hacer posible la concurrencia temporal entre redes sin necesidad de sincronización en fase (no hay que confundir, por tanto, sincronización en fase o sincronización a secas con sincronización de fase).

El requisito para que la sincronización de fase ocurra es la emisión de ambas ondas en coherencia (otra acepción de la palabra coherencia, por tanto, distinta a la de congruencia), es decir, la emisión de las ondas desde focos coherentes para que pueda tener lugar la sincronización de fase. Para que el foco sea coherente debe tener lugar la emisión en fase, a la vez, de manera que al menos el primer pico de ambas ondas al comienzo de la emisión de ambas esté sincronizado en fase (el resto de los picos de ambas ondas no lo estarán, salvo un pico de cada onda cada cierto número de vueltas u oscilaciones), para que así se produzca la sincronización de fase cada cierto número de vueltas, que será un número de vueltas constante para cada onda pero distinto al número de vueltas constante de la otra onda.

¿Qué consecuencias tendría para el cerebro la diferencia entre la sincronización y la sincronización de fase?

Para que dos ondas estén en sincronización de fase no es necesario por tanto que estén en fase o sincronizadas (la fase es el área debajo de un pico o de un valle, delimitada, por ejemplo, por la línea de base), sino que lo que hace falta es que coincidan sus fases poniéndose en fase, periódicamente, cada cierto número constante de vueltas.

Para que se produzca una interferencia entre ondas, las ondas deben ser coherentes, y por tanto deben ser emitidas por focos coherentes, es decir, emitiéndose ambas ondas en fase (en fase en el primer pico, al comienzo de la emisión).

Para que haya un entrelazamiento, un estado cuántico coherente, los focos deben ser coherentes, y por tanto no es necesaria la sincronización para el entrelazamiento, así que tal vez para la recreación de un entrelazamiento entre objetos mentales no haga falta que las neuronas se sincronicen, que estén en fase a lo largo de su descarga, pero sí que presenten sincronización de fase.

En la literatura internacional es frecuente que el término coherente se utilice también como sinónimo de sincronización, por lo que debe quedar claro que en este ensayo el término coherente no se refiere aquí a la sincronización en fase, sino a la sincronización de fase, que son dos cosas distintas.

¿Qué es un foco coherente?

En el ejemplo del charco, para que las ondas provocadas por las dos piedras que caen en el charco se interfieran entre sí deben ser emitidas a la vez (lo que previamente se ha denominado también, como se recordará, en concurrencia temporal).

Si una piedra cae el lunes, y la otra el martes, no podrán interferirse sus ondas bajo la hoja, no dará tiempo, porque las ondas no permanecerán tanto tiempo en el charco, cuando se produzca la segunda la primera habrá desaparecido; debe ser coherente la emisión, deben ser emitidas a la vez (foco coherente) dentro de una escala de tiempo, las dos piedras deben caer a la vez, con un error despreciable para ese "a la vez" en la escala en la que la superposición de ambas ondas vaya a ser efectiva en la práctica, se sobreentiende, y lo mismo en el caso de la subjetividad, si resulta que al final el entrelazamiento entre objetos mentales va a consistir en la recreación de una superposición entre los estados de los objetos mentales (en función del tiempo).

Un estado de un objeto mental sería, por ejemplo, el estado S, y otros estados los estados O y L, por ejemplo.

Para que las ondas del charco se superpongan bajo la hoja no es necesario que estén sincronizadas, es suficiente con que sean coherentes (que el foco sea coherente, es decir, en su caso, que las piedras caigan "a la vez"), para que sus fases coincidan al menos una vez, no todas, porque con que lo hagan una vez es suficiente (e incluso aunque no sea exactamente por sus picos, ya que en determinada escala la fase no es un punto, es un área, como se recordará, ya que la superposición puede ser más o menos constructiva o destructiva, es decir el resultado de la suma puede medir más o menos al final, dependiendo de las partes de las pendientes de las fases por las que se sumen).

Sólo han de coincidir una vez bajo la hoja, situación para la que, dicho desde el punto de vista de la hoja (en sentido figurado, por tanto): sólo es necesario que la hoja esté en el estado adecuado (el estado de X, o el Y, o el estado de superposición X+Y) para que se verifique uno de sus estados posibles al medirlo (al medir su altura a partir del estado de reposo en un momento dado). Y con la subjetividad ocurrirá lo mismo: sólo es preciso que una red dada esté en el estado adecuado una vez, el estado S, O o L, o estado SOL, para que se verifique efectivamente un resultado u otro, la efectividad de uno u otro estado, durante el proceso de percepción.

¿Es el entrelazamiento una interferencia?

Aczel cuenta en su libro, *Entrelazamiento,* que la superposición consiste en la interferencia de una partícula consigo misma, y que el entrelazamiento consiste en la interferencia de un sistema consigo mismo (un estado cuántico coherente). Ésto no es fácil de entender. Quizá se esté refiriendo a algo como lo que sigue: las partículas son una contraintuitiva dualidad onda-corpúsculo; a la hoja de árbol se la ha considerado un cuerpo idealizado, una partícula (si se acepta que antes se había idealizado el suceso acaecido a la hoja y se había imaginado todo el rato que la onda de agua la empujaba por debajo en un punto adimensional sin rotación, o sea, transformando mentalmente a la hoja en una partícula). Si a la hoja se la considera una onda, o dicho de otro modo, si su comportamiento, su cambio de estado, se identifica con el comportamiento del agua en ese punto en el que coinciden, entonces el movimiento de la hoja sería lo mismo que el del agua, y el estado X sería lo mismo que la altura del agua en un momento, y el estado Y sería la altura del agua en otro momento, y el estado X+Y sería una superposición del estado X e Y del agua en ese punto en un mismo momento, o lo que es lo mismo, una suma del agua consigo misma, no de dos ondas bajo la hoja, sino de una onda consigo misma, pues es la misma agua la que sube en X+Y (y el instante es el mismo), o desde el punto de vista de la hoja sería una interferencia de la hoja consigo misma, que es lo que parece que viene a decir Aczel sobre la superposición.

En cuanto al entrelazamiento, consiste en la interferencia de varias hojas formando un sistema de hojas, de modo que aunque las hojas no llegan a interaccionar entre sí, sí que se correlacionan al estar sobre la misma ola (en un mismo estado), de modo que suben y bajan a la vez si están en el mismo estado del charco. En tal caso, entre las hojas habrá correlación, y si dicha correlación consiste en la interferencia de un sistema consigo mismo, habrá un entrelazamiento, una correlación entre las hojas por superposición de los estados, no de las hojas.

Ferrero aclara que un estado entrelazado es un estado cuántico coherente, con interferencia de un sistema consigo mismo.

¿Será posible la recreación de estados cuánticos en el cerebro, y de su superposición?

Hofstadter apuntó en su momento que una neurona puede formar parte de más de un símbolo mediante la superposición y el entrelazamiento de los símbolos. Ésto significa en la práctica que es posible que una neurona puede formar parte de más de una red (una sospecha que diversos autores han expresado por su cuenta en ocasiones, y que también se deriva de diversas ideas expuestas en este ensayo, como se verá a continuación).

Los símbolos, en efecto, parecen una recreación de un estado similar (sea isomorfismo, o analogía sin sentido) a un estado cuántico, el estado S, el estado O, el estado L.

Dichos estados tal vez puedan superponerse y entrelazarse entonces, a ciertos efectos al menos.

Por ejemplo, el estado morfofuncional consistente en la percepción subjetiva de la palabra SOL tal vez se deba a la superposición de los estados S, O y L (a una recreación de dicha superposición de estados en el terreno de la abstracción, como se sobreentiende).

La forma en la que una neurona podría formar parte de más de un símbolo sería mediante la pertenencia a redes diferentes en instantes diferentes, que sería como decir que una neurona estaría en un estado morfofuncional diferente en instantes diferentes (algo que parece inevitable, de hecho, dado el ciclo de carga y descarga neuronal), estando su estado definido, entre otros parámetros, por el estado de su relación y correlación con las neuronas con las que mantenga sinapsis en proximidad o a distancia (o ambas).

Si las neuronas pueden estar en diferentes estados, también las redes podrán, y entonces parece que tendría sentido la superposición de los estados de las redes también, como cuando se superponen varios símbolos (S, O y L) en un solo símbolo (SOL).

El modo en el que una neurona, por ejemplo, una neurona en el estado S (una de las neuronas de la red en estado S, como se sobreentiende) podría estar en otros símbolos a la vez, por ejemplo, en el estado O y L también (como ocurre en el estado SOL), sería mediante un fenómeno de correlación neuronal que consistiese en la recreación de un estado ligado entre las neuronas de la red S con las de las redes O y L, la recreación de un estado cuántico coherente, y que, como ya se puede ir adivinando, no necesitará entonces consistir en la sincronización de las neuronas de la red S con las neuronas de las redes O y L, sino en otro tipo de actividad neuronal, posiblemente una sincronización de fase neuronal.

No digamos *Eureka* todavía, prosigamos con la deducción y comprobemos si ésto tendría sentido.

¿Qué es un estado producto?

Según explica Aczel, en su libro, para que se produzca un entrelazamiento entre los elementos de un sistema cuántico ha de darse en el sistema, en primer lugar, una superposición de los estados observables de dichos elementos. Dada una partícula, en un estado X, o en un estado Y incompatible con el estado X (incompatible de tal modo que si la partícula está en X, la probabilidad de observarla en Y sea nula), entonces, si se produce la superposición de X e Y, constituyendo un estado producto X+Y, al observar ahora la partícula se la encontrará en X e Y con una probabilidad no nula (y aun a pesar de ser incompatibles antes de estar X e Y superpuestos). Cuando X e Y no están superpuestos, la hoja de árbol que flota en el charco está en X o en Y, pero cuando están superpuestos, la hoja está en X y en Y, en X+Y, el estado producto de X e Y.

Como una hoja en un charco no es un objeto cuántico, la probabilidad de estar en X e Y cuando se la detecta en el estado X+Y es del 100%, pero parece ser que con las partículas subatómicas la cosa no tiene por qué ser así: si se hacen mediciones sucesivas de una partícula en el estado X+Y no se la encontrará en el estado X o Y, sino en X+Y, pero no con una probabilidad del 100%, sino de acuerdo con su propio reparto de probabilidades, un tanto por ciento para X y otro tanto para Y. Ésto parece absurdo, pero no lo es, porque lo que quiere decir es que, tras la superposición de X e Y, la probabilidad de encontrar la partícula en un estado que no sea X+Y, cuando está en el estado X o en el estado Y, será nula. Ésto quiere decir que si se diseña un experimento para detectar partículas en el estado X, también será posible encontrarlas en el estado Y con un experimento para Y, pero no en otro estado, aunque se diseñen experimentos para detectar otros estados, mientras que si X no está superpuesto con Y, al diseñar un experimento para detectarla en X, si se la detecta en el estado X la probabilidad de encontrarla en Y sería nula, por éso no es absurdo lo que se acaba de decir, aunque sea contraintuitivo en comparación con lo que nos lleva a pensar la intuición acostumbrada sobre charcos y hojas y demás objetos clásicos.

Más aun: cuando la hoja esté en X, estará en Y si X e Y están superpuestos en el estado X+Y, de modo que si se sigue la ola X para ver que ocurre cuando toque a la hoja, se verá que la hoja estará entonces en el estado X+Y, y lo mismo si se sigue a la ola Y.

Estos comportamientos contraintuitivos relacionados con el fenómeno del entrelazamiento, por absurdos que parezcan, parece ser que han sido comprobados experimentalmente varias veces. Por ejemplo: en el artículo de Molina, titulado *Experimento en el Danubio, fotones entrelazados*, publicado en *Investigación y ciencia*, en el año 2.004, se relata alguno de ellos. Se trata de comportamientos contraintuitivos, porque una persona se puede sentar en la silla X, o en la silla Y, pero no en las sillas X e Y a la vez, cosa que sí pueden hacer los fotones, parece ser, o algo parecido. Es contraintuitivo también porque, en el caso de la hoja, el estado de la hoja es el del agua que tiene debajo, hay un medio que transmite la perturbación que agita a la hoja y determina el estado producto de la hoja, pero en el caso de un fotón no hay agua "debajo", sólo vacío, por éso es tan contraintuitivo y difícil de entender el estado producto también.

¿Qué es una superposición de estados producto?

Aczel sigue explicando el entrelazamiento, y expone que dado un sistema cuántico compuesto, que sería un sistema constituido por 2 partículas (como mínimo, o más), en él podría haber un estado producto X+Y, y otro estado Z+W, de modo que si es efectivo el primer estado producto y se detecta la partícula 1 en X, la partícula 2 estará en Y, y si es efectivo el segundo estado producto y se detecta la partícula 1 en Z, la partícula 2 estará en W.

En caso de producirse ahora una superposición de estados producto, por ejemplo: (X+Y)+(Z+W), este nuevo estado producto sería ya un estado entrelazado, de acuerdo con esta definición del entrelazamiento.

El estado entrelazado implicaría el entrelazamiento de las dos partículas, que entonces estarían entrelazadas, quedaría establecida entre ellas una correlación no local, lo cual tendría como significado práctico el caso siguiente como ejemplo (siguiendo la explicación de Aczel): en caso de detectarse una partícula en el estado X, la otra sólo podría detectarse en Y aun siendo efectiva la superposición de estados producto, y si la partícula 1 se encuentra en el estado Z, la 2 sólo se podrá detectar en el estado W.

Es una situación extraña, porque intuitivamente uno tendería a suponer que durante la superposición de estados producto si la partícula 1 está en X, la otra lógicamente podría estar en Y o W, pero parece ser que no ocurre así en la práctica de hecho a escala cuántica, sino que quedan verdaderamente entrelazadas en el caso de producirse un estado cuántico coherente. Las dos partículas quedan entrelazadas mediante una superposición de estados producto del sistema, que provoca una correlación no local entre las partículas, y supone que, a ciertos efectos, se comporten como una sola partícula, y sin necesidad de que haga falta demostrar un vínculo causal entre ellas, ya que el que la partícula 2 no pueda estar en W cuando la primera está en X, sino sólo en Y, es una forma de decir que la partícula 1 y 2 son ahora una sola partícula al efecto de comprobar el estado (X+Y+Z+W).

De modo que si se sabe que las dos partículas están entrelazadas, y se encuentran cada una en un extremo del universo, y se diseña un experimento para detectar la primera en X, se tiene la garantía, en caso de detectar a la otra con dicho experimento en otro punto el universo, de encontrarla en Y, no en W, sin necesidad de comunicación entre ambas, por el simple hecho de estar entrelazadas, dando la impresión de haberse comunicado entre ellas a velocidad mayor que la de la luz de un punto a otro del universo. No lo habrán hecho; la trampa estriba en que el experimento sólo detecta X, y por tanto sólo detecta Y, y no W; no habrá habido comunicación instantánea por tanto; así que lo misterioso no es la transmisión de información instantánea, la teleportación, ya que no se produce, aunque en la práctica ocurre como si se produjera, dentro de un margen de error aceptable; lo misterioso es que la superposición de estados producto sea cierta, por lo dicho antes: porque el medio es el vacío; de modo que lo difícil de visualizar es que la correlación sea no local, porque no se puede visualizar, por una sencilla razón: es inimaginable a simple vista para el común de los mortales.

Ésto ya no se puede visualizar con el ejemplo de la hoja, así que hay que tomarlo al pie de la letra, porque parece ser que es lo que se ha comprobado que ocurre (por ejemplo, con fotones entrelazados). Hay que entenderlo tal como se cuenta. Si se suman X+Y+Z+W, en el caso de las hojas, si la primera hoja está en X, la segunda hoja se verá en Y, y si la hoja primera está en Z, la hoja segunda se verá en W.

Parece ilógico, ya que X, Y, Z y W están todos juntos, por eso resulta contraintuitivo el entrelazamiento, pues sería algo así como si X e Y estuviesen unidos por un hilo extra a las hojas 1 y 2 por su lado, y Z y W por el suyo, y claro, no habría tal hilo en el charco, ni sería visualizable.

De momento no hay explicación para el hecho, sólo descripción, y éste no es el momento de especular sobre las posibles explicaciones si las hubiera. Únicamente queda, por el momento, la aceptación del entrelazamiento como un comportamiento así de extraño, propio de la mecánica cuántica, y que, por muy contraintuitivo e incomprensible que resulte, forma parte de la naturaleza esencial de la realidad tal como se la conoce en este momento.

¿Se puede recrear en el cerebro una superposición de estados producto?

Es posible que las neuronas recreen este comportamiento, a pesar de lo contraintuitivo que es (éso a las células no tiene por qué "importarles"), de manera correlativa con la emergencia de la subjetividad, es posible que tenga lugar una recreación de un estado cuántico coherente, una recreación de una superposición de estados producto en el terreno de la abstracción a escala maroscópica (sea analogía sin sentido o isomorfismo) en correlación con algún tipo de comportamiento neuronal compatible con esta posibilidad, de tal manera que el hecho suponga en la práctica un entrelazamiento de objetos mentales particulares (redes) que así sean patentes a escala macroscópica con aspecto macroscópico y confinado, y de tal modo que presenten carácter único e individual.

Nadie habría enseñado a las neuronas a comportarse de ese modo, pero es que tampoco nadie ha enseñado a las moléculas de agua a recrear en un charco a escala macroscópica una interferencia de ondas bajo una hoja mediante la variación de las posiciones entre las moléculas dependiendo de la presión mecánica transmitida en su seno al caer en el charco dos piedras de modo coherente (cayendo a la vez, en fase) y aunque las olas no estén después sincronizadas en fase (es decir, en este ejemplo, aunque las piedras tengan distinto diámetro).

¿Y si para recrear un estado cuántico coherente entre objetos abstractos macroscópicos (como S, O y L) se recurriese a una entrada en coherencia entre objetos microscópicos, las neuronas (sea ésto un isomorfismo o una analogía sin sentido)? ¿Y si ésta fuese la clave para entender la posibilidad de la emergencia del yo consciente como fenómeno?

¿Cómo se recrearía una superposición de estados producto en el cerebro?

Supóngase el estado producto S+O+L. Supóngase que una partícula 1 u objeto mental elemental (irreducible a ciertos efectos en una escala dada) 1 está en el estado S (si se está pensando en S, si éste es el objeto del pensamiento, entonces el objeto 1 u objeto S sería también el estado mental S, del mismo modo que la hoja, cuando no se veía el agua, se identificaba con el estado del agua y por tanto la hoja se podía identificar con su estado en algunos casos).

Supóngase también unas partículas 2 y 3 en los estados O y L.

Si SOL es efectivo como objeto subjetivo, la probabilidad de encontrar las partículas S, O y L en otro estado que no sea el estado SOL será nula (por la especificidad de la información consciente, es decir, si se descarga la red SOL la forma efectiva será SOL, no otra, pues ésta es la única posible para esta red en ese momento si es la que se verifica, ya que es la efectiva en ese momento).

Que sea nula la probabilidad de encontrar a S, O y L en un estado distinto a SOL durante la efectividad de SOL como objeto subjetivo no sólo es inevitable por la especificidad neuronal, sino que además curiosamente es análogo a lo que ocurría en un estado entrelazado. De modo que sorprendentemente el estado SOL es análogo a un estado entrelazado en la práctica de hecho, desde este punto de vista.

En la práctica será nula la probabilidad de percibir algo distinto a SOL al activarse la red SOL (por la especificidad de la información consciente).

Así que de este modo sí puede estar teniendo lugar la recreación de una superposición de estados producto en el terreno de la abstracción, mediante la interacción retroactiva entre las redes S, O y L y su concurrencia temporal a ciertos efectos con un error despreciable en la práctica en determinada escala.

Ésto no sería otra cosa que la recreación en el terreno de la abstracción, en un sistema no lineal, del comportamiento de un sistema lineal.

Si ésto es cierto, debería tener explicación, y además demostración, la cual consistiría en la posibilidad de detectarse lo que la posibilidad de esta recreación de una superposición de estados producto permitiría predecir como consecuencia lógica, que sería, básicamente, la existencia de actividad neuronal en sincronización de fase entre las neuronas, por ejemplo, de S y O, y las de O y L, y en correlación con la subjetividad, con la percepción subjetiva de SOL.

¿Qué es la diasquisis?

Las neuronas posiblemente podrían llevar a cabo esta recreación de una superposición de estados producto gracias a sus propiedades morfofuncionales, que incluyen la retroacción descrita previamente, quizás por reentrada, y que probablemente incluyan también la posibilidad de su concurrencia temporal mediante sincronización de fase, que es la hipótesis presentada en el artículo mencionado en el prólogo y cuya exégesis constituye este ensayo.

Además, para que esta recreación sea posible, las neuronas precisan disfrutar de la propiedad de la diasquisis entre neuronas. La diasquisis consiste en la conexión morfofuncional entre regiones separadas del cerebro, conexión a distancia, y con la posibilidad de integrarse en un todo mediante correlación local a pesar de dicha distancia.

Márquez describe la diasquisis en uno de los capítulos del *Tratado de Fisiología humana* de Tresguerres, en su edición del año 2.000. Según cuenta Márquez, cuando se ejecuta una tarea mental correspondiente a una zona cerebral determinada no sólo se activa esa zona. Así que la diasquisis supone en la práctica una anulación de la separación espacial entre regiones neuronales dispersas por el cerebro, que al funcionar a la vez, en red, y por la diasquisis, actúan en la práctica como si estuviesen todas en el mismo sitio y momento, en el mismo estado, en la misma red, de modo que al correlacionarse entre sí se comportan como un todo desde el punto de vista morfofuncional en determinada escala, como una red neural.

La diasquisis es posible gracias a las neuronas intercalares, y también gracias a que una neurona puede hacer sinapsis con otra alejada, al ser las neuritas largas.

La diasquisis hace posible no sólo la organización en red, sino también la correlación local entre neuronas, necesaria para recrear una correlación no local en el terreno de la abstracción. Sin correlación local entre neuronas no habría interacción entre neuronas, y sin interacciones, y muchas, no habría un sistema suficientemente complejo como para que tuviese lugar la recreación en el terreno de la abstracción de cosas como la correlación no local.

De hecho, existe evidencia diversa del acoplamiento de las descargas neuronales simples independientemente de la distancia entre las neuronas (véase, por ejemplo: *Canolty RT et al. Oscillatory phase coupling coordinates anatomically dispersed functional cell assemblies. Proc. Natl. Acad. Sci.*

U.S.A. 2.010; 107: 17356-17361).

Esta actividad a distancia daría lugar a la aparición de las redes neurales funcionales macroscópicas que se observan en los cerebros de los mamíferos (véase, por ejemplo: *Mesulam MM. Large-scale neurocognitive Networks and distributed processing for attention, laguage, and memory. Ann Neurol 1.990; 28: 597-613;* y véase al respecto también el trabajo de Varela citado más abajo en el *Epílogo)*, aunque todavía no se sepa exactamente cómo.

¿Cómo tendría lugar el confinamiento en la escala macroscópica durante la recreación de una superposición de estados producto en el cerebro?

La probabilidad de encontrar el objeto mental-partícula S en un estado distinto al estado S, mientras SOL está siendo efectivo como percepción subjetiva, es nula. Es fácil de asumir, S es parte de SOL, es parte del estado producto SOL. Si SOL fuera análogo a un estado entrelazado, y la partícula S estuviera en el estado S, las partículas O y L deberían estar en los estados O y L con una probabilidad no nula, y tendrían una probabilidad nula de estar en otro estado que no fuera el subjetivo con el que se identifica el estado SOL en ese momento (dado que sujeto y objeto son una sola cosa). Es decir, el estado SOL es reducible, pero constituye un todo a ciertos efectos en determinada escala y con un error despreciable en la práctica, se comporta como una sola partícula, un solo yo consciente. Ésto es análogo a lo que ocurre durante un entrelazamiento, como se ha visto más arriba.

Por tanto, la probabilidad nula del objeto mental-partícula SOL de estar fuera del estado morfofuncional denominado

SOL es la clave para conseguir que el fenómeno sea efectivo a escala macroscópica y confinada: no puede dejar de ser macroscópica y confinada mientras SOL sea efectivo, así de simple, porque SOL es una red macroscópica de hecho, y la probabilidad de la partícula SOL de ser detectable en otro estado es nula, pues la actividad sináptica es verdadera, ocurre si ocurre, y es específica. Como es nula la probabilidad de estar en otro estado si está en ese estado (es nula la probabilidad de ser falsa la efectividad de la descarga de un potencial de acción que se está produciendo donde se está produciendo y cuando se esté produciendo) de ahí que el objeto esté confinado, confinado en SOL, en el estado SOL, y por tanto en la escala SOL.

Como SOL es una red macroscópica, es una escala confinada macroscópica. Por éso la emergencia y el confinamiento de la subjetividad puede ocurrir, y así es cómo ocurre, probablemente.

¿Por qué sería nula la probabilidad de encontrar una red en un estado distinto al estado en el que está?

En el caso del objeto S, como no es una partícula a todos los efectos, sino sólo un conjunto numeroso de neuronas recreando el comportamiento de una partícula a ciertos efectos en determinada escala y con un error despreciable en la práctica, la razón por la que S corresponde sólo a ese grupo de neuronas no se debe a que sea una partícula (que no lo es a todos los efectos, o dicho de otro modo, no lo es), sino que se debe a que la S sólo puede ser conformada por el grupo de neuronas que se configuren con esa forma, pues las formas configuradas por las neuronas están organizadas no de cualquier manera en el cerebro, sino, entre otras cosas, con especificidad espaciotemporal, en un lugar específico y en un momento específico, conformando, probablemente, un código específico, único e irrepetible.

El estado S debe corresponder entonces a una red neural integral dada, de modo que esa red tampoco estará en otro estado en ese momento, porque sólo tiene una forma en cada momento, por su especificidad, y además de su especificidad también por su carácter proposicional (verdadero), irreversible (caótico), no ergódico (no repetitivo) y mnésico (memorístico).

¿Cuál podría ser el correlato neural de la subjetividad?

Aparte de la diasquisis, para la percepción subjetiva de SOL parece necesaria la existencia de tres redes, cada una codificando específicamente cada letra, algo posible por la especificidad espaciotemporal de las redes y por tanto de lo que las redes significan con sus códigos.

Además, las redes S, O y L deberían estar conectadas entre sí por sinapsis recíprocas, tal vez por reentrada.

Estas redes además deberían poder activarse de este modo retroactivo con preferencia, deberían ser vías facilitadas de antemano, para que la integración de SOL esté facilitada; dicha facilitación requeriría por un lado una predisposición innata, genética, a dicha facilitación, y por otro lado el aprendizaje de dicha facilitación gracias a la plasticidad de las sinapsis, a la interacción con el medio, y al fenómeno de la memoria.

La predisposición genética de las redes y su disposición adquirida ha sido revisada recientemente por *Stam* y *Straaten* en un artículo en el que revisan el modelo sobre la organización de las redes neurales (*Stam C. J., Straaten E. C.*

W. The organization of physiological Networks. Clinical Neurophysiology 2.012; 123: 1067-87).

La correlación entre las redes S, O y L (o entre las redes forma, brillo, color, etc., de una bola de billar roja), tal vez reentrando cada red en sincronización de fase de sus señales simples con las señales simples de las otras redes, haría posible la compatibilización de las tres redes (compatibles: que sean verdaderas al mismo tiempo, coherentes entre sí), y haría posible también la simultaneidad (concurrencia temporal) de su activación, simultaneidad posiblemente efectiva a escala macroscópica (en forma de yo consciente que percibe SOL, o que percibe bola de billar roja y todo lo que ello signifique) por la falta de resolución a escala macroscópica con un error despreciable en la práctica de manera correlativa con esa sincronización de fase entre las señales simples de las redes implicadas y de manera correlativa con el resto de la actividad neural correlativa necesaria a escala microscópica.

De modo que la sincronización de fase entre señales corticales simples podría ser una pieza necesaria para completar el "puzzle" que permitiría comprender cómo surge el yo consciente.

De este modo podría tener lugar la integración a ciertos efectos de las redes S, O y L en una sola red SOL, en particular al efecto de la emergencia de la propiedad mental de la subjetividad.

Las redes S, O y L, al integrarse en SOL, y como cada red es un estado, si lo hicieran mediante una entrada o reentrada transitoria en sincronización de fase entre sus neuronas, las neuronas estarían entrando en interferencia entre ellas (para que haya interferencia los focos deben ser coherentes, y no es necesario que estén sincronizados –en fase-, y quizá la reentrada talamocortical tuviese alguna influencia en este extremo). En consecuencia, los estados de las redes S, O y L, en el estado SOL, se estarían superponiendo, y lo estarían haciendo mediante una recreación del fenómeno de superposición (la recreación de la interferencia de un sistema consigo mismo, la recreación de un entrelazamiento). Y si se superponen, se suman, es decir, se integran, con lo cual tal vez sea así como la nueva red, SOL, conseguiría ser efectiva como red, mediante este nuevo e hipotético mecanismo de formación de redes neurales que se está describiendo y proponiendo y que debería incluir la sincronización de fase transitoria entre señales neuronales simples de redes compatibles en corteza de asociación.

Téngase en cuenta que esta sincronización de fase hipotética que se está proponiendo debería tener lugar neurona a neurona, es decir, entre señales simples, y por tanto debería ser detectable entre señales simples, no mediante la detección de la actividad de grupos neuronales grandes, sino neurona a neurona, mediante microelectrodos capaces de detectar la actividad neuronal neurona a neurona, técnica que está en la actualidad disponible (véase, por ejemplo: *Acuña C, Pardo J. Ventral premotor cortex neuronal activity matches perceptual decisions. Eurpean Journal of Neuroscience 2011; 33: 2338-48;* o véase también, por ejemplo: *Pardo J, Acuña C. Bases neurales de las decisiones perceptivas: papel de la corteza premotora ventral. Revista de Neurología 2014; 58: 401-410).*

¿Tiene sentido esta hipótesis?

Las redes S, O y L no serían compatibles ni se integrarían si no se superpusieran. Se percibe SOL, y SOL es reducible a neuronas que hacen algo, por tanto la recreación de la superposición (la entrada en coherencia) debería ser cierta.

Así mismo, S, O y L no se superpondrían si fuesen incompatibles, así que deben ser compatibles (deben estar interconectadas por sinapsis, de modo facilitado, retroactivo, etc.). Curiosamente, los estados deben ser compatibles para que haya un entrelazamiento, así que, hasta ésto se cumpliría de manera análoga también en esta hipotética recreación del entrelazamiento en el cerebro.

¿Es compleja la subjetividad?

Supóngase que las neuronas fuesen capaces de llevar a cabo una recreación de un estado entrelazado en el que ciertas redes constituyesen a ciertos efectos estados producto que se superpusieran, constituyendo sistemas de redes de complejidad creciente. Al percibirse SOL subjetivamente ha de estar teniendo lugar la recreación de un estado producto S+O+L, mediante la integración de las redes S, O y L. El estado entrelazado efectivo en ese momento sería el equivalente de la mente subjetiva en ese momento. Y ahora hay que percatarse de otro detalle: cuando la mente subjetiva esté siendo efectiva, y SOL esté siendo efectiva como percepción subjetiva (en sentido figurado: cuando el sujeto sea consciente de estar pensando en la palabra SOL), el sujeto no puede limitar el contenido de su conciencia subjetiva a la palabra SOL, o a una bola de billar, o a una manzana, sino que estará ocupando su mente subjetiva con un gran número de objetos a la vez, ya que torrentes de datos estarán incorporándose a su subjetividad, no sólo SOL, sino también sonidos, olores, sabores, recuerdos, sentimientos, ideas más o menos abstractas asociadas a SOL, y un largo etcétera, la mesa de billar, el árbol del que cuelga la manzana, etc. De modo que aunque se esté utilizado SOL, o manzana, o bola de billar como ejemplos simples para ir describiendo cómo hipotéticamente funcionaría el cerebro, debe quedar claro que se sobreentiende que el cerebro es más complejo que el ejemplo expuesto. Así que el análogo a un estado entrelazado llamado subjetividad consistiría en diversos estados producto superpuestos en ese momento.

La prueba es que no se podría ser subjetivamente consciente sólo de SOL, o sólo de una bola de billar, etc., por mucho que uno se empeñase: la subjetividad es compleja a pesar de su aparente simplicicad. No se puede mirar a la bola de billar sobre la mesa de billar y percibir sólo a la bola.

Por otro lado, es lógico que sea así de compleja, ya que es una propiedad emergente, y la emergencia de propiedades y objetos depende de la complejidad del sistema.

Gracias a que la subjetividad es fundamentalmente compleja es posible que emerja, y gracias a la emergencia es posible que la subjetividad compute lo simple también, como la relativamente simple palabra SOL (relativamente, porque parece una, un solo objeto, un objeto simple, pero estará formada por los miles o millones de neuronas que la codifiquen).

SOL será perceptible subjetivamente precisamente gracias a que se integra con el resto de los contenidos de la subjetividad, gracias a que dicha red neural adquiere la propiedad de la subjetividad mediante la integración peculiar con otras redes.

¿Se conocía ya la posibilidad de la sincronización de fase entre señales simples corticales, y su posible correlación con la subjetividad?

Hasta ahora no se había predicho ni se había observado la existencia de sincronización de fase entre neuronas de áreas de asociación corticales compatibles, que yo sepa.

Es posible que Elías Manjárrez haya observado sincronización de fase en niveles subcorticales, según me comunicó en una ocasión y si yo he entendido bien lo que me dijo (tuvo la amabilidad de cartearse conmigo), lo cual indica que, dado que los niveles subcorticales son más primitivos que los corticales, en dichos niveles la sincronización de fase entre señales simples podría ser una preadaptación que a lo largo de la evolución podría haber terminado haciendo posible la emergencia de la subjetividad cuando dicha sincronización de fase entre señales simples ocurriese en un terreno lo suficientemente complejo, la corteza de asociación, un fenómeno quizá con la complejidad suficiente como para correlacionarse ya con la subjetividad, por la peculiar estructura morfofuncional de la corteza, que incluiría por un lado su tamaño, y por otro su compleja estructura telencefálica, incluyendo probablemente la reentrada entre varios niveles y las demás piezas del "puzzle" que se han ido mencionando a lo largo del ensayo.

La sincronización de fase entre señales complejas (no entre señales simples) sí había sido descrita, por Varela y colaboradores, en trabajos como el que se cita a continuación: *Varela FJ, Lachaux JP, Rodríguez E, Martinerie J. The brainweb: phase synchronization and large-scale integration. Nat Rev Neurosci 2.001; 2: 229-39.* Pero la que interesaría para el correlato neural de la subjetividad probablemente sea la sincronización de fase entre señales simples, que se propone aquí como hipótesis al respecto, ya que no había sido predicha previamente, que se sepa, ni observada, según parece, de ahí que se considere oportuno hacer pública esta idea.

¿Se conoce ya el correlato neural de la subjetividad?

No se conoce el correlato neural de la subjetividad, no se ha comprobado cuál es.

Si fuera cierto que existe tal sincronización de fase transitoria entre señales simples de redes compatibles en corteza de asociación en correlación con la subjetividad, para que dicha actividad hipotética fuese la explicación o la clave de la explicación de la emergencia de la subjetividad interesaría que fuera compatible con la descripción de dicha emergencia tal como se ha hecho aquí, como algo dependiente de un cambio de escala y un confinamiento en el sistema durante la percepción a simple vista, y además debería tal descripción tener sentido de algún modo como la recreación de un entrelazamiento de objetos mentales para su unificación en ese todo único e individual a simple vista que es el sujeto, el yo consciente. Veamos cómo a continuación.

¿Cómo superar las dificultades que debe afrontar la hipótesis aquí propuesta, desde el punto de vista de la lógica, para que tenga sentido; cómo compatibilizar a una hipotética sincronización de fase entre señales simples corticales con una posible recreación de un entrelazamiento cuántico entre objetos mentales?

Para que la recreación de un entrelazamiento entre objetos mentales en el cerebro tenga sentido como descripción a escala macroscópica del modo en que emerge la subjetividad, tiene que ser compatible con la hipótesis según la cual la sincronización de fase transitoria entre señales simples corticales sería una pieza clave para la explicación a escala microscópica del hecho (lo cual por otro lado convierte a la hipótesis en algo comprobable científicamente, y falsable), y para que tenga sentido tiene que ocurrir también que la compatibilidad entre ambos suponga además ese cambio de escala que se intuye, de microscópica a macroscópica, y ese confinamiento en dicha escala durante la efectividad de la subjetividad, dado que la propiedad de la subjetividad es efectiva o detectable a escala macroscópica confinada, es decir, sólo a simple vista, que se sepa.

Si la emergencia de la subjetividad se explicase por la formación de un cierto tipo de red neural peculiar en corteza de asociación mediante cierto mecanismo de correlación neural hipotético, siendo la clave la sincronización de fase entre señales simples, el cambio a una escala macroscópica sería fácil de entender, dado que una red es de hecho macroscópica respecto de las neuronas que la constituyen, que son, de hecho, microscópicas.

En cambio, parece más difícil entender el confinamiento en dicha escala, del que dependería que dicha correlación neuronal se pudiese describir como la recreación de un entrelazamiento y que así la hipótesis tuviese sentido. Veamos cómo.

El cerebro presenta una estructura morfofuncional compleja. Gracias a dicha complejidad y peculiaridad, en el cerebro posiblemente se configura la recreación de una superposición de estados en el terreno de la abstracción, con el resultado de la formación de estados producto (por ejemplo, el estado producto S+O+L).

Supóngase que un estado producto en el cerebro fuese una

red que está entrando transitoriamente en sincronización de fase de sus señales simples con las neuronas de otra red compatible, por ejemplo, supóngase que S+O+L fuese transitoriamente un estado producto por sincronización de fase entre las señales simples de S, O y L. Cuidado, no por sincronización de fase entre las neuronas de S con las de S, las de O con las de O y las de L con las de L, sino entre las señales simples de cada red con las de las otras redes. Dicho estado producto, dicha red SOL (por ejemplo) recién formada, definiría una nueva unidad de medida (por ejemplo, SOL sería una nueva unidad de medida). Dicha nueva unidad de medida definiría también una nueva escala por tanto, que sería macroscópica por dos razones, uno, por ser SOL una red neural macroscópica (las redes neurales son macroscópicas), y, dos, por ser SOL macroscópica respecto de S, O y L, al ser más grande.

De modo que otra de las claves que haría posible la emergencia de la subjetividad sería la propia estructuración morfofuncional de la corteza en redes neurales como unidades funcionales a ciertos efectos de hecho.

Dicha escala macroscópica definida por, por ejemplo, la red SOL podría ser la efectiva durante la subjetividad si la red SOL fuese el correlato (parte del correlato, se sobreentiende) neural de la subjetividad en un momento dado (es decir, si, por ejemplo, S, O y L, redes compatibles, presentasen sincronización de fase transitoria entre sus señales simples y se formase así la red SOL).

Por supuesto que, además de la reentrada entre S, O y L por sincronización de fase transitoria (transitoria porque tendría lugar sólo mientras durase la efectividad de SOL) entre sus señales simples, SOL necesitaría cruzar el umbral de emergencia (en la práctica, ésto precisaría que el estado producto fuese no sólo S+O+L, que se pone como ejemplo ideal para ir avanzando en la deducción, sino, tal vez, S+O+L+un número indeterminado y difícilmente predecible de objetos mentales necesarios para lograr la complejidad suficiente como para cruzar dicho umbral de emergencia de la subjetividad).

Por tanto, parte de la clave de la emergencia de la subjetividad, parte de la respuesta, reside también en la complejidad propia del cerebro.

Si SOL (en referencia tanto a la palabra-estado-partícula SOL perceptible a simple vista como a la correspondiente red neural SOL correlativa) consiguiese ser efectiva como percepción subjetiva, y dado que SOL sería S+O+L, entonces la probabilidad de que tuviese lugar la percepción consciente y subjetiva de la palabra SOL fuera de la escala determinada por la red SOL debería ser nula si fuese la recreación de una superposición de estados producto. Y debería ser nula, dicha probabilidad, porque recuérdese que un estado producto implicaba la probabilidad nula de la detección de, por ejemplo, S, O o L fuera de S+O+L durante la efectividad del estado producto, aun cuando previamente fuesen incompatibles, es decir, por ejemplo, aun cuando previamente no estuviesen correlacionadas mediante sincronización de fase entre sí sus señales simples mientras el estado producto no fuera efectivo (lo cual, por cierto, cumpliría el requisito de la hipótesis de ser falsable para que tuviese carácter científico, pues no debería detectarse sincronización de fase entre esas neuronas en ausencia de un estado producto recreado entre ellas; y por otro lado: como una neurona puede pertenecer a más de una red, habría que estar seguros antes de confirmar que una neurona dada no estaría formando parte de algún estado producto sin identificar, en caso de observarse sincronización de fase de manera imprevista). Y obsérvese que ésto tiene sentido para SOL tanto tomada como palabra, es decir, como objeto mental, abstracto, como si se toma como red neural, es decir, como estructura morfofuncional a base de neuronas e interacciones sinápticas correlativas con dicho objeto mental, porque como palabra la S, la O y la L juntas sólo significan SOL, pues no pueden significar MANZANA, y con SOL tomada como red neural debería ocurrir lo mismo, por la especificidad de la codificación espaciotemporal de la actividad neuronal (hé aquí el *quid*). Por tanto desde ambos puntos de vista dicha probabilidad será nula (y la hipótesis aquí presentada sería compatible tanto con la explicación de la subjetividad a base de sincronización de fase entre señales simples, como con la descripción de la subjetividad como un fenómeno emergente peculiar), y por tanto el confinamiento de S, O y L en SOL tendría que ser efectivo necesariamente, por lógica, y en consecuencia el confinamiento en la escala macroscópica que SOL determina tendría que ser efectivo (como así ocurre de hecho).

Como se ve, la especificidad de la codificación neuronal es crucial.

El que este razonamiento sea válido tanto para SOL como palabra, como para SOL como red neural, hace a la explicación a escala microscópica del correlato neural de la subjetividad, basada en la predicha sincronización de fase transitoria entre señales simples de redes compatibles en corteza de asociación, compatible con la descripción a escala macroscópica de la emergencia de la subjetividad basada en la recreación en el terreno de la abstracción de un entrelazamiento entre objetos mentales *quod erat demonstrandum.*

Así que, como de hecho somos efectivos con la forma de

yoes conscientes en la práctica, sería sorprendente que la sincronización de fase transitoria entre señales simples de corteza de asociación, durante la efectividad de la subjetividad, no estuviese ahí esperando para ser descubierta por alguien con los medios técnicos adecuados y un poco de... "olfato".

¿Cómo conseguiría ser nula la probabilidad de SOL de estar en un estado distinto a SOL por la especificidad de la red neural correspondiente, tanto desde el punto de vista de SOL como objeto mental, como desde el punto de vista de SOL como red neural correlativa, y de ese modo justificar el confinamiento en la escala macroscópica?

Mientras SOL (por ejemplo) sea efectiva como forma de percepción subjetiva, la probabilidad para la palabra-objeto mental SOL de estar siendo subjetiva por la actividad de otra red que no sea la red SOL será nula (porque no se pensará en SOL si se activa la red MANZANA, sólo si se activa la red que simboliza y significa específicamente SOL). La palabra SOL no estará en otro estado que no sea el estado red-SOL (que sería un estado producto S+O+L) mientras la percepción subjetiva de SOL sea efectiva. La probabilidad de SOL de ser parte de la subjetividad durante la actividad de otra red que no sea SOL, o durante la inactividad de la red SOL, será nula, por la especificidad espaciotemporal de la red SOL, que codifica específicamente SOL (la red que codifica SOL sólo codifica SOL, sólo es información consciente referente a SOL, no a MANZANA).

Dicha probabilidad de estar SOL en otro estado que no sea S+O+L, será nula. SOL podría entonces ser algo así como la recreación de un entrelazamiento entre S, O y L, y, por tanto,

S+O+L podría ser efectivo como la recreación de un estado producto a escala macroscópica con un error despreciable en la práctica, ya que por ser nula la probabilidad de tener otra cosa que SOL en S+O+L, el fenómeno podría ser efectivo como análogo a dicha superposición de estados producto, pues dicha probabilidad nula es el requisito para tener una superposición de estados producto, un entrelazamiento, o una recreación del mismo en este caso.

De este modo no sólo la subjetividad sería efectiva como propiedad emergente con el cambio de escala (cambio de escala que tiene sentido por el hecho de ser, la red SOL, macroscópica respecto del estado anterior), sino que, además, si fuera nula la probabilidad de SOL de estar en otro estado que no fuera SOL, es decir, el estado S+O+L (otro estado que no fuera SOL podría ser, por ejemplo, el estado S, O y L), la subjetividad estaría, de hecho, confinada en la práctica en dicho estado y por tanto en dicha escala macroscópica, y con un error despreciable a ciertos efectos en la práctica en determinada escala. De modo que SOL estaría confinada (por ejemplo, a simple vista, por la pérdida de resolución temporal y el confinamiento, SOL parecería una sola cosa, una sola palabra, un solo concepto en referencia a un solo objeto, el sol, no una multiplicidad de neuronas, ni de letras, ni de conceptos, ni de soles, ni de yoes) y así la percepción subjetiva estaría confinada, y de este modo la experiencia consciente subjetiva, con su peculiar carácter de unicidad e individualidad, podría ser efectiva, *quod erat demonstrandum.* Usted ya habrá notado que, de hecho, sí puede ser efectivo como un yo consciente que percibe el entorno (o no estaría leyendo este ensayo).

¿Es lógica la hipótesis aquí propuesta?

La hipótesis que describe a la propiedad mental de la subjetividad como resultado de la recreación de una superposición de estados producto en el cerebro, y que trata de explicar el hecho mediante un correlato neural que por deducción lógica debería incluir la predicha sincronización de fase transitoria entre señales neuronales simples de redes compatibles en corteza de asociación en correlación con la percepción subjetiva, por todo lo dicho, parece lógica.

¿Es comprobable esta hipótesis?

Parece lógico intentar comprobar en un laboratorio si esta hipótesis es correcta o no. La hipótesis sería comprobable mediante la detección de la actividad neural predicha en correlación con la percepción subjetiva, y falsable mediante la ausencia de dicha actividad en presencia de percepción subjetiva. Es una hipótesis científica, por tanto.

Se podría buscar esta actividad predicha, por ejemplo, en las áreas V1 y V2 de corteza occipital, pues en ellas parece ser que podría codificarse la forma y el color de un objeto perceptible como un todo.

¿Cómo se explicaría entonces la emergencia de la subjetividad?

Si esta hipótesis fuera correcta, la sincronización de fase transitoria entre señales neuronales simples de, por ejemplo, V1 y V2, haría posible la concurrencia temporal de, por ejemplo, forma y color, conservando su heterogeneidad, para formar parte de un todo único e individual, por ejemplo, de la idea que un sujeto, por ejemplo, Newton, se formaría sobre una manzana que cae por efecto de la gravedad, pero conservándose la heterogeneidad de la forma respecto del color, y así quedaría resuelto el problema de cómo podría surgir la propiedad mental de la subjetividad. Es lógico.

Epílogo

¿Cómo se resumiría la idea central de este libro en una exposición final, en caso de que no haya quedado clara todavía?

Como dijo Einstein, lo importante es no dejar de hacerse preguntas, y como quizá dijese un primo de Sócrates, que citase a su primo ilustre para darse importancia (en vez de procurar ser útil), sólo sé que no sé todo.

En la época de Sherrington se investigaba la fisiología del sistema nervioso. ¿Qué investigadores se ocupaban de esta investigación? Pues Sherrington, por ejemplo. Se paraban en la fisiología de la visión especialmente, quizá por ser un sentido que se experimenta con gran intensidad, que permite un "contacto" con la realidad tan intenso como para que la realidad parezca algo muy... real, es decir, muy patente, muy efectivo, muy detectable, algo nada virtual o irreal, desde luego, y a la vez por ser más accesible a la investigación que otros contenidos de la mente, por estar localizado su procesamiento en gran parte en una vía neural concreta que va desde los ojos hasta la corteza occipital, que está "a tiro", por decirlo así.

Si uno percibe como sujeto consciente, o sea, subjetivamente, por ejemplo, una bola de billar roja que uno tiene delante de sí encima de una mesa de billar, percibirá en cada instante a toda esa bola roja como un... todo, objetivamente, como algo, único e individual, o dicho de otro modo, único e indivisible (una sola bola y que sólo parece ser éso, una bola, no otra cosa u otras cosas), redondo y rojo por toda su superficie, un objeto sin interrupciones en la continuidad de ese todo y de esa superficie redonda, y de esa rojez.

Nótese que también la rojez, una de las partes de las que sabemos que consta ese objeto mental en forma de bola de billar redonda y roja, constituirá a simple vista un todo único e individual, indivisible en partes menores durante su percepción como un todo (y más claro quedaría ésto aun si se pudiese percibir la bola sólo por su rojez).

La continuidad, unicidad e individualidad de la rojez de esa gran superficie, percibida de ese modo, tendría que deberse a que la percepción de la rojez, en ese instante en que dicha rojez fuese percibida como un todo continuo, único e individual, tendría a su vez que deberse a una integración de ese proceso de percepción en función del tiempo, no del espacio, ya que la superficie de la bola tiene una extensión dada, y su representación en el cerebro también tiene lugar en un grupo de neuronas con una extensión dada en el espacio del cerebro. Ésto quiere decir que la rojez, para tener unicidad e individualidad de por sí a simple vista con un error despreciable en la práctica a escala macroscópica, no estaría integrada en un punto del espacio. Por tanto, la rojez debería estar integrada en un punto del tiempo para ser un todo. Ese punto es el ahora, el tiempo presente, que es el punto en el que el yo consciente se diría que se mueve a lo largo de la línea del tiempo para ser efectivo, como ya analizó Husserl en su momento.

Luego, la rojez parece ser un todo puntiforme sin fisuras, indivisible, irreducible, sin partes visibles (¿de qué partes estaría compuesta la rojez a simple vista?). Para que lo sea, su integración durante la percepción (siendo la percepción la integración peculiar de esa información sensorial múltiple sobre el color rojo de la bola, la integración de la información sobre los millones de fotones "rojos" que llegan a la retina y que van a dar lugar a la sensación "rojo" mediante el procesamiento de esa información por millones de neuronas), debería tener lugar en función del tiempo, no del espacio, porque dicha rojez no provendría de un todo único, sino, para empezar, de una enorme multiplicidad de fotones "rojos" reflejados en la bola que inciden en una multiplicidad de neuronas "rojas" de la retina que envían hacia el cerebro información sobre ese color rojo a lo largo de una multiplicidad de axones que van a hacer conexión con innumerables neuronas del cerebro, cada una con algo así como una "porción" de ese color rojo que va a constituir al cabo de poco rato un todo único e individual, una sola rojez sin aparente estructura interna a simple vista, sin partes menores a simple vista.

Dicha rojez conseguiría por tanto ser una y ser indivisible (individual). De hecho, se diría que por ésto se caracteriza la subjetividad (o su manifestación patente en la práctica, el yo consciente que cree percibir, por ejemplo, la rojez), porque la información múltiple se unifique e individualice de tal manera que a cambio, desde un punto de vista solipsista e ilusorio, parezca haber un sujeto único e individual llevando a cabo la percepción de esa multiplicidad que nos rodea, gracias al cambio de escala y el confinamiento por el que el sistema pasa a ser macroscópico confinado, y por ello las partes pasan a ser efectivas como un todo cuyas partes caen fuera de la capacidad de resolución del sistema (el sistema a escala macroscópica no consigue suficiente nitidez o definición como para que se perciba lo microscópico).

El cerebro que percibe la bola roja está formado por una multiplicidad de neuronas, miles de millones de neuronas (por tanto, la unicidad, indvidualidad e irreducibilidad de la rojez probablemente es una ilusión por falta de resolución a escala macroscópica para percibir las cosas de otro modo).

Para que los códigos supuestamente procesados por algunas de esas neuronas con el significado "rojo" se integren en función del tiempo, y para otro tipo de fenómenos similares, a Sherrington se le ocurrió en consecuencia que debería tener lugar algún tipo de "concurrencia temporal" entre esas neuronas en este tipo de casos (sobre lo que investigó Sherrington en particular no fue sobre la rojez, sino que fue acerca de la fusión de la imagen de los dos ojos en una sola imagen, que es lo que percibimos si todo va bien), concurrencia temporal necesaria para que se integren en función del tiempo las partes implicadas, de tal manera que la sensación de rojo procesada por esas neuronas al integrarse de este modo significase su unificación e individualización en una rojez, única e individual, la de una bola roja (y por tanto, en la práctica, lo mismo que decir: la rojez de una bola única e individual, al identificarse la rojez con la bola una vez integrada la rojez con la información sobre forma, brillo, etc.), concurrencia temporal necesaria para que la rojez emerja entonces como una sola cosa, o, dicho de otro modo, como el color de una sola cosa irreducible desde el punto de vista de la percepción, desde el punto de vista de la interpretación de lo que se ve, que además se hace a escala macroscópica y confinada (no se perciben fotones rojos, invisibles a simple vista, sino solamente una bola roja macroscópica).

Algunos investigadores llegaron a la conclusión de que esas neuronas correlacionadas en función del tiempo, para ser efectivas como un solo objeto a ciertos efectos, como al efecto, por ejemplo, de percibir una sola bola individual de un solo color, deberían correlacionarse mediante su sincronización.

La sincronización es una manera de que tenga lugar la "concurrencia temporal" entre neuronas, y consiste en que las descargas de esas neuronas sincronizadas se produzcan a la vez, en fase, coincidiendo cada descarga bioeléctrica de cada neurona con las del resto con las que esté sincronizada. La verdad es que a primera vista ésto parecería tener sentido, porque, del mismo modo que en un concierto el público tiende a sincronizar sus aplausos oyendo los del vecino y acoplándose con él, o del mismo modo que las aves de una bandada sincronizan sus movimientos y se mueven como un solo cuerpo, un todo, detrás del líder, también las neuronas, por mera proximidad, por el simple hecho de estar próximas y compartiendo un medio iónico común, disponen de la posibilidad de sincronizarse, pues de hecho se las considera a veces un sistema de osciladores acoplados.

De manera que la sincronización parecía una buena explicación en el camino de llegar a explicar este tipo de situaciones en las que se consigue que muchas partes (muchas neuronas) se comporten a ciertos efectos como un todo (una red neural), como en el caso de la percepción de una sola bola de billar roja individual (indivisible), una bola a simple vista esencialmente indivisible, con un error despreciable en la práctica.

Que en la mente sea efectiva la idea de una bola individual implica que esa bola es una sola cosa individual, única e indivisible, a ciertos efectos en determinada escala con un error despreciable en la práctica, de tal manera que, por más que nos empeñemos, si tenemos delante de nuestros ojos una sola bola de billar, y percibimos una sola bola de billar porque nuestro sistema visual funciona correctamente, percibiremos una sola bola de billar roja, no dos, ni tres, y esa bola será por tanto individual, indivisible, es decir, por ejemplo, su color rojo será sólo rojo, no seremos capaces de percibir de qué partes estaría compuesta su rojez; su silueta será sólo redonda y tampoco parecerá estar compuesta de partes menores (el solo planteamiento de ésto ya nos parecerá absurdo, ¿cuál sería la estructura interna de la rojez?).

Ésto llevó a los investigadores a darse cuenta de otra cosa: la rojez tal vez no tenía partes a simple vista, pero la percepción de la bola, rojez incluida, de hecho, sí tenía partes, aunque se percibiese el objeto como una sola bola roja. Las partes eran su forma, su color, el brillo, el movimiento, etc. Y consiguieron localizar en diferentes áreas del cerebro las neuronas que específicamente procesaban y supuestamente codificaban algunas de dichas partes, el área V1 de la región occipital, el área V2, etc. Pero como sujeto consciente las partes no se perciben individualmente, sino que se perciben como partes inseparables de ese todo. Si se percibe la bola no se puede percibir sólo su redondez, o sólo su rojez (ni se perciben dos bolas, una redonda pero sin color y otra roja pero sin forma), se percibe todo a la vez, y es ese todo lo que se entiende por bola (y es gracias a que se integra en un todo el que sea posible la percepción de la bola, al interpretarse esa información integrada con ese significado, el de bola). No es la suma de sus partes lo que se entiende como bola, sino el que esas partes constituyan un todo, una bola de billar, mayor que sus partes, redondez y rojez (mayor en el sentido de que sólo redondez o sólo rojez no son bola de billar roja).

En el proceso de la visión las sensaciones implicadas eran varias en cada todo.

El problema de cómo se perciben las partes diferentes del objeto (por ejemplo, color, forma, etc.) como un todo, es lo que se conoce como el *binding problem.*

En el caso de la bola de billar roja el sistema visual procesa por un lado la forma de la bola, por otro su color, por otro su brillo, etc. Se dieron cuenta de que cada uno de estos procesos sensoriales individuales, el procesamiento de la forma, del color, etc., no eran la percepción todavía, sino un paso previo, y que dentro del cerebro el proceso sensorial culminaba con la percepción, la integración de toda esa información diversa y la interpretación de su procedencia a partir de lo que se percibe entonces, en la culminación de este proceso, como una bola de billar roja, con su forma, color, brillo y demás sensaciones sumadas en un todo con un significado perceptible: el significado de una bola de billar roja individual. La percepción hace posible interpretar esa información sensorial como algo concreto en la práctica en determinada escala con un error despreciable: una bola roja en una mesa de billar con la que jugar al billar, momento en que se considera culminado el proceso de percepción en lo que a la bola se refiere.

La inevitable tentación que surge ante este análisis del proceso sensorial y perceptivo es la de preguntar lo siguiente: ¿no parece evidente que yo me considero a mí mismo un yo consciente único e individual, y no es evidente que el proceso de percepción, por el que se integra la percepción de una bola de billar única e individual, parece entonces idéntico al proceso por el que yo me considero un yo único e individual consciente de esa bola de billar única e individual? Diversas investigaciones sobre la visión, llevadas a cabo por Zeki, han corroborado este corolario, que podríamos formular como: sin objeto mental no hay sujeto consciente, o, sin objeto no hay sujeto (véase, por ejemplo: *Zeki S., Bartels A. The asynchrony of consciousness. Porceedings of the Royal Society B 1.998; 265: 1583-85;* donde presenta alguna evidencia acerca de la ligazón directa entre las áreas que codifican el movimiento y el color a la hora de explicar la percepción visual), o, como diría el primo imaginario de Sócrates, sólo sé que no se todo, pero, si sé, necesariamente hé de saber algo, pues posiblemente no se puede saber nada (y, por tanto, también por ésto la idea de la dualidad mente inmaterial-cerebro material es absurda, además).

Volviendo con la bola roja y las partes en las que el proceso de la sensación visual la divide a partir de lo que sobre ella entra por los ojos: forma, color, brillo, etc. Los investigadores, siguiendo la estela de Sherrington, empezaron a preguntarse cómo es que se integraban dichas partes para llegar a la percepción de, por ejemplo, una bola individual. Pensaron, como se ha dicho, que la sincronización neuronal podría ser la respuesta para la integración de dichas partes en función del tiempo, y así quedó la cosa durante décadas... Pero, meditemos por un momento acerca de la sincronización:

Supongamos que en efecto la forma redonda de la bola posee en el cerebro el significado "redonda" porque el cerebro es capaz de codificar el significado redonda. Ésto supondría que tendría que haber un código neural más o menos complejo con ese significado específicamente, el código que fuera. Supongamos entonces que el cerebro dispone también de un código neural para el color rojo, con el significado específico "roja". Si las neuronas codificando el código neural espaciotemporal específico redonda se sincronizasen con las neuronas codificando el código específico roja (que con bastante certeza se sospecha que podría estar ocurriendo en dos zonas distintas del cerebro), para integrarse estas dos redes y dar lugar a la nueva red "cosa redonda y roja (y brillante, y moviéndose ruidosamente encima de una mesa de billar, etc., con lo cual difícilmente podrá confundirse con otra cosa)", la bola de billar roja, entonces las descargas de ambos tipos de neuronas al sincronizarse tendrían que coincidir una a una, y en tal caso ambos códigos se volverían iguales, y de este modo perderían su especificidad... pasarían a significar otra cosa, ni redondo ni rojo, porque rojo dejaría de significar rojo al convertirse en redondo, y redondo dejaría de significar redondo al convertirse en rojo si ambos códigos se sincronizasen en fase.

Los códigos deben de ser específicos, por lógica, pues han de ser distintos para poseer significados distintos (debería investigarse ésto más a fondo, pues no se sabe de manera fehaciente, no se ha comprobado, aunque parezca obvio que debería ser así).

De manera que la sincronización tal vez sea importante para la integración de sensaciones y otras funciones del cerebro (por ejemplo, para que una descarga sincronizada de neuronas ordene a todas las células de un músculo dado con las que se conecten que se contraigan sincronizadamente y así ese músculo pueda funcionar como tal músculo a escala macroscópica al contraerse todo él de una vez –o como se contrae el útero como un todo durante el parto por la contracción sincronizada de sus células musculares en respuesta a la oxitocina-)... pero parece difícil que la sincronización permita explicar a fondo la integración de otras funciones, como la de la percepción, por lo dicho, y por tanto parece difícil que la sincronización sea la pieza clave para entender el yo consciente. Los investigadores no se dieron cuenta de este detalle durante décadas. La actividad neural durante la percepción no puede basarse fundamentalmente en la sincronización solamente. Con o sin navaja de Occam, debería haber otro mecanismo neural implicado.

Hay que decir que en la actualidad sí han empezado a percatarse de este detalle importante. Cuando yo me dí cuenta de este problema estuve indagando sobre ello, para comprobar si se le había ocurrido a alguien más, y, por ejemplo, en conversaciones con Alfredo Pereira Jr. en un foro de Internet sobre el cerebro, él me contó que ya había pensado en ésto hace años, y que lo había publicado en un libro (*Pereira Jr. A., Rocha A. F. Temporal aspects of neuronal binding. In: Buccheri R., Soniga M. and Gesu V. (eds.), Studies in the estructure of time: From Physics to Psychopathology, Kluwer, New York, 2.000*).

Hay algo más, también interesante: si la sincronización no permitiría explicar la percepción, tampoco debería ser la clave de la explicación del yo entendido como sujeto consciente, único e individual, que percibe de manera patente.

La explicación del yo, desde el punto de vista neural, es lo que podríamos denominar el problema del correlato neural de la subjetividad, uno de los asuntos más entretenidos en ciencia (normalmente se le conoce como el problema del correlato de la conciencia, pero no me parece totalmente correcto denominarlo así, como se comprenderá a estas alturas del ensayo). La lista de investigadores y divulgadores que se han ocupado de este asunto es larga: Crick, Changeaux, Damasio, Edelman y Tononi, Llinás, Zeki, Schrödinger, etcétera. Hay una creciente lista de obras de divulgación más o menos serias tratando de refilón, o de lleno, el asunto del correlato neural del sujeto consciente. Cada uno aporta pistas interesantes dirigidas a resolver el puzzle. Por ejemplo, a Schrödinger se le ocurrió decir que sujeto y objeto (mental) son una sola cosa. Crick aportó la idea según la cual la respuesta está en la materia del cerebro, y que es un fenómeno emergente. Changeaux, Damasio y otros han aportado la idea de acuerdo con la cual la respuesta estaría en cómo el cerebro hace las cosas, como se produce la correlación temporal entre redes. Llinás aportó la idea del encéfalo como un todo por reentrada talamocortical, posiblemente siguiendo la vieja idea de Bishop del tálamo como "marcapasos" del cerebro. Edelman y Tononi trajeron la idea de la sincronización entre redes por reentrada corticocortical. Y así llegamos una y otra vez a la sincronización como la posible respuesta, hasta ahora. Pero se diría que aún falta algo para que todas estas piezas encajen y tengan sentido.

Durante años, dado que las neuronas parecen osciladores acoplados, se han elaborado modelos de cómo podrían correlacionarse las neuronas por sincronización. Son conocidos por ejemplo los modelos presentados por Eurich, en los que la sincronización parece posible en el cerebro, y tan fácil que casi parecería necesaria también. Sin embargo, recientes investigaciones, como las llevadas a cabo por Alfonso Renart y Jaime de la Rocha por un lado, o por Alexander Ecker por otro, han demostrado que tal vez las neuronas no tiendan por sistema a sincronizarse al encontrarse en proximidad, sino al contrario, es decir, que la sincronización no se verificaría de manera necesaria e inevitable. Estas demostraciones son interesantes porque serían compatibles con lo que se está diciendo en este ensayo: que la sincronización no debería ser la clave para la explicación de lo que el cerebro hace durante la percepción subjetiva, durante la integración de su actividad en forma de yo a escala macroscópica, y, de hecho, ni siquiera sería lo que el cerebro tendería a hacer inevitablemente por sistema entonces, lo cual es conveniente, dado que difícilmente será la sincronización la pieza clave de la percepción subjetiva que falta por descubrir.

Hace años me dí cuenta de que lógicamente podría haber una forma de integrar, por ejemplo, forma y color (en referencia a la actividad neural correlativa) en una sola cosa indivisible (a ciertos efectos en la práctica en determinada escala con un error despreciable) sin recurrir a la sincronización si la bola percibida consiguiese ser efectiva en la práctica como un todo único e indivisible a pesar de tener partes mediante la recreación de un entrelazamiento en el cerebro: la sincronización de fase. Se denomina casi igual que la sincronización en fase, pero no es lo mismo, la sincronización consiste en poner a las neuronas en fase en todas sus descargas, es una sincronización en fase, y la sincronización de fase consiste en otra cosa, en ponerlas en fase sólo en la primera descarga de las neuronas, como ahora se verá.

La sincronización de fase tiene algunas ventajas: no es sincronización (en fase), y, por tanto, los códigos de forma y color posiblemente no quedarían eliminados al integrarse de este otro modo.

La sincronización de fase entre neuronas organizadas como osciladores acoplados consistiría en que un tren de descargas de dos neuronas (dos, por poner un ejemplo) coincidirían en una primera descarga de ambas, es decir, descargarían como un foco coherente, en fase sólo en la primera descarga, pero después cada código seguiría descargando con su forma espaciotemporal, aunque vinculados por esa primera descarga por la que coincidieron (como se sobreentiende, ambos trenes de descarga serían distintos, con frecuencias distintas, por ejemplo).

Esta forma de enlazarse dos descargas oscilatorias se denomina foco coherente, y es un fenómeno físico frecuente en sistemas oscilatorios, y las neuronas lo son, su carga oscila (oscila entre carga y descarga).

Resulta que para que haya un foco coherente y sincronización de fase no hace falta que haya sincronización, lo cual es otra ventaja, porque, como se ha dicho, recientes investigaciones han puesto de manifiesto que las neuronas no tenderían a sincronizarse por sistema por proximidad tanto como se pensaba, lo cual abre la puerta a que algo como la sincronización de fase tenga sentido.

Dos neuronas descargando en sincronización de fase conseguirían sin embargo llevar a cabo su necesaria concurrencia temporal (necesaria para la integración en función del tiempo de, por ejemplo, forma, brillo y color), porque por la sincronización de fase cada cierto número de vueltas volverían a coincidir por una fase, a estar en fase otra vez, periódicamente, de manera regular, por lo que quedarían vinculadas en función del tiempo, estarían en esa necesaria concurrencia temporal, aunque no sincronizadas.

Por ejemplo, imaginemos un modelo utópico simple: supongamos que una neurona de la red que codifica la forma produce 2 descargas por segundo (2 hertzios) y que otra de la red que codifica el color, y que quizá va a ponerse en sincronización de fase con la primera neurona, produce 3 descargas por segundo. Pues bien, si coinciden por una primera descarga, volverían a coincidir por sucesivas descargas cada 2 descargas de la primera neurona y cada 3 descargas de la segunda.

Cuando caí en la cuenta de la posibilidad de achacar a la sincronización de fase de la actividad neuronal simple la concurrencia temporal que parecía obvio que la sincronización tenía difícil llevar a cabo en corteza de asociación para explicar la percepción (por no decir imposible), me pareció tan lógico que supuse que ya habría sido predicha, descrita y observada por alguien... pues no; rebusqué durante años y no la encontré por ningún lado. Mejor dicho, sí la encontré, pero no tal como lo imaginaba.

Yo imaginé la necesidad de la sincronización de fase neurona a neurona, dado que la neurona es la unidad funcional fundamental y se conectan una a una por las sinapsis, tal como describió y comprobó Ramón y Cajal, de tal manera que una neurona de una red neural dada en corteza de asociación implicada en un código dado tendría que entrar transitoriamente en sincronización de fase con otra neurona de otra red neural dada en corteza de asociación compatible con la primera e implicada en otro código dado, y transitoriamente, porque sólo transitoriamente percibiremos una bola roja, no continuamente (y porque las descargas neuronales son transitorias, a veces descargan y a veces no).

Es decir, la sincronización de fase debería tener lugar entre señales neuronales simples, probablemente de neuronas pertenecientes a redes diferentes pero compatibles, y tal vez por la reentrada descrita por Edelman y Tononi, y tal vez puestas en sincronización de fase por un marcapasos de un nivel inferior como en la reentrada talamocortical propuesta por Llinás, pero una reentrada para dar lugar a una sincronización de fase transitoria entre señales simples en corteza de asociación no para dar lugar a una sincronización (la percepción subjetiva ha sido localizada experimentalmente en corteza de asociación por Maestú et al., entre otros, así que allí supuse además que podría producirse esta sincronización de fase transitoria entre señales simples).

Lo que encontré sobre sincronización de fase en corteza fue lo investigado por Varela (véase, por ejemplo: *Varela F. et al. The brainweb: Phase syncrhonization and large-scale integration. Nat. Rev. Neurosci. 2.001; 2: 229-239)*, que se ocupó en efecto de la sincronización de fase, pero entre señales complejas, que por tanto no explicaría la integración de forma y color, o difícilmente lo haría, al no detectarse mediante el recurso a señales complejas las señales correspondientes a, por ejemplo, forma y color, precisamente por realizar sus detecciones sobre señales complejas, es decir, sobre grupos neuronales demasiado grandes como para afinar lo suficiente en este otro sentido.

También encontré un artículo de Elías Manjárrez en el que parecía haber indicios de la observación de sincronización de fase entre señales simples en el sistema nervioso. Me puse en contacto con él, y, si yo conseguí explicarle bien esta idea, y si conseguí entender correctamente sus respuestas y explicaciones, resulta que Elías Manjárrez sí habría encontrado sincronización de fase entre señales simples en el sistema nervioso central del gato, pero no en corteza de asociación, sino subcortical. Por tanto, no parece imposible conseguir hallar esta cada vez menos hipotética pieza del puzzle en corteza de asociación, dado el fenómeno de la telencefalización.

En diversos centros de investigación se están registrando ya señales encefálicas simples, y midiendo sus patrones de descarga, y comparando los patrones de descarga de diversos conjuntos de señales neuronales simples. Por ejemplo, aparte de los ya citados más arriba, Acuña y Pardo, también Weinberger sigue esta línea de trabajo (véase, por ejemplo: *Weinberger M. et al.: Oscillatory activity in the globus pallidus internus: Comparison between Parkinson´s disease and dystonia. Clinical Neurophysiology 2.012; 123: 358-368)*. Y hay diversos trabajos de investigación que pasan una y otra vez cerca de la sincronización de fase entre señales simples (véase, por ejemplo: *Vicente R. et al. Dynamical relaying can yield zero time lag neuronal synchrony despite long conduction delays. PNAS 2.008; 105: 17.157-17.162)*. Con Pardo me he puesto en contacto recientemente para proponerle la verificación de la hipótesis; me ha dicho que va a considerarlo, para ver si es factible el experimento, o no.

Y si todo ésto es cierto, posiblemente sólo sea cuestión de tiempo el que se publique la noticia sobre alguien que ha detectado sincronización de fase transitoria entre señales simples de redes compatibles en corteza de asociación. Y cuando tal noticia llegue a sus oídos, si llega, recuerde que parecía inevitable que tal hecho se produjera, porque era predecible, y era lógico.

Cuando alguien publique tal hallazgo, si ocurre el hecho, tal vez ese investigador ignore, o tal vez sepa, que probablemente le habrá hecho, por primera vez, una "fotografía" al sujeto consciente, a ese yo consciente único e individual que algunos intuimos que podría definir en la práctica la esencia de nuestro ser... dentro de un margen de error aceptable.

Glosario de términos

Abstracto: representativo, inconcreto.

Aplicación: programa informático que sirve para llevar a cabo alguna tarea.

Aporía: problema lógico de difícil solución.

Autoconciencia: conciencia del yo. Y por extensión, también, el hecho de ser consciente de que se es consciente. Algunos investigadores sospechan, con fundamento, que hay simios antropoides capaces de reconocerse en un espejo, lo cual sería ya tomar conciencia del yo, aunque sea rudimentariamente, y por tanto podría no ser patrimonio exclusivo del ser humano esta facultad.

Automatismo: comportamiento integrado en corteza. Se opone a reflejo (comportamiento con integración subcortical).

Caos: en el universo el cambio sistemático es fundamentalmente caótico, parece ser. Con esta expresión se quiere reflejar el hecho de que todo sistema tiende a lo largo del tiempo, como resultado de su evolución dinámica, a desordenarse hacia estados de mayor complejidad e impredecibilidad.
Los sistemas caóticos se denominan no lineales, y los deterministas, lineales.

Circuito neural: unidad funcional del sistema nervioso, microscópica, como la neurona, y a diferencia de la red neural, que es una unidad funcional macroscópica.

Código: conjunto de símbolos, compatible para emisor y receptor, y mediante el que estos intercambian información.

Comportamiento: los seres vivos se caracterizan por su comportamiento, su actividad motora. Los que carecen de sistema nervioso presentan un comportamiento al que se considera convencionalmente propositivo. Tal comportamiento es posible por la capacidad de autoorganización de los seres vivos. Se considera propositivo no porque un ser vivo e inconsciente (como un protozoo) pueda tener un propósito deliberado al aproximarse al alimento y alejarse del depredador, sino porque ir a por el alimento parece seguir un propósito (la supervivencia, por ejemplo), desde el punto de vista del observador macroscópico. Al comportamiento integrado en un sistema nervioso se lo considera consciente, además de propositivo.

Computación: tratamiento de símbolos. Computar es pensar.

Concreto: aquéllo que es de por sí, que tiene entidad de por sí, que no es reducible a partes menores, que es reducible sólo a sí mismo, que es lo que es y no es otra cosa. En la práctica diversos objetos pueden ser efectivos como concretos a ciertos efectos en la práctica con un error despreciable en determinada escala. Ésto podría ser función de la escala, por tanto, como es el caso de un vaso de agua que uno se bebe, algo concreto en la práctica a escala macroscópica dentro de un margen de error aceptable, o una manzana que uno se come, o el "yo consciente" que cada uno tal vez cree ser.
  Se desconoce si hay algo verdaderamente concreto a todos los efectos, irreducible a partes menores desde cualquier punto de vista; lo más concreto que se conoce son las

partículas elementales, fermiones y bosones, como electrones, quarks y fotones, que se consideran en la actualidad irreducibles, elementales, y por tanto fundamentales para el resto de los objetos conocidos.

Conciencia: propiedad de la mente por la que la información abstracta que procesa en forma de objetos mentales es efectiva como si no fuese idéntica a su sustrato neuronal y como si por tanto dichos objetos tuviesen entidad de por sí a ciertos efectos. Por ejemplo, si percibimos una manzana sobre una mesa percibiremos la manzana pero no las neuronas que recrean dicha imagen objetiva. Lo lógico sería percibir también las neuronas, el no percibirlas no deja de ser un fallo de la percepción, pero desde el punto de vista evolutivo lo conveniente es que la imagen de la manzana parezca así, concreta, pues así se puede tomar por algo concreto a la manzana que está sobre la mesa, que es el tipo de interpretación más conveniente desde el punto de vista evolutivo, el tomar por concretos a los objetos macroscópicos, para obrar en consecuencia de un modo congruente con una realidad que tiene sentido interpretada así a escala macroscópica (a simple vista tiene sentido interpretar que una manzana es comida, o que tener pirañas en el bidet es peligroso).

Consciencia: conciencia.

Control y regulación: los sistemas se ajustan al dirigirse al equilibrio por el aumento de entropía. Pues bien, en fisiología al ajuste inconsciente se le llama regulación, y al consciente, el llevado a cabo por el sistema nervioso, por la mente, se le llama control.

Correlación: cuando en un fenómeno se encuentra una vinculación entre objetos, pero no se encuentra una vinculación causal entre ellos, sino tan sólo dependencia entre ellos, se hablará de correlación, para distinguirlo de una relación causa-efecto.

Creer: dar algo por sabido sin haberlo comprobado.

Efectivo: que tiene efecto, que ocurre, que tiene lugar, que es real, detectable, patente. No hay que confundirlo con eficaz (que hace efecto), ni con eficiente (que reduce costes para lograr dicho efecto).

Elemento: parte mínima de un sistema.

Escala: un objeto es lo que un observador determina como objeto.

Determinar es ubicar algo en el espaciotiempo, o sea, otorgar unas magnitudes definidas a un fenómeno dentro de unos parámetros físicos dados.

La magnitud es el nivel alcanzado en una escala.

El parámetro es el tipo de sistema usado como soporte para la unidad.

La escala es el sistema de medida, una cantidad de un fenómeno físico dado dividida en una escala, una escalera, un número de peldaños o partes iguales, siendo cada parte la unidad.

La unidad es una cantidad dada (fija y elemental en una escala dada), que se toma como referencia para medir un fenómeno compatible con dicha escala de medición. Por ejemplo, si la distancia en centímetros entre dos puntos es compatible con la longitud de una cinta métrica al estar dividida en centímetros, una cinta métrica sirve para medir dicha distancia en centímetros.

La magnitud es el número de unidades que el fenómeno alcanza en la escala.

Explicar: describir un fenómeno a una escala menor a la que dicho fenómeno se considera efectivo. Por ejemplo: si uno añade una cucharada de agua fría en un cazo lleno de agua hirviendo, el agua fría se calentará y se pondrá a hervir también en cuestión de tiempo. Ésto sería una descripción de lo que le ocurre al agua de esa cucharada. La explicación del fenómeno consistiría en describir lo que ocurre a menor escala, en una escala fundamental. En este caso, la variación en la temperatura de ambas masas de agua se debería probablemente a la variación del movimiento o vibración molecular de ambas al mezclarse, de manera que las moléculas del agua más fría vibran con menor frecuencia y las de agua a mayor temperatura vibran con mayor frecuencia, y al interaccionar ambos conjuntos de moléculas varían las frecuencias de vibración y por tanto la temperatura de esa agua.

La explicación suele servir para saber cómo ocurre lo que se describe.

Una explicación, al ser una descripción del mismo fenómeno a menor escala, precisa de una nueva explicación para saber cómo ocurre a su vez.

Fenómeno: aquéllo que ocurre objetivamente y que por tanto puede describirse mediante los objetos que forman parte del fenómeno y las interacciones entre ellos.

Filogenia: La filogenia consiste en los cambios entre padres e hijos, por ejemplo, el cambio filogenético por el que el cerebro del ser humano se ha ido haciendo progresivamente más voluminoso.

Gradiente: medida del cambio de una magnitud en un sistema.

Hipótesis: una hipótesis científica es una propuesta científica, que debería ser razonable, fundamentada, y que está pendiente de comprobación. Interesa, siguiendo la idea de Karl Popper, que las hipótesis sean comprobables y también "falsables", es decir, que se cumplan cuando se den las condiciones previstas, pero también que no se cumplan en caso contrario. Por ejemplo, en el caso de la hipótesis presentada en este ensayo, según la cual debería observarse una sincronización de fase transitoria entre señales neuronales simples de redes compatibles en corteza de asociación, en correlación con el fenómeno de percepción consciente subjetiva, también debería suceder el contraejemplo, que no se observe dicha sincronización de fase cuando no esté teniendo lugar la percepción.

Ilusión: una ilusión es una percepción equivocada de un objeto por un error de los sentidos justificada por algo, por ejemplo, es una ilusión confundir un objeto por otro en la oscuridad de la noche.

Información: medida del cambio (de la forma de la materia en un sistema). Se cifra mediante la inversa de la entropía del sistema.

Isomorfismo: en su definición matemática consiste en la correspondencia biunívoca entre dos conjuntos de cosas. El concepto de isomorfismo indica que, dados dos conjuntos, 1 y 2, entre sus elementos se establece una correspondencia biunívoca, lo cual quiere decir que, por ejemplo, a un elemento *A*, del conjunto 1, le corresponderá el elemento *B*, del conjunto 2, y no otro, o sea, implica una interacción peculiar, sistemática, entre 1 y 2. Habrá un isomorfismo entre 1 y 2, si al evolucionar 1, por ejemplo, si en 1 tiene lugar una interacción entre *A* y *A´*, entonces, al observar 2, se comprobará que a la vez habrá tenido lugar en 2 una interacción entre *B* y *B´* con correspondencia biunívoca. En tal caso, 1 y 2 serán isomórficos.

Magnitud: véase escala.

Medir: el objetivo de la física (de los físicos) es medir. Medir es averiguar la magnitud del cambio de estado en un sistema, de acuerdo con algún parámetro, tras la interacción de los elementos del sistema. Medir es comparar una cantidad con otra de referencia.

Mente: información abstracta computada en el tejido nervioso.

Neural: compuesto por neuronas y glía.

Neuronal: compuesto por neuronas. Cuando se hace referencia a redes del cerebro se suele hablar de redes neurales, y al hacer referencia a redes en modelos de inteligencia artificial suele hablarse de redes neuronales, pero como en este ensayo no se trata el asunto de la inteligencia artificial, en ambos casos redes neurales o neuronales se refieren al cerebro, salvo que se indique lo contrario (en caso de que se haya hecho, que no me acuerdo).

Neurona: célula nerviosa y unidad funcional del sistema nervioso.

Objetivo: aquéllo que puede ser observado, porque sucede, al estar constituido por objetos y sus interacciones. En principio todo lo que sea objetivo debe suceder, por lo que no debería existir nada observable que no sea objetivo, y, por tanto, como todo lo que existe es lo observable, no debería existir nada que sea no objetivo. Ésto quiere decir que, lo que en términos coloquiales se denomina subjetivo, que es lo que un observador subjetivo observa y los demás observadores no, también es objetivo, lo es para ese observador, aunque en términos coloquiales se le denomine subjetivo para indicar que no es objetivo para los demás observadores. Subjetivo, considerado con esta acepción, podría ser un término desafortunado por este motivo, y no es por ello la acepción que se utiliza en este ensayo para este término.

Objeto: aquéllo que un observador determina como objeto.

Ontogenia: la ontogenia consiste en los cambios en un mismo ser vivo a lo largo de su desarrollo. Por ejemplo, a lo largo del desarrollo embrionario un ser humano manifiesta sucesivamente características propias de los peces, después de los anfibios y finalmente de los mamíferos. Por este hecho, Haeckel había afirmado que la ontogenia de un ser de una especie dada es una recapitulación de la filogenia de esa especie.

Ortodrómico: ortodrómico quiere decir anterógrado, es decir, conducción nerviosa a lo largo de los nervios en el sentido que va de soma a axón en dirección a la sinapsis, no de axón a soma, gracias a la transmisión en un sentido en la sinapsis que obliga a que la conducción sea ortodrómica, lo que Ramón y Cajal llamó "polarización dinámica". Lo contrario de ortodrómico es antidrómico. La conducción antidrómica también se produce por sistema, pero como no hay transimisión retrógrada en la sinapsis en conjunto el efecto final es que la conducción nerviosa es ortodrómica en la práctica en el sistema nervioso.

Parámetro: fenómeno físico que se utiliza como referencia para llevar a cabo una medición de otro fenómeno físico.

Partícula: cosa única e indivisible, puntiforme, adimensional y sin rotación.

Percepción: véase sensación.

Pixel: parte elemental en una imagen digital.

Preadaptación: cambio genético en la descendencia (con su correspondiente cambio fenotípico) que empieza a ser sometido en los descendientes a la presión selectiva de la lucha por la adaptación y la supervivencia para, tal vez, lograr convertirse en una nueva adaptación al cabo de las generaciones. Por ejemplo, tal vez en los dinosaurios empezaron a aparecer plumas en su piel, y al cabo de generaciones dichas plumas, sin un fin concreto al principio, terminaron por resultar útiles como una adaptación al vuelo, por exaptación.

Proceso mental: asociación e integración de objetos mentales, posiblemente.

Recreación: la mente es una recreación de la realidad a su alcance. La palabra recreación se utiliza aquí con el mismo significado que le otorgó Gamow en la introducción de su libro *La creación del Universo*, donde decía que recrear no consiste en que algo aparezca de la nada, sino en dar forma a lo que no tenía forma, y se añadirá aquí que también consiste en dar forma a lo que tenía otra forma.

Dicha información mental, por ser una representación, un trasunto, es abstracta, pues abstrae o representa parte de la realidad, mediante la recreación efectiva y a escala en el cerebro de dicha parte de la realidad a su alcance.

Red neural: unidad funcional del cerebro caracterizada por ser macroscópica, a diferencia de otras unidades funcionales, como la neurona y el circuito, que son microscópicos.

Reflejo: comportamiento motor subcortical, integrado por debajo de la corteza. Se opone a automatismo.

Regulación: véase control.

Sensación: procesamiento en el sistema nervioso de la información sensorial (la procedente de los órganos de los sentidos). Cuando a lo largo de este procesamiento se produce la interpretación de dicha información, tiene lugar la percepción (que suele coincidir con la patencia del yo consciente).

Señal: una señal es un cambio en la magnitud de un parámetro físico dado a lo largo del tiempo dentro de un sistema, y que por tanto se convierte en un fenómeno detectable. En una medición se busca la señal, que por tanto se distingue del ruido de fondo y de lo que se conoce como "artefactos", que son otras señales pero que no son las buscadas.

Símbolo: forma organizada con la que se establece un código.

Sistema integral: aquel que persiste como un todo aun a falta de algunas de sus partes en la suma.

Subjetividad: propiedad de la mente. En este ensayo subjetivo no va a significar: "Mis pensamientos son sólo míos", que es el significado habitual de este término, sino que va a significar que mi experiencia consciente, como yo consciente, por ser subjetiva, es única, es una sola, la de un solo sujeto individual, constituye un todo único –soy un solo yo-, de manera que dicha experiencia mental consciente y subjetiva, ese yo consciente, es único, es uno solo, y además es individual (indivisible).

Individual no es sinónimo de único, de uno solo, sino que individual significa que el yo, en la práctica, y con un error despreciable en la práctica a simple vista, además de ser uno solo es un todo indivisible, sin partes, pues éso es lo que quiere decir individual.

De manera que subjetivo quiere decir (en este ensayo): uno e indivisible (individuo único), y la subjetividad es la propiedad por la cual la experiencia mental consciente posee esas características de unicidad e indivisibilidad a ciertos efectos en la práctica en determinada escala con un error despreciable.

Entonces, la explicación de la propiedad de la subjetividad debería ser la explicación de la emergencia del yo.

Unidad: véase escala.

Anecdotario

Las fechas son orientativas.

1.550 a. C.: papiro de Ebers.

500 a. C.: Alcmeón, primeras disecciones; describe el nervio óptico y la separación en hemisferios cerebrales.

400 a. C.: Hipócrates correlaciona el cerebro con la inteligencia y declara el origen natural o físico, no mágico ni sobrenatural, de la enfermedad (y por tanto propuso que el conocimiento se puede poner a prueba).

300 a. C.: Herófilo describe en el encéfalo el cerebro, el cerebelo, el 4º ventrículo, el *calamus scriptorius,* y los nervios sensitivos y motores.

300 a. C.: Erasístrato correlaciona el mayor desarrollo de las circunvoluciones humanas con una mayor inteligencia.

200 a. C.: Galeno describe los nervios craneales, los grupos musculares (y la sinergia muscular, de paso, un concepto útil en la práctica clínica cotidiana), y halla (en experimentos con animales, introduciendo así el método científico experimental) que la sección medular presentaba, según el nivel de sección, correlación con las manifestaciones clínicas, así, la sección a la altura de las vértebras 1ª y 2ª conllevaba la muerte, a la altura de la 3ª y la 4ª, conllevaba la parada respiratoria, y por debajo, parada vesical, intestinal y de los miembros inferiores.

1.550 d. C.: Vesalio describe los núcleos de la base, hipocampo, fórnix, cápsula interna, pulvinar, tubérculos cuadrigéminos, cuarto ventrículo, pares craneales, etc.

1.560: Eustaquio describe el sistema nervioso vegetativo, los pares craneales y el puente de Varolio.

1.570: Montpellier, alumno de Falopio, describe los pares craneales, las dos raíces de cada nervio raquídeo, y la sustancia gris y blanca en médula.

1.600: Bacon introduce la inducción frente a la lógica aristotélica, es decir, la comprobación con hechos de las hipótesis.

1.649: Descartes filosofa acerca del dualismo entre alma y cuerpo (o mente inmaterial y cerebro material, y sobre cómo "interaccionarían").

1.665: Hooke describe las células vegetales.

1.674: Leeuwenhoek descubre las fibras nerviosas.

1.755: Le Roy utiliza la terapia electroconvulsiva para algunas enfermedades mentales.

1.774: Mesmer desarrolla el "magnetismo animal" (mesmerismo, hipnosis).

1.780: Galvani descubre que una descarga de electricidad estática de una botella de Leyden da lugar a una contracción muscular. Según Galvani, el músculo no sólo conduce el estímulo eléctrico, sino que genera una electricidad medible (igual que la de Volta), lo cual marca el comienzo de la electrofisiología.

La neurofisiología recibía hace años el nombre de electrofisiología. Los primeros experimentos en este terreno los reinició Gilbert hacia 1.600, al recuperar el clásico interés por el magnetismo, seguido por Galvani hacia 1.730 y por Volta hacia 1.800.

1.781: Fontana describe el axón y las fibras nerviosas, aunque sin distinguir entre axón y vainas.

1.791: Galvani publica sus investigaciones sobre la estimulación eléctrica de los nervios de las patas de las ranas, de donde induce que la contracción muscular se produce por corrientes eléctricas.

1.801: teoría tricromática de la composición de la visión de Young (y concepto de energía, 1.807), modificada posteriormente por Helmholtz.

1.808: Gall y su frenología, que por un lado es una idea absurda, pero por otro introduce la idea de la posible localización de ciertas funciones nerviosas en determinadas áreas cerebrales.

1.817: Parkinson publica sus observaciones acerca de la enfermedad que hoy lleva su nombre.

1.824: Dutrochet menciona a las células nerviosas; las llamó corpúsculos globulares.

1.824: Flourens realiza experimentos para tratar de encontrar una localización específica de las funciones cerebrales, sin éxito.

1.825: Deiters describe el soma y las prolongaciones, o neuritas.

1.831: Faraday, ley de inducción electromagnética.

1.833: Ehrenberg describe las células nerviosas (Valentin describió las dendritas a mediados del siglo 19).

1.836: Remak describe el axón y las vainas.

1.838: Remak describe las fibras mielínicas y amielínicas.

1.838: Mateucci registra la producción de corriente eléctrica por el músculo ("corriente propia").

1.839: Schleiden y Schwann enuncian la teoría celular.

1.839: Schwann describe la formación de la vaina de mielina por las células que llevan su nombre.

1.840: Müeller enuncia la ley de energías nerviosas específicas (a un receptor, un estímulo; umbral bajo para su estímulo y alto para el resto).

1.840: Baillarger describe la estratificación de la corteza.

1.848: Dubois-Reymond demuestra que los impulsos transmitidos por los nervios y músculos son de naturaleza eléctrica, una "onda de negatividad" que se transforma en corriente, o "potencial de acción".

1.850: Helmholtz mide correctamente la velocidad de conducción motora por un nervio, demostrando entre otras cosas que la transmisión nerviosa no es instantánea, sino que tiene lugar con una velocidad expresable en metros por segundo.

1.850: Waller describe la degeneración axonal.

1.857: Bernard comienza la investigación sobre transmisión química, y Vulpain, hacia 1.866, continúa estas investigaciones centrándose en la transmisión química entre neuronas, comenzando a hablarse de neurotransmisores.

1.858: Gerlach propone la teoría reticular, defendida por Golgi y desbancada por Ramón y Cajal, según la cual el sistema nervioso es continuo.

1.859: Darwin publica *El origen de las especies*, en el que describe a la selección natural como el "mecanismo" detrás de la evolución de las especies.

1.861: Broca describe el área que lleva su nombre, una zona del cerebro específica con una función específica.

1.862: Kühne describe la terminación motora.

1.865: Deiters distingue entre axón y dendrita.

1.867: Meynert se da cuenta de que las neuronas son más o menos iguales, a pesar de la multiplicidad de sus funciones.

1.868: Owen introduce el concepto de volumen y peso encefálico como técnica de comparación, y describe la aparición temprana de las circunvoluciones y su regularidad a lo largo del tiempo.

1.870: Fritsch y Hitzig, con sus experimentos, establecen el vínculo entre electricidad y función cerebral, al provocar en animales contracciones musculares estimulando el área motora.

1.870: Gudden describe la atrofia y desaparición de las células dañadas (cambios más rápidos y evidentes a menor edad).

1.871: Ranvier describe fibra y nodos (interdigitación, nodos de Ranvier en la mielina).

1.872: Huntington describe la corea que lleva su nombre.

1.873: Golgi describe la tinción con nitrato de plata.

1.874: Wernicke describe el área cerebral que lleva su nombre.

1.875: Richard Caton consigue registrar la actividad eléctrica cerebral, y también descubre entonces los potenciales evocados visuales, al observar los cambios en el registro occipital con estímulos luminosos en la retina.

1.876: Flechsig describe la maduración de la mielina y la mielinización.

1.876: Galton utiliza los términos *nature and nurture* para referirse a herencia y ambiente (se basa en parte en la observación de gemelos idénticos).

1.877: His aporta hallazgos importantes para la teoría neuronal o doctrina de la neurona, al observar el crecimiento de neuroblastos.

1.877: Charcot, profesor de Freud, describe la enfermedad que lleva su nombre. Fue un precursor de la psicopatología.

1.878: Golgi describe las neuronas.

1.884: Gilles de la Tourette describe el síndrome que lleva su nombre.

1.885: Ebbinghaus, investigaciones pioneras sobre la memoria.

1.886: Zeiss construye lentes cuya resolución se encuentra en los límites de la luz visible.

1.887: Korsakoff describe el síndrome que lleva su nombre.

1.888: Ramón y Cajal confirma la teoría neuronal (la unidad funcional del sistema nervioso es la célula nerviosa individual, no una red continua; las neuronas se comunican entre sí mediante uniones intercelulares específicas, las sinapsis; el impulso se transmite en un solo sentido en las sinapsis – "polarización dinámica"-).

1.890: Waldeyer acuña el término neurona para la célula nerviosa.

1.890: William James publica sus *Principios de Psicología.*

1.892: Nissl describe la cromatolisis, o rotura de los gránulos que llevan su nombre, como parte de la respuesta aguda del soma a la lesión axonal (también describe en este caso la excentricidad del núcleo y la hinchazón de la célula).

1.896: Kraepelin distingue entre esquizofrenia (a la que llamó "demencia precoz") y psicosis maniacodepresiva o trastorno bipolar. Acuñó también los términos neurosis y psicosis.

1.897: Sherrington acuña el término sinapsis (cuya existencia parece ser que había sido predicha por Freud). Sherrington también describe la inhibición neuronal, la integración neuronal, la rigidez por descerebración y acuña el término propiocepción.

1.898: Thorndike publica *Inteligencia animal.* Precursor del conductismo, junto a Pavlov y su condicionamiento clásico. Describe la "ley del efecto".

1.900: Freud publica *Interpretación de los sueños.*

1.902 a 1.929: en este periodo Hans Berger investiga la actividad eléctrica cerebral, y bautiza su detección y registro gráfico con el nombre de electroencefalografía. Describe el ritmo alfa.

1.902: Overton comienza sus experimentos sobre carga eléctrica celular, que durante 50 años son continuados por, entre otros, Bernstein (que describe el potencial bioeléctrico transmembranar, incluso en reposo, que estima en 70 mV, y propone la idea de la "membrana porosa", antecedente de la idea de los "canales iónicos"), Katz, Hodgkin y Huxley, para, hacia 1.952, empezar a tener claro el mecanismo de flujo iónico transmembranar durante la generación de los diversos tipos de potencial bioeléctrico de membrana (de reposo, de acción, etc.).

1.904: Elliot aclara el papel de los neurotransmisores en la sinapsis (transmisión química). Posteriormente Dale y Loewi aislan la acetilcolina en la sinapsis, que más adelante será indentificada como neurotransmisor.

1.905: Binet y Simon desarrollan los tests de inteligencia.

1.906: Alzheimer describe la enfermedad con su nombre ("degeneración presenil").

1.909: Campbell, Vogt y Brodmann describen la citoarquitectura en mapas (áreas de Brodmann), y la división de la corteza en 6 capas.

1.911: Bleuler acuña el término esquizofrenia.

1.913: Watson desarrolla el conductismo.

1.929: Cannon acuña el término homeostasis.

1.929: el electrodo concéntrico para electromiografía es inventado por Adrian y Bronk.

Adrian registra el potencial de acción neuronal y establece el principio del "todo o nada".

1.932: Knoll y Ruska inventan el microscopio electrónico.

1.935: Gibbs y Gibbs, así como Lennox y Davies, hacen aportaciones sobre la utilidad del E.E.G. en epilepsia.

1.935: Lindsley describe cambios en la morfología de la unidad motora durante esfuerzo en *miastenia gravis.*

1.935: Bremer opina que las ondas del E.E.G. son fruto de fluctuaciones de la excitabilidad neuronal, no de descargas (opinión que sigue siendo la vigente en la actualidad, dado que se considera que se debe a las fluctuaciones de potenciales postsinápticos de la membrana neuronal).

1.936: Bishop propone al tálamo como marcapasos del ritmo del EEG.

1.937: El E.E.G. se incorpora a la práctica hospitalaria rutinaria.

1.937: Loomis y cols., primeros registros E.E.G. de sueño.

1.938: Skinner publica *El comportamiento de los organismos* ("condicionamiento instrumental").

1.938: Cerletti y Bini realizan terapia con *electroshock.*

1.938: Denny-Brown y Pennybacker, descripción de fibrilaciones y ondas positivas en el electromiograma.

1.941: Weddell encuentra que los receptores cutáneos son inespecíficos y que la recepción cutánea depende del patrón espaciotemporal de los impulsos en una vía neural común.

1.941: Buchthal y Clemmesen, experimentos pioneros en electromiografía.

1.948: Hodes, Larrabee y German comienzan a utilizar exitosamente la electroneurografía motora con aplicaciones clínicas.

1.949: Dawson y Scott consiguen realizar la electroneurografía sensitiva.

1.949: Hebb publica *La organización del comportamiento,* donde afirma que "las neuronas que se disparan juntas se conectan entre sí" (principio de sincronización neuronal).

1.950: homúnculo de Penfield y Rassmussen.

1.951: Pinelli y Buchthal, cuantificación de los parámetros del potencial de unidad motora midiendo unidades individuales a mano.

1.952: se publica el **D.S.M.** (*Diagnostic and Statistical Manual of Mental Disorders; American Psychiatric Associaton*).

1.952: Hodgkin y Huxley describen la técnica del *voltage clamp* para medir el potencial de membrana y formulan la transferencia iónica durante el potencial de acción. Posteriormente Neher y Sakmann desarrollarán la técnica del *patch clamp* para medir las diferencias de potencial a través de canales iónicos individuales.

1.953: Aserinski y Kleitman describen el sueño **R.E.M.**

1.953: Kuffler publica sus investigaciones sobre el funcionamiento de las células ganglionares de la retina (fenómenos *on-off* entre campos receptivos, y organización centro-periferia), trabajo que inspirará posteriormente a Hubel y Wiesel para sus hallazgos sobre la organización de la corteza visual.

1.953: Watson y Crick describen la estructura del A.D.N.

1.954-1.955: Buchthal, Pinelli y Rosenfalck, análisis cuantitativo manual del potencial de unidad motora.

1.956: Levi-Montalcini y Cohen describen los factores de crecimiento neuronal.

1.957: Mountcastle observa la organización columnar en corteza para procesamiento sensorial (patrón espacial), observaciones mejoradas por Lorente de No, observando que dicha organización es en parte innata y en parte adquirida.

1.957: Milner describe el papel del hipocampo en la formación de la memoria.

1.957: Penfield y Rasmussen describen el homúnculo de Penfield.

1.957: Chomsky publica la tesis *Estructura lógica de la teoría lingüística* ("gramática universal").

1.958: Gilliatt y Sears consiguen la aplicación clínica de la electroneurografía sensitiva.

1.959: Mountcastle y Powell (y posteriormente Sinclair en 1.967, y Wall en 1.967), encuentran que algunas fibras arrancan de más de un tipo de receptor (receptores polimodales), y que hay receptores de adaptación rápida (repuesta a un estímulo breve con una descarga rápida) y lenta (menos agotables), y con matices entre ambos tipos.

1.963: Willinson, describe la técnica del *turns/amplitude.*

1.965: Cooley y Tukey introducen el uso del algoritmo de Fourier para el análisis espectral del EEG.

1.969: se acuña el término neurociencia.

1.969: Czekajewski, Ekstedt y Stalberg, introducción de la *delay line* y el *trigger* en el análisis del potencial de unidad motora.

1.971: Lang, Nurkkanen y Vaahtoranta, introducción del *triggered averaging* para el análisis del potencial de unidad motora.

1.973: Bliss y Lomo describen la potenciación a largo plazo de las sinapsis con la estimulación adecuada.

1.974: resonancia magnética.

1.974: Henneman, *size principle.*

1.981 : Sullivan y cols., describen la *C.P.A.P.*

1.985: Barker y cols., estimulación magnética transcraneal.

1.986: Stalberg y cols., electromiografía de fibra simple.

1.990: Ogawa, resonancia magnética funcional.

1.992: Rizzolatti describe las neuronas "espejo".

1.993: se identifica el gen relacionado con la enfermedad de Huntington.

2.004: Stalberg: sigue vigente la técnica de *eye-balling* para el análisis de unidad motora, mediante análisis a simple vista, de los potenciales en barrido libre, con la ayuda del altavoz.

2.005: Sporns acuña el término conectoma para la zona cerebral activada en red detectada mediante resonancia magnética mediante *Diffusion Tensor Imaging (D.T.I.)*.

2.007: Brownell y Bormberg comprueban que el área de registro activo del electrodo concéntrico (0,03 frente a 0,07 milímetros cuadrados) de electromiografía tiene poca influencia en los parámetros del potencial de unidad motora, usando métodos cuantitativos.

2.010: Stalberg y cols., últimos avances en electromiografía de fibra simple.

Etc.

Vale.

www.ingramcontent.com/pod-product-compliance
Lightning Source LLC
Chambersburg PA
CBHW051438170526
45166CB00001B/32